寒潮

1月8－10日，受寒潮影响，韶关、清远的北部山区出现雪或雨夹雪。图为韶关乐昌市云岩镇蔬菜遭低温冻害。（来源：民政部国家减灾中心）

1月8日，游客在韶关市南岭国家森林公园堆雪人，引来过往群众争相合影。（来源：《广州日报》）

1月26日至2月6日，受强寒潮天气影响，广东省出现全省性持续低温和部分县（市、区）霜（冰）冻天气，韶关、清远等4市受灾，直接经济损失1.96亿元。左图为肇庆市封开县麒麟山出现雨夹雪；右图为清远连州市南风坳再现广东第二场雪（雨夹雪）。（来源：中国天气网）

1月8日，清远连州市迎来2018年第一场雪，银装素裹美如画。（来源：《广州日报》）

暴雨洪涝

5月7－11日，广东省大部分地区出现强降水过程。阳江、汕尾、汕头、肇庆4市、4个县（市、区）受灾，死亡1人，失踪1人，直接经济损失1.03亿元。图为广州市番禺区光明北路遭水浸。（来源：新华网）

8月27日－9月1日，广东省大部分地区出现持续强降水过程。汕头、汕尾、惠州、深圳等14个市、48个县（市、区）、343个乡镇、200万人受灾，死亡2人，失踪2人，直接经济损失64.45亿元。

8月31日，汕尾市海丰县禾苗大面积倒伏。（来源：海丰微讯）

9月1日，惠州市惠东县白花镇内涝严重。（来源：今日惠州网）

9月2日，汕头市潮阳区谷饶镇华里社区汪洋一片，积水仍深达一两米，且已开始发臭，民众受困其中景况堪忧。（来源：中新网）

9月2日，揭阳市揭西县大洋村发生山体滑坡，道路塌方，造成通信光缆受损。（来源：揭阳新闻网）

热带气旋

6月6－7日，热带风暴“艾云尼”分别三次在湛江市徐闻县、海南海口市、阳江市登陆。广州、汕尾、江门、阳江、湛江等16个市、60个县（市、区）、118.8万人受灾，死亡7人，直接经济损失40.14亿元。

广州市淘金路桥底遭水浸，一辆的士被困在积水中。（来源：金羊网）

惠州市惠东县白盆珠镇坑屯村发生山体滑坡。（来源：惠东国土局）

江门市星汇名庭小区车库门口发生山体滑坡。（来源：江门市气象局）

广州市市区水浸街。（来源：大洋网）

江门市稻田大面积被淹。（来源：《南方农村报》）

云浮市新兴县太平镇水浪村后山塌方，导致一间房屋倒塌。（新华网）

广州市番禺大道道路变河流。（来源：搜狐网）

广州市水荫路受淹，市民涉水行进。（来源：新华网）

东莞市民在街头抓鱼。（来源：百家号）

中山市火炬开发区陵岗牌坊周边汪洋一片。（来源：中山网）

8月9—16日，受强热带风暴“贝碧嘉”影响，广东省大部分地区出现强降水过程。茂名、湛江、阳江等6个市、28个县（市、区）受灾，死亡4人，失踪2人，直接经济损失23.37亿元。

阳江市部分农作物被淹。（来源：中国天气网）

珠海机场内涝严重。（来源：搜狐网）

阳江阳春市双滘镇一房屋受损严重。（来源：中国减灾微信）

洪水过后，茂名信宜市一辆三轮车的底部塞满树枝水草。（来源：视觉中国）

阳江市河提路段道路积水严重，市民涉水前行。（来源：中国天气网）

茂名高州市深镇镇发生山体崩塌。（来源：中国减灾微信）

9月13日，强热带风暴“百里嘉”在湛江市坡头区沿海地区登陆。湛江4个县（市、区）受灾，直接经济损失4701万元。

湛江吴川市区海港大道一旁的临时摊档被大风吹得一片狼籍（左图）；该市大山江街道覃榜社区覃榜村一房屋倒塌（右图）。（来源：中国天气网）

9月16日，超强台风“山竹”减弱后在江门台山市海宴镇沿海地区登陆，登陆时其中心附近最大风力14级。广东省21个市、117个县（市、区）受灾，死亡5人，直接经济损失144.74亿元。

肇庆市广宁县南街镇黄盆村河边出现房屋倒塌险情。（来源：中国天气网）

惠州市惠阳区玉米田被台风“山竹”摧毁。（来源：中国天气网）

阳江阳春市出现洪水灾害，多栋民房被淹。（来源：新华网）

江门鹤山市址山镇部分农田发生海水倒灌，农民损失惨重。（来源：中国天气网）

茂名信宜市茶山镇丰垌村道路塌方，致使当地交通受阻。（来源：中国天气网）

阳春市一位市民在积水严重的街道上。（来源：中新网）

肇庆市高要区莲塘镇一种植大棚棚顶被大风吹翻。（来源：中国天气网）

江门台山市都斛镇连片稻田被淹。（省农业农村厅提供）

广州市一棵大树被台风“山竹”吹倒。（来源：中国天气网）

江门鹤山市址山水云间饭店遭水浸。（来源：中国天气网）

江门台山市大江镇侨园新村受淹。（来源：国家减灾中心）

中山市香蕉树大面积倒伏。（来源：《南方都市报》）

受台风“山竹”影响，珠江水倒灌，导致广州市芳村茶叶城一楼众多店铺被水淹，受灾严重。图为芳村茶叶市场一家受损茶行，大量被水浸泡的茶叶被清理在路上。（来源：每经网）

强对流天气

3月4日，清远连州市丰阳镇遭强对流天气袭击，雷雨并夹杂着大量冰雹。（来源：大洋网）

6月8日，受龙卷风影响，佛山市南海区大沥镇约2000平方米铁皮顶被大风吹翻。（来源：佛山气象台提供）

9月17日上午，受龙卷风影响，佛山市三水区西南街道一棵大树被大风吹倒。（来源：网易号）

5月7日，受龙卷风影响，惠州市博罗县柏塘镇甜玉米大面积倒伏。（来源：《南方农村报》）

防灾抗灾救灾

8月31日，在汕头市潮阳区谷饶镇，消防官兵采取潜水并用盆运送儿童等营救方法，成功转移被洪水围困的群众。（来源：《广州日报》）

9月1日，汕头市潮南区一名7岁小孩紧抱着电线杆，被困洪水中。图为消防官兵用橡皮艇将其救出。（来源：广东消防）

8月31日，消防官兵在营救惠州市惠东县白花镇被洪水围困的村民。（来源：南方网）

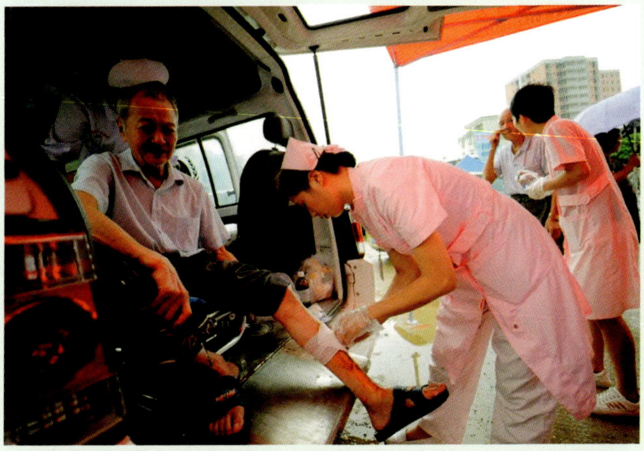

9月1日，医护人员救治惠州市惠东县白花镇受伤的群众。（来源：搜狐网）

9月1日，惠州市红十字会支援惠东县灾区救灾物资（第二批）整装待发。（来源：搜狐网）

9月17日上午，佛山市三水区西南街道龙卷风过后一片狼藉。图为三水公安民警在现场处置倒塌房板和树木。（来源：网易号）

6月6日，深圳市龙岗区平湖街道一酒楼发生雨棚坍塌事故，致4死4伤。图为消防官兵在现场救援。（来源：中新网）

受台风“艾云尼”影响，湛江市徐闻县前山镇永安村靠近海边花生全部被海水淹没。图为湛江支队山海边防派出所民警冒着大雨前来帮助村民拔花生。（来源：南方农村报）

6月8日，江门边防官兵在江门市新会区崖门镇转移被洪水围困的群众。（来源：百家号）

6月8日，肇庆市高要二中校门路段积水严重。图为武警官兵护航莘莘学子“高考路”。（来源：中新网）

受台风“艾云尼”影响，云浮市新兴县发生房屋倒塌、山体滑坡等灾情，造成5人死亡。图为该县太平镇救灾现场。（来源：新华网）

6月8日，广州市市政工作人员在城区一处积水路段开展抢修作业。（来源：新华网）

受台风“山竹”影响，茂名高州市道路积水严重。图为环卫工人及时清除杂物疏通道路。（来源：中国天气网）

9月17日，江门台山市斗山镇积极做好台风“山竹”防御工作。图为应急避护场所转移群众安置现场。（来源：中国江门网）

9月16日，东莞市洪梅供电人员冒雨对造成线路跳闸的树障及漂浮物进行清理。（来源：搜狐网）

9月19日，国家海洋局南海规划与环境研究院在深圳市大梅沙景区开展海洋灾害现场调查。（国家海洋局南海分局提供）

9月中旬，江门市武警官兵涉水背出受困群众。（来源：《江门日报》）

2月26日中午，交通运输部南海第一救助飞行队紧急救助利比亚籍货船“LOLLAND”轮船上1名受伤船员。图为吊运作业救援现场。（省海上搜救中心提供）

广东省防灾减灾年鉴

2019年卷

广东省防灾减灾年鉴编纂委员会　编

嶺南美術出版社
中国·广州

图书在版编目（CIP）数据

广东省防灾减灾年鉴. 2019 年卷 / 广东省防灾减灾年鉴编纂委员会 编. －广州：岭南美术出版社，2019.12

ISBN 978－7－5362－6980－4

Ⅰ. ①广… Ⅱ. ①广… Ⅲ. ①自然灾害－防治－广东－2019－年鉴 Ⅳ. ①X432.65－54

中国版本图书馆 CIP 数据核字（2020）第 014417 号

出 版 人：李健军
责任编辑：刘向上　张柳瑜
责任技编：罗文轩

广东省防灾减灾年鉴. 2019 年卷

出版、总发行：岭南美术出版社（网址：www. lnysw. net）
（广州市文德北路 170 号 3 楼　邮编：510045）
经　　　销：全国新华书店
印　　　刷：广州佳达彩印有限公司
版　　　次：2019 年 12 月第 1 版
2019 年 12 月第 1 次印刷
开　　　本：889mm×1194mm 1/16
印　　　张：16
印　　　数：1—300 册
ISBN 978－7－5362－6980－4

定　　　价：280.00 元

广东省防灾减灾年鉴编纂委员会

主　任：魏宏广　广东省人民政府副秘书长

副主任：陈华康　广东省人民政府地方志办公室主任

黄志坚　广东省应急管理厅副厅长

曾　琮　广东省气象局副局长

贺国庆　广东省水利厅副巡视员

委　员（以姓氏笔画为序）：

王祖华　广东省自然资源厅二级巡视员

朱遂文　广东省统计局副局长

江　毅　广东省农业农村厅副厅长

杨焕龙　广东省消防救援总队副总队长

吴焕泉　广东省科学技术协会副主席

何　焱　广东省生态环境厅副厅长

沈　宁　中国人民财产保险股份有限公司广东省分公司副总经理

钟贻军　广东省地震局副局长

徐庆锋　广东省卫生健康委员会副主任

黄斯深　广东省海上搜救中心副主任

章泽伟　广东省军区政治工作局副主任

谢　健　国家海洋局南海分局副局长

廖庆祥　广东省林业局副局长

广东省防灾减灾年鉴编辑部

总 编 辑：陈华康

副总编辑：侯月祥　刘东玲

编　　辑（以姓氏笔画为序）：

刘东玲　张　羽　侯月祥

《广东省防灾减灾年鉴》编写组

广东省防汛防旱防风总指挥部办公室（广东省水利厅）	张立新　杨　晨　凌宏森　白　堃
广东省应急管理厅	刘鹏辉　郭劲兵　董　浩　林裕斌　陈石强　陈斌锋
广东省气象局	黄珍珠　刘蔚琴　刘东玲　刘爱君　刘运策　舒锋敏　范伟建
广东省地震局	贾庆华　袁秀芳
广东省水利厅	胡　建
国家海洋局南海分局	汤超莲　赵明利　聂宇华
广东省自然资源厅	高　军　傅培刚
广东省农业农村厅	蒋文泓　熊奎州　黄　钰　钟宝玉　张小强　贺书岚
广东省生态环境厅	洪表明　李海育
广东省林业局	谢伟忠　叶燕华
广东省卫生健康委员会	欧奕强　肖　艳　马　聪
广东省海上搜救中心	刘安仁
广东省军区政治工作局	谭新杰
广东省消防救援总队	沙洲洲　董　丹

序

广东地处“典型气候脆弱区”，是各种自然灾害多发省。主要灾害有台风、暴雨洪涝、干旱、寒冷、地震、泥石流、滑坡、赤潮和病虫害等，灾种多，灾期长，发生频率高，灾害重。据统计，1991—2018 年，全省因自然灾害造成的直接经济损失平均每年约达 150 亿元，重灾年损失超过 500 亿元。随着广东省经济社会的发展和社会财富的增加，自然灾害造成的经济损失有增大的趋势。

中华人民共和国成立后，全省兴建了一大批水利工程，具备了防御中等洪水、暴潮的能力，85% 的易涝面积得到整治。建成十大联围，可抵御 50 年一遇以上的洪水。灾害监测、预测、预报、预警工作得到重视，在 20 世纪末基本建成覆盖全省各种自然灾害的监测网络和自然灾害预测、预警系统。同时加强了防灾减灾法制建设，全省防灾减灾工作逐步走向法制化、规范化、社会化。从 20 世纪 80 年代后期起，以行政首长负责制为主要内容的防灾减灾措施不断得到加强和完善，防灾预案不断健全优化。上述种种防灾减灾措施，使全省自然灾害损失和人员伤亡减少至最低限度。据专家研究，及时采取适当的防灾减灾措施可以减少经济损失 30% 以上。

广东既是各种自然灾害多发省，也是经济大省，居住人口多，对外联系广泛，防灾减灾是一项长期、艰巨和责任重大的繁重任务。各级政府要认真贯彻中共十九大精神，以习近平新时代中国特色社会主义思想为指导，大力推进生态文明建设，把防灾减灾工作与经济建设、环境保护、城市规划、“三农”（农业、农村、农民）工作、新农村建设、振兴乡村发展战略等有机结合起来，与实现全面发展、协调发展、持续发展结合起来，真正为人民群众做好事、办实事、解难事。要进一步强化责任，建立和健全各种切实可行的防灾预案，加强自然灾害防御管理体系建设，提高对自然灾害的监测、预测、预报、预警能力，做好公众宣传，增强全社会忧患意识和防灾减灾意识。

1994 年 12 月，省政府批准组织编写《广东省防灾减灾年鉴》（以下简称《年鉴》)，至今已出版1995年卷至2019年卷，共25卷，约750万字。《年鉴》整理、保存了丰富而宝贵的广东自然灾害资料，总结了防灾减灾工作成果、经验和教训，对全省防灾减灾工作起到了宣传、指导和推动作用，产生了明显的社会效益。《年鉴》的出版具有重要现实意义和历史意义。省政府和有关单位对《年鉴》编写和出版工作给予极大的关心和支持。希望各有关单位和工作人员继续总结经验，不断提高《年鉴》编纂质量，增加信息量，扩大发行量和宣传面，让《年鉴》在全省防灾减灾工作和经济社会发展中发挥越来越大的作用，在实现“四个走在全国前列”的创新发展中作出新的贡献。

谨向参加《年鉴》编写、出版和发行的各有关单位和同志表示衷心的感谢。

广东省防灾减灾年鉴编纂委员会
2019年10月

凡　例

一、《广东省防灾减灾年鉴》是反映广东省自然灾害和防灾减灾状况的资料性工具书，1995年创刊，每年出版一卷。《年鉴》编纂工作系由广东省人民政府地方志办公室和广东省气象局负责组织，省直和中央驻穗各有关单位及广东省军区、广东省公安消防总队等合作完成。

二、本《年鉴》采取分类编辑法，设立基本栏目，栏目下为条目。本卷分别设立概述、大事记、重大自然灾害事件、自然灾害分述、省直部分单位防灾减灾工作、各地级以上市自然灾害与防灾减灾工作、附录。

三、本卷所载有关内容和资料，均经供稿单位审核同意，由本《年鉴》首次公开发表。

四、本卷各项灾害数据，一般采用各主管部门或主办单位正式提供的数字。雨量资料主要采用气象站记录，部分来源于水文站。

五、数字书写，按国务院1984年2月27日颁布的《中华人民共和国法定计量单位》和国家技术监督局1996年6月1日起实施的《出版物上数字用法的规定》执行。

六、全卷记述的地名除经国务院和地方政府正式命名或更名的外，一律沿用历史或习惯称谓，必要时加注乡名。科技术语、专业名词一律采用中文名称。机构名以印鉴为准，或使用规范简称。

七、本《年鉴》除必要时使用繁体字外，一律采用国务院1956年公布的《汉字简化方案》和1964年批准的《简化字总表》中的简化字。

八、本《年鉴》中，凡称“党的”均指中国共产党；凡称省委、市委、县委、镇（区）委，均指中国共产党相应地方组织；相关部门和单位概以“省……厅”“省……局”出现，省略“广东”二字。

九、全卷除引用原文外，均以第三人称记述。文体采用现代汉语的记叙体或说明文。

十、本《年鉴》注释采用括注或在表格下编码脚注方式，不编通码。

广东省防灾减灾年鉴编辑部

2019年10月

目　录

概　述

大　事　记

重大自然灾害事件

自然灾害分述

省直部分单位防灾减灾工作

各地级以上市灾情与防灾减灾工作

附 录

编 后 记

概　述

自然灾害概况

2018年，广东省总体天气气候特征是“开汛晚，旱涝急转快；暴雨强，洪涝灾害重；初台早，台风影响大；气温高，高温天气多”。主要气象与水文灾害特点：5月7日开汛，较常年平均偏晚31天；全省先后出现18次强降水过程，平均年雨量1801.8毫米，与常年相近；“18·8”特大暴雨洪涝灾害过程中，致广东多地城市内涝问题突出，损失严重，全省有14条河流出现超警洪水、15个站点出现超警戒水位、27个水库出现超汛限水位；登陆或严重影响广东省的热带气旋有5个，即南海热带低压、热带风暴“艾云尼”、超强台风“山竹”、强热带风暴“贝碧嘉”和“百里嘉”。其中，“山竹”是年内登陆中国的最强台风，给广东带来严重风雨影响，造成人员伤亡及财产损失严重。此外，1月下旬至2月初寒潮等也给广东省造成一定影响。

据省三防办统计，受暴雨洪涝和热带气旋灾害影响，全省21个市、131个县（市、区）、1253个乡镇（街道）、660.35万人受灾，农作物受灾面积59.27万公顷，倒塌房屋3157间，转移人员378.88万人，死亡19人，失踪5人（不含地质灾害死亡、失踪人员），直接经济损失276.53亿元。

受雷雨大风、飑线、龙卷风、冰雹、短时强降水等强对流天气影响，雷击致死亡6人。

全年全省共发生雷击致人伤亡事件7宗，死亡7人，受伤1人。雷电灾害直接经济损失921万元。

省地震台网全年共记录M3.0级以上地震4次，最大为3月20日发生在阳西的3.7级地震。

全年全省共发生突发性地质灾害230起，造成10人死亡、1人受伤，5561人受灾，直接经济损失2626万元。

省海上搜救中心全年共接报遇险船舶372艘，其中获救324艘，沉没48艘；遇险人数2996人，其中救起遇险生还者2905人，死亡、失踪91人。

全年共发生森林火灾266起，过火面积1895公顷，其中受害森林面积386公顷，森林火灾受害率为0.04‰，未发生重大以上森林火灾或造成人员伤亡。全年共发生城乡火灾1.31万起，死亡77人，受伤70人，直接财产损失2.71亿元，未发生重大以上火灾。

全年林业有害生物发生危害面积34.61万公顷，成灾面积0.67万公顷；农作物病虫草鼠螺害发生面积1880.04万公顷次，损失粮食63.26万吨、经济作物82.66万吨；渔业因台风、强降水、寒潮共造成直接经济损失19.2亿元。

表 1　**2018 年广东省主要自然灾害灾情统计表**

灾情 灾种	发生时间	受灾人口（万人次）	农业受灾面积（万公顷次）	倒塌房屋（间）	伤亡（人）		直接经济损失（亿元）
					受伤	死亡、失踪	
寒潮	1 月 26 日—2 月 6 日	6. 58	1. 01				1. 96
暴雨洪涝	1 月 6—10 日	1. 19	0. 03				0. 06
	5 月 7—11 日	1. 22	0. 2	7		2	1. 03
	6 月 12—13 日	0. 37		8			0. 15
	6 月 22—23 日	0. 02					0. 02
	8 月 27 日—9 月 1 日	200	8. 52	300		4	64. 45
	9 月 7 日	0. 36		2			0. 07
热带气旋	6 月 5—9 日（热带风暴“艾云尼”）	118. 8	12. 67	254		7	40. 14
	7 月 22—25 日（热带风暴“山神”）	0. 02	0. 49				0. 3
	8 月 9—16 日（强热带风暴“贝碧嘉”）	35. 63	11. 26	730		6	23. 37
	9 月 12—13 日（强热带风暴“百里嘉”）	5. 66	0. 59	2			0. 47
	9 月 15—17 日（超强台风“山竹”）	295. 97	26. 55	1416		5	144. 74
强对流	5—9 月					6（雷击数中已统计包含，此处不计入合计）	
干旱	2—5 月	68. 31					
雷击	1—12 月				1	7	0. 09
地质灾害	1—12 月（暴雨洪涝、热带气旋和强对流中已统计者此处不重复）				1		0. 23
渔业	1—9 月（台风、强降水、寒潮）		3. 4				19. 2
海难	1—12 月					91	

（续上表）

灾种＼灾情	发生时间	受灾人口（万人次）	农业受灾面积（万公顷次）	倒塌房屋（万间）	伤亡（人）		直接经济损失（亿元）
					受伤	死亡、失踪	
赤潮	1—12 月		1.87				
海岸侵蚀	1—12 月						0.08
病虫害 农业	1—12 月（粮食 63.26 万吨、经济作物 82.66 万吨）		1880.04				折合人民币 25.98 亿元
病虫害 林业	1—12 月		34.61				
森林火灾	1—12 月		0.19				
城乡火灾	1—12 月				70	77	2.71
合计	全年	734.13	1981.43	2719	72	199	325.05

防灾减灾概况

2018 年，广东省先后受强对流天气、暴雨洪涝、热带气旋、干旱等灾害影响，各地不同程度受灾，其中粤西、粤东等部分地区灾情十分严重。在省委、省政府的坚强领导下，各级、各部门以人为本，认真组织做好灾害防御和抗灾救灾工作，取得较好成效。

全省三防部门始终贯彻“两个坚持、三个转变”的防灾减灾新理念，狠抓防汛责任落实，科学部署落实防御措施，全力组织做好防灾减灾工作，最大限度减少人员伤亡和财产损失。全省减少受灾人口 449.6 万人，解救被洪水围困群众 480.76 万人，避免人员伤亡 9.11 万人，避免县（市、区）级以上城区受淹 23 个，减淹耕地 10.47 万公顷，避免粮食减收 139.66 万吨，减灾经济效益 55.14 亿元。

省军区按照上级统一部署，组织部队、民兵预备役参加抢险救灾，累计出动现役人员 452 人次、民兵 4.06 万人次，动用车辆 396 台次、冲锋舟（橡皮艇）396 艘次，共解救转移群众 3.35 万人，抢运物资 49 多吨，抢修道路 305 千米，加固堤坝 7680 米，扑灭山火 257 亩，有力支援了地方救援行动，保障了国家和人民群众生命财产安全。

全省消防救援队伍严格落实应急管理部、消防救援局和省委、省政府决策部署，始终坚持上下同心、戮力攻坚，保持枕戈待旦、快速反应的备战状态。全年全省消防救援队伍共接警出动近 11 万次，出动指战员 107.3 万人次，营救遇险被困人员 1.8 万人。完成抗击“8·30”暴雨汕头洪涝灾害、超强台风“山竹”等抢险救援任务；圆满完成改革开放 40 周年纪念活动、港珠澳大桥开通仪式、珠海国际航展等消防安保工作。

省应急管理厅扎实做好灾害应急救助，全年共启动省级救灾应急预警响应 9 次、救灾应急响应 8 次。应急管理部针对广东省灾情启动Ⅳ级救灾应急响应 2 次。派出 47 个工作组赴灾区一线指导开展灾害救助。下拨中央和省级自然灾害生活救助资金 4.2 亿元，向灾区紧急调拨衣被等省级救灾物资一批（价值约 1400 万元），帮助 1331 户因灾“全倒户”和 1987 户因灾“严损户”重建家园。加强森林航空灭火，年内全省扑救森林火灾 41 起，租用的直升机 8 架共飞行 277 架次、571 小时 43 分，其中吊桶灭火飞行 85 架次、157 小时 9 分。

省气象局强化突发灾害天气监测预警及跟踪服务，准确预报超强台风“山竹”及多次强对流和强降水天气过程，并为政府部门和公众及时做好相关服务，切实发挥决策参谋作用。全年全省各级台站共发布台风、暴雨、雷雨大风、高温等灾害性天气预警信号 13394 次，发布各类信息近 9.5 万次，其中非气象类信息 1803 次，发布预警短信约 28 亿条。同时，做好港珠澳大桥开通仪式、省（残）运会、世界警察手枪射击比赛、珠海航展等气象保障服务，提供决策服务材料超 1.5 万份。

省自然资源厅强化科学防灾，切实提高地质灾害监测预警水平。印发《广东省 2018 年度地质灾害防治方案》。会同省气象局共发布 3 级以上地质灾害气象预警信息 135 次，各相关县（市、区）相应启动地质灾害预警响应，落实各项防范措施。共排查新增地质灾害隐患点 446

处。共消除地质灾害隐患点165处，减少受威胁人员11869人。成功预报地质灾害34起，避免人员伤亡696人。做好海洋预报预警，发布预测年报1期、月预报12期、周预报52期和日预报；共发送海浪警报80期。

省农业农村厅全年共下拨中央农业生产救灾资金（农业补助）7500万元，省级农业生产救灾资金500万元；调拨省级粮食应急储备种子162.31吨支持灾区改种、补种。全省农作物主要有害生物防治面积2291.52万公顷次，挽回作物损失包括粮食346.07万吨、水果162.28万吨、蔬菜298.76万吨、茶树0.97万吨、油料20.28万吨、其他经济作物72.79万吨。全省重大动物疫病群体免疫密度分别为：高致病性禽流感99.51%，口蹄疫94.66%，高致病性猪蓝耳病97.71%，猪瘟97.81%，新城疫98.69%。累计检测样品84.64万份。累计建设检疫申报点达2273个。全年产地检疫生猪5947.84万头。全年完成渔业防台应急任务7次，参与渔业海难事故救助41起，救助渔民104人，救助渔船35艘，挽回经济损失超2320万元。全省共设立常规监测点295个，监测养殖面积达8747公顷。监测养殖种类30种，发布预测预报信息235条。共下拨应急消毒药物34.26吨，参与救灾应急处置人员560多人次。共完成省级水产样品抽检1.78万个。

省林业局加强林业有害生物防治。全省各级林业主管部门严密疫情监测、预警，测报准确率90.18%，种苗产地检疫率100%。全省实施林业有害生物防治作业面积38.36万公顷次，无公害防治作业面积34.18万公顷次，防治率89.09%。共实施普查238.22万公顷，取样检测鉴定近9000株。

省海上搜救中心加强“一案三制”建设，强化沟通合作机制，做好灾害预防预警。全年共接报有关海难事故375宗，2996人遇险；协调组织派出参与救助船舶1172艘次、飞机55架次；救起遇险生还者2905人，搜救成功率为96.96%。

省地震局强化震情跟踪监测，有效应对地震突发事件。认定国家级地震安全示范学校3所，省级防震减灾科普教育基地6个、防震减灾示范学校10所。全省创建97个省级示范社区。完成深圳等3市、6区地震小区划。为惠州、中山等7市规划提供防震减灾建议。及时稳妥处置台湾6.2级、阳西3.7级和3.0级等影响广东省的显著地震事件。

国家海洋局南海分局积极开展海洋观测、监测和预警报等海洋灾害防御减灾工作。完成珠海、湛江观测站验潮及迁建、复建，动工建设中心站1个、海洋站5个、测点4个和临时验潮站13个。完成35个海洋站（点）基准潮位核定。发布海浪警报94期，风暴潮警报8期。完成南海海洋环境周预报52期，月预报12期，国家法定节假日海况专题预报7期。处理海上搜救应急事件26起，发布搜救应急专报39期。

省生态环境厅深化大气污染防治，全省城市建成区完成燃煤锅炉清洁能源改造，实施生物质锅炉排查和治理1592项。全省新增生活污水处理能力159.2万吨，新建成配套管网近8000公里，推动新增完成185个黑臭水体整治。出动执法人员21万多人次，检查企业8万多家，发现环境风险隐患604项，关闭取缔企业398家。立案查处环境违法案件近2.2万宗，实施按日计罚案件88宗，查封扣押2138宗，限产停产392宗，移送行政拘留671宗，移送涉嫌环境犯罪564宗。

省水利厅狠抓水土流失治理，全省共治理水土流失面积1191.97平方千米，其中坡改梯80.99平方千米，种植水保林349.26平方千米，种植经果林4.57平方千米，种草221.63平方千米，封禁治理484.05平方千米，其他措施治理51.48平方千米。全省生产建设项目水土保持方案审批共计2405宗。组织各级水行政主管部门对2万多个生产建设项目的图斑进行现场复核检查。对在建生产建设项目开展水土保持监督检查11094次。

省卫生健康委员会积极做好突发急性传染病防控和灾害事件应急。全年排查流感样、重症肺炎和不明原因肺炎病例30587例。台风影响期间，全省卫生健康系统共派出医疗、防疫和监督队伍1558支共计15131人次，救治受伤人员2243人，消杀面积3736万平方米；开展饮用水监测916份，监督水厂329间、二次供水点200个、学校220间，发放救灾防病宣传资料117万份。

防灾减灾组织体系

广东省各类自然灾害的防灾减灾工作由省政府统一管理，并通过下属机构和有关职能部门具体执行，实行行政首长负责制。

【省级主要防灾减灾机构及其负责人】

1. **广东省防汛防旱防风总指挥部**
   总指挥：叶贞琴（省委常委）
   办公室主任：王中丙（省应急管理厅厅长）
2. **广东省森林防灭火指挥部**
   总指挥：张虎（副省长）
   专职副总指挥兼办公室主任：王中丙（省应急管理厅厅长）
3. **广东省海上搜救中心**
   主任：陈良贤（副省长）
   办公室主任：黄斯深（广东海事局副局长）
4. **广东省防震抗震救灾工作联席会议**
   召集人：叶贞琴（省委常委）
5. **广东省松材线虫病防治指挥部**
   总指挥：叶贞琴（省委常委）
   办公室主任：廖庆祥（省林业局副局长）

【广东省防灾减灾系统】

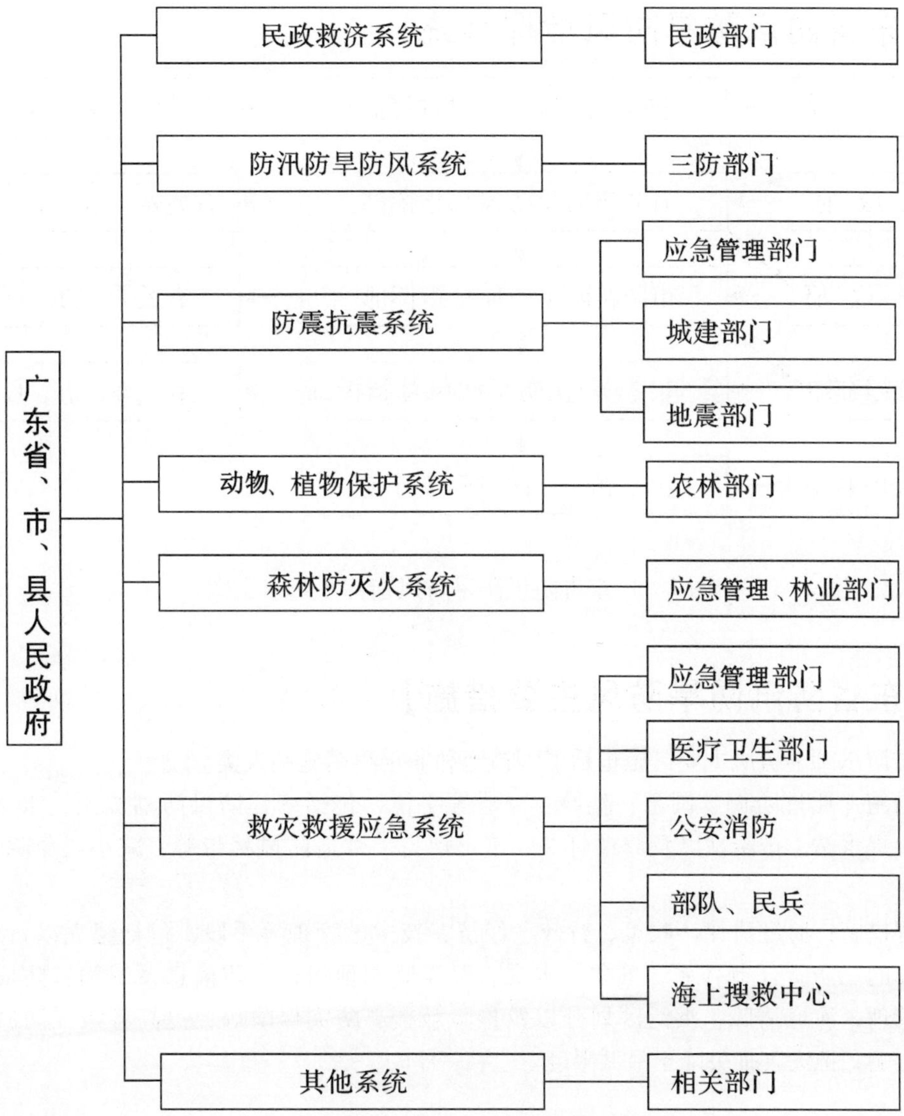

图1　广东省防灾减灾系统示意图

广东省防汛防旱防风总指挥部成员单位包括：省军区，武警广东省总队，南部战区联合参谋部作战局，省消防救援总队，省应急管理厅，省水利厅，国家海洋局南海分局，省气象局，省水文局，省委宣传部，省发改委，省工业和信息化厅，省教育厅，省公安厅，省民政厅，省财政厅，省人社厅，省自然资源厅，省生态环境厅，省住建厅，省交通厅，省农业农村厅，省卫生健康委，省商务厅，省广电局，省能源局，省文化和旅游厅，省通信管理局，民航中南地区管理局，省地震局，广东海事局，省能源集团，广东电网公司，中国铁路广州局集团公司，省交通集团，省建工集团，中石化广东石油分公司，中石化销售有限公司华南分公司，中国移动通信集团广东有限公司，中国电信股份有限公司广东分公司，中国联合网络通信有限公司广东省分公司，中国铁塔股份公司广东省分公司，中国银行保险监督管理委员会广东银保监局，中国石油天然气股份有限公司广东销售分公司。

【广东省防汛防旱防风指挥系统】

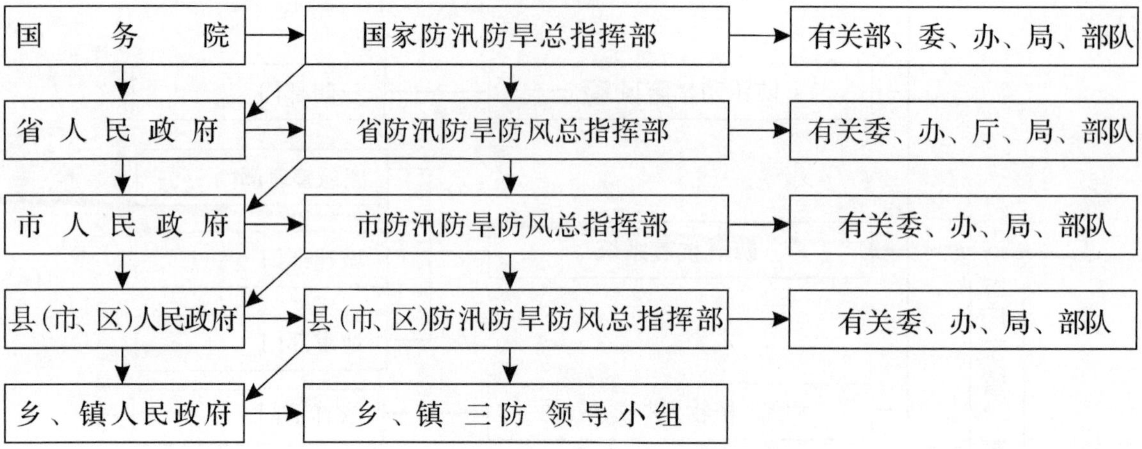

图2　广东省防汛防旱防风指挥系统示意图

【广东省防汛防旱防风主要措施】

广东省防汛防旱防风主要措施包括工程措施和非工程措施两大类。

工程措施：通过防御、调蓄、疏导、分泄等手段，包括修建防洪防潮堤围、水闸、水库、蓄滞洪区、提水站、排涝站以及修渠打井、水土保持、营造防风林带等，减小或免除水旱风灾威胁和危害。

非工程措施：通过法律、政策、行政、经济、技术、管理等手段，包括建立以行政首长负责制为核心的三防责任制体系，气象、水文、海洋监测预报，三防信息系统和三防应急预案，土地使用管理，河道清障，洪泛区划分以及抢险救援、防灾保险等，提高各级三防减灾能力，减小灾害影响，把灾害损失降至最低限度。

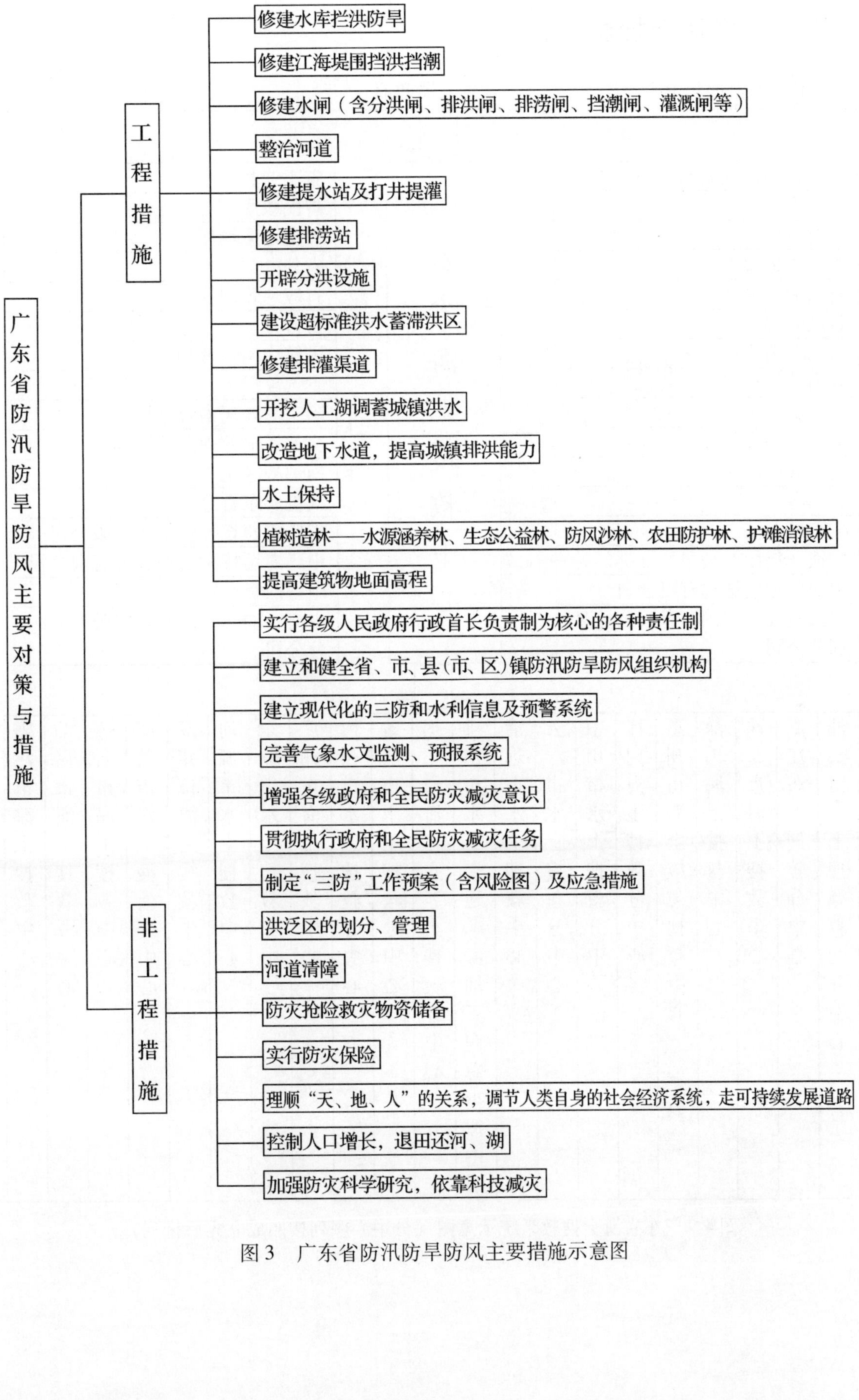

图 3　广东省防汛防旱防风主要措施示意图

【广东省海上搜救系统】

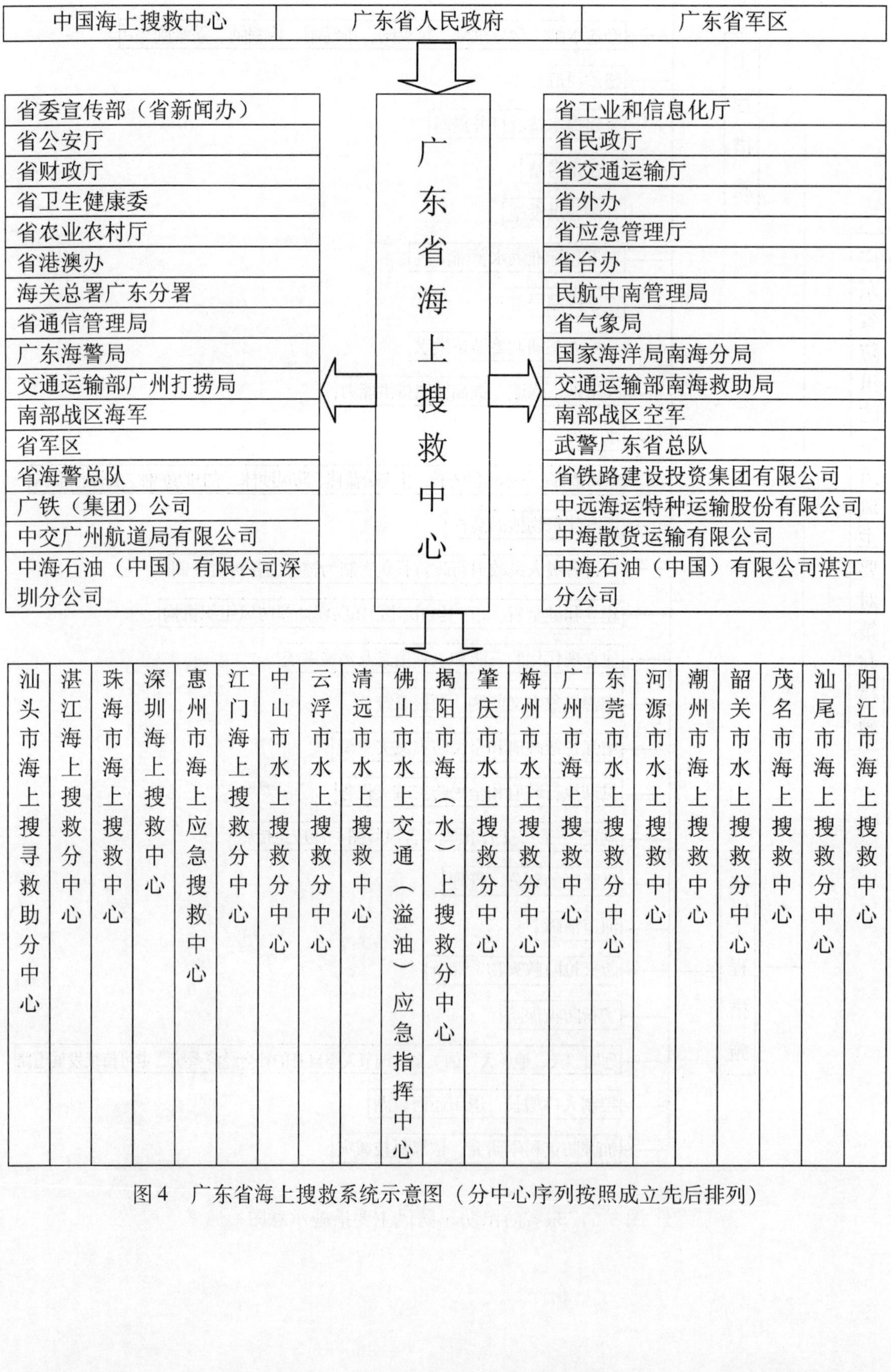

图4 广东省海上搜救系统示意图（分中心序列按照成立先后排列）

【广东省防震抗震救灾系统】

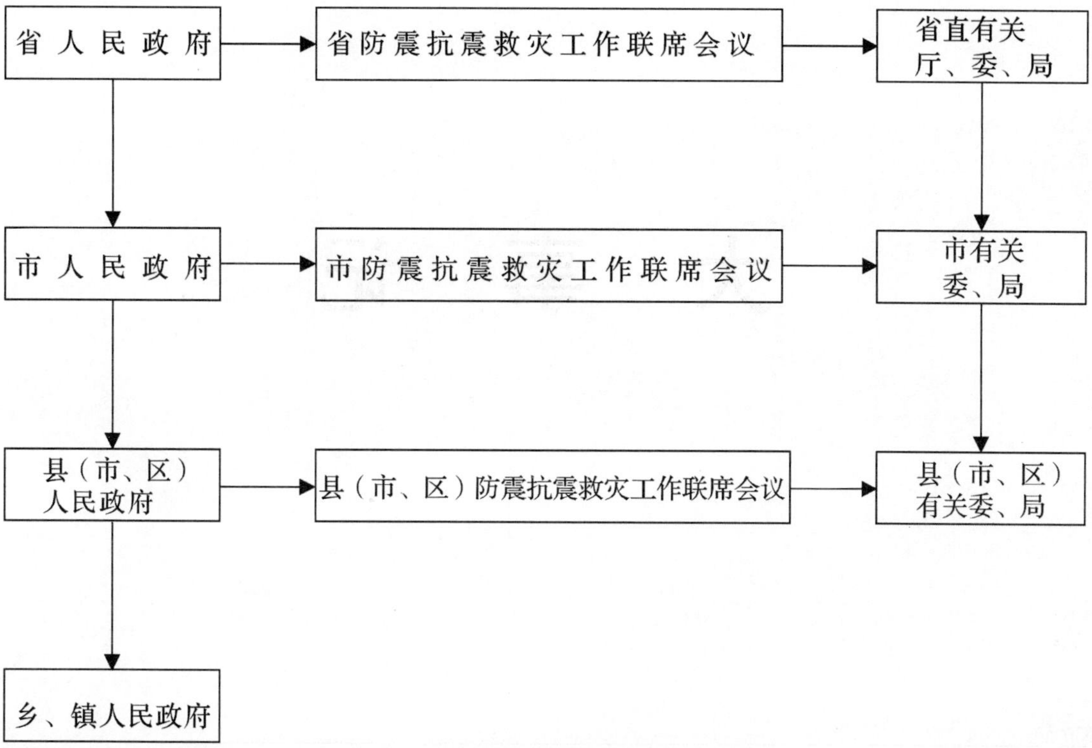

图5　广东省防震抗震救灾系统示意图

省防震抗震救灾工作联席会议成员单位包括：省军区，省地震局，省委宣传部，省发展和改革委员会，省工业和信息化厅，省教育厅，省科学技术厅，省公安厅，省民政厅，省财政厅，省自然资源厅，省住房城乡建设厅，省交通运输厅，省水利厅，省农业农村厅，省卫生健康委，省广播电视局，省气象局，省通信管理局，省消防救援总队，武警广东省总队，广东省广物控股集团有限公司，广东电网公司，中国人民财产保险股份有限公司广东省分公司。

大事记

1 月

2 日△凌晨，一艘无名竹排在汕尾市甲东镇内河附近水域捕鱼时翻沉，竹排上 3 人落水。经多方搜救，最终 1 人获救，2 人失踪。

8 日△省政府在江门市召开全省三防系统标准化建设现场会，强调要把三防系统标准化建设抓紧抓好，着力解决三防减灾事业发展中存在的不平衡不充分问题。副省长邓海光出席会议并讲话。

17 日△副省长邓海光听取了省地震局学习贯彻落实国务院防震减灾工作联席会议精神汇报，并要求省地震局认真做好各项工作的落实。

20 日△傍晚，“粤阳东渔 12158”渔船与一艘过往船舶在珠江口珠海市高栏岛正南约 46 海里处发生碰撞。事故造成渔船沉没，船上 13 人全部落水，其中 7 人被救起。经全力组织搜救，最终 6 人失踪。

25 日△智利国家地震中心主任帕拉在中国地震局地球物理研究所研究员郑重陪同下，访问省地震局。

26 日至 2 月 6 日△受强寒潮影响，韶关、茂名、惠州、清远等 4 个市、6.58 万人受灾，直接经济损失 1.96 亿元。

2月

2日△省长马兴瑞到韶关调研春运交通保障及低温冰冻灾害防御工作，并强调要时刻关心群众冷暖，确保春运平安有序。

7日△副省长余艳红与环卫工人、消毒员及居民群众等一道，共同参加“共建清洁家园，共享健康春节”2018年全省春季爱国卫生运动专项活动，并要求加强传染病防控，保障全省人民健康。

7—11日△全省大部分地区出现强降水过程，阳江、汕尾、汕头、肇庆等4市受灾，死亡1人，失踪1人，直接经济损失1.03亿元。

16日△23时59分，清远市清城区石角镇碧桂园一垃圾站发生火灾，造成9人死亡，1人重伤，直接财产损失20.3万元。

22日△凌晨，“海口9”客滚船与“新营F069”在雷州半岛琼州海峡北岸水域发生碰撞，事故造成“新营F069”船沉没，船上5人落水。最终救起3人，遇难2人。

3 月

20 日△4 时 44 分在阳江市阳西县（北纬 21.87 度，东经 111.72 度）发生 M3.7 级地震。

24 日△上午，由省气象局和省气象学会在广东突发事件预警发布中心共同举办的“3·23 世界气象日”公众开放活动关注“智慧气象”，吸引了近千名市民参加。

26 日△上午，世界防治结核病日主题宣传活动在广州市举行，为“开展终结结核行动，共建共享健康中国”共同奋斗。副省长余艳红出席活动并现场慰问结核病防治医务人员。

△副省长叶贞琴率省政府办公厅等有关负责人先后到省气象局、省突发事件预警信息发布中心、省地震局开展专题调研，强调有力推进广东省气象和地震现代化建设再上新水平，督导汛期气象服务准备工作，并召开座谈会听取意见建议。

28 日△广东省支持澳门内港海傍区防洪（潮）排涝工程论证和建设工作协调小组第一次会议召开。省水利厅厅长许永锞主持会议，并听取工程前期论证工作有关情况汇报，研究部署下一阶段工作。省港澳办副主任叶维园、珠江水利委员会副主任李春贤等出席会议。珠海市、中山市人民政府，省国土资源厅等协调小组成员单位的领导和代表参加会议。

△傍晚，“樱桃”滚装船与“辰昌 332”自卸砂船在珠江口东莞市沙角附近水域锚地发生碰撞，事故造成“辰昌 332”轮沉没，船上 12 人全部落水。经多方救助，最终成功救起 10 人，失踪 2 人。

29 日△下午，省长马兴瑞主持召开大气污染防治工作会议，研究打赢“蓝天保卫战”实施方案，部署做好持续改善空气质量相关工作。省委常委、常务副省长林少春，副省长陈良贤等参加会议。

4 月

2 日△上午，省消防总队和中国国际海运集装箱（集团）股份有限公司在广州举行乡镇政府专职消防队消防车租赁战略合作框架协议签订仪式。副省长李春生参加签订仪式。

3 日△省政府召开全省国土绿化、森林防火和防汛抗旱工作电视电话会议，强调切实抓好森林防火，持续深入高质量推进绿化广东大行动。并部署 2018 年国土绿化、森林防火和防汛抗旱工作。副省长叶贞琴作工作部署。

7 日△9 时，“粤陆渔 59309 号”渔船在陆丰市揭石镇南山头附近海域作业时，遭遇大风浪翻船，船上 3 人落水，其中 1 人被救，2 人溺亡。

9 日△2018 年度全省三防减灾专题研究班在省委党校开班。副省长叶贞琴作动员讲话，强调进一步增强三防责任意识，切实提升三防减灾能力。

12—13 日△水利部副部长陆桂华率国家防总珠江流域防汛抗旱防台风检查组一行到粤检查防汛备汛工作。副省长叶贞琴参加相关活动。

13 日△召开全省水利与三防工作电视电话会议，强调河长制“见行动”水工程“有突破”水资源“严管理”。副省长叶贞琴作工作部署。

29 日△省长马兴瑞率有关部门负责人调研备汛防汛、河涌整治、北江航道扩能升级项目建设等工作，强调利用信息化手段提高防灾抗灾减灾能力。副省长叶贞琴参加调研。

5 月

4 日△惠州市首支市级地震应急救援志愿者队伍正式成立。

5 日△省长马兴瑞到肇庆市实地调研西江流域备汛防汛情况，强调以系统性、前瞻性、战略性思维谋划“三防”和水利工程建设。副省长叶贞琴参加调研。

5—7 日△中国气象局局长刘雅鸣赴珠海市、江门台山市和上川岛调研气象防灾减灾、粤港澳大湾区建设气象服务等工作，并看望慰问基层气象干部职工。省气象局局长庄旭东、珠海市副市长刘嘉文等参加调研。

14 日△召开省三防总指挥部全体会议，贯彻落实省委、省政府主要领导对防汛工作的批示（指示）精神，进一步部署防汛工作。副省长叶贞琴出席会议并讲话，强调要全力以赴做好三防减灾工作。

18 日△凌晨，“粤东莞吹 0079”（船上 9 人）在珠江口珠海市白沥岛附近海域采砂作业时突然沉没。经多方救助，最终成功救起 6 人，遇难 3 人。

23 日△省长马兴瑞主持召开练江流域整治专题工作会议，强调确保年底前练江流域整治取得重大进展，各项污染物指标大幅度下降。省委常委、常务副省长林少春，副省长许瑞生参加会议。

26 日△省委常委、常务副省长林少春和省有关部门负责人一起赴梅州、潮州市，检查韩江流域防汛备汛及河长制工作推进情况，在潮州召开工作会议，安排下一步工作。

28 日△省防总召开全省防汛工作视频会议，对做好三防工作进行再动员、再部署、再落实。副省长叶贞琴作工作部署。

30—31 日△副省长叶贞琴率省政府办公厅，省水利厅、海洋渔业厅、气象局、三防办等单位有关负责人到珠海、江门市实地检查督导汛期三防工作。强调深入贯彻落实防灾减灾救灾新理念，切实做到防汛备汛有备无患。

6 月

5—9 日△受热带风暴“艾云尼”影响，广州、汕尾、惠州等 16 个市、118.8 万人受灾，死亡 7 人，直接经济损失 40.14 亿元。

6 日△11 时，深圳市龙岗区平湖街道一酒楼雨棚因暴雨引发坍塌事故，造成 6 人被压，其中 4 人死亡，2 人受伤。另有 2 人在坍塌时受轻伤。

8 日△14 时，佛山市南海区大沥镇出现龙卷，损毁约 2000 平方米铁皮屋顶。佛山市气象局提前约 1 小时成功发布国内首个龙卷预警。

△1 时 50 分左右，受强对流天气影响，广州市南沙区横沥镇安置区二期项目生活板房被瞬时大风吹倒，现场造成 1 人死亡，8 人受伤。

△16 时，省民政厅紧急启动省Ⅳ级救灾应急响应，安排工作组分赴云浮、湛江、阳江等市指导受灾地区做好台风“艾云尼”灾害救助工作。

△省委、省政府主要领导分别作出批示，要求进一步做好强降雨防御工作，全力保障人民群众生命安全。

△广东省召开全省防震抗震救灾工作联席会议，部署 2018 年防震减灾重点工作任务。副省长叶贞琴出席会议并讲话。会后，举行了省抗震救灾指挥部 2018 年省市联合应急演练。

9 日△上午，副省长叶贞琴率省府办公厅，省民政厅、国土资源厅等部门有关负责人赶赴云浮市新兴县受灾点实地察看灾情，现场指导救灾复产工作，并妥善安置受灾群众生活。

此外，中国人民财产保险股份有限公司云浮市分公司及时开展了自然灾害公众责任险赔付工作，助力救灾复产工作。

14 日△下午，省委书记李希、省长马兴瑞到省三防办调研，检查部署 2018 年防汛防台风工作。省领导江凌、省三防总指挥部成员单位负责人参加活动。

16 日△上午，省安委会和广州市安委会在广州联合举行广东省、广州市 2018 年“安全生产月”安全宣传咨询日活动。省委常委、常务副省长林少春出席活动并讲话。

22 日△省防总召开全省视频会议，总结前一阶段防汛防台风工作，部署进一步高质量做好三防工作。副省长叶贞琴出席会议并讲话。

7 月

7 日△4 时，汕头市潮南区峡山街道一村民自建房一楼经营的茶叶店铺发生火灾，造成 3 人死亡，直接财产损失 1.9 万元。

12 日△深夜，两艘出海钓鱼的玻璃钢船舶在揭阳靖海电厂外约 14 公里海域处，其中一艘玻璃钢船发生沉没，船上 5 名人员落水失联。经全力搜救，最终 3 人获救，2 人失踪。

18 日△省海上搜救中心召开成员会议暨海上船舶海港防热带气旋工作会议，强调加强海上应急能力建设，不断提高海上搜救能力。副省长陈良贤出席会议并讲话。

23 日△10 时 20 分，热带低压在湛江市徐闻县迈陈镇再次登陆（首次登陆海南），湛江 2 个县（市、区）受灾，直接经济损失 2960 万元。

24 日△省防总在东莞召开全省视频会议，强调要时刻把人民群众的生命安全放在首位，部署进一步做好下半年全省防汛防台风工作。副省长叶贞琴作工作部署。会前，省防总成员单位负责人实地检查了东莞市沙田镇村级三防系统标准化建设和海堤建设情况。

29 日△16 时 10 分，肇庆市怀集县诗洞镇六龙付良村村民植某、黄某 2 人在田间耕种时撑伞避雨遇雷击身亡。

30 日△上午，省政府召开 2018 年第三季度全省突发事件隐患评估与防范对策会商会，并总结第二季度全省突发事件基本情况及主要特点。

8 月

2—3 日△第十八次粤港澳防治传染病联席会议在珠海召开。省卫生健康委员会主任段宇飞出席会议并致辞。省疾病预防控制中心主任张永慧出席会议并讲话。

11 日△中国气象局印发《全面推进气象现代化行动计划（2018—2020 年）》。

12 日△晚上，副省长叶贞琴赶赴茂名信宜市新宝镇，现场指导防汛抢险救灾工作，并看望慰问受灾群众和一线救援人员。

13 日△省民政厅下发《关于做好第 16 号台风“贝碧嘉”防御和救灾工作的紧急通知》。至 17 时，各级民政部门、镇（街）共派出工作组 955 个，全力做好灾后救助工作。

14 日△省委书记李希、省长马兴瑞多次就部署防御台风“贝碧嘉”作出批示，强调把人民群众生命安全放在第一位，全力以赴做好防灾抗灾工作。

△上午，省委书记李希、省长马兴瑞到省防总召开视频会议，进一步分析研判风情雨情，部署台风“贝碧嘉”防御工作。副省长叶贞琴参加会议。

15 日△21 时 40 分，强热带风暴“贝碧嘉”以热带风暴级别在湛江雷州市东里镇沿海地区登陆，茂名、湛江、阳江、珠海等 6 市受灾，死亡 4 人，失踪 2 人，直接经济损失 23.37 亿元。

22 日△上午，省气象局、省质监局联合印发的《广东省突发事件预警信息发布标准体系规划与路线图（2018—2022 年）》正式向公众宣布，这是全国首个省级突发事件预警信息发布标准体系规划与路线图，也是广东省首个服务业标准体系规划与路线图。

27 日△晚上，“粤英德货 8030”散货船在清远市北江段李家庄下游约 500 米处时，船舶触礁进水翻沉，船上 7 人全部落水。经全力搜寻，最终在遇险船舱内找到全部遇险人员尸体。

27 日至 9 月 1 日△受季风低压影响，广东省大部分地区出现持续强降水过程。汕头、汕尾、惠州、揭阳、茂名、深圳等 14 市受灾，死亡 2 人，失踪 2 人，直接经济损失 64.45 亿元。

31 日△省委常委会召开会议，传达学习中共中央总书记、国家主席、中央军委主席习近平关于防汛抢险救灾工作重要指示精神，全力做好防汛抢险救灾工作。省委书记李希主持会议。

9 月

2 日△副省长叶贞琴赶赴受灾严重的汕头市潮阳、潮南两区实地察看灾情，看望慰问受灾群众，检查群众安置、物资供应、基础设施抢修等工作，并现场指导救灾复产工作。

△上午，副省长叶贞琴到揭阳普宁市指导救灾复产工作。要求揭阳、普宁两级党委、政府要全力以赴做好防汛救灾重建各项工作，并妥善安置受灾群众。

4 日△下午，省政府在广州市召开全省深刻吸取黑龙江“8·25”重大火灾事故教训、加强火灾防控工作电视电话会议。副省长李春生出席会议并讲话。

△省财政向受灾严重的汕头、惠州、汕尾、揭阳等地区紧急下拨自然灾害生活救助资金2500 万元，解决受灾群众的生活救助和恢复重建等工作，并下发通知要求确保资金专款专用。

6—7 日△省委副书记任学锋到汕头市调研督导乡村振兴工作，并指导洪涝灾区做好灾后复产工作。

11 日△省委书记李希、省长马兴瑞对防御台风“百里嘉”“山竹”分别作出批示（指示），要求做足最充分准备，采取最有力措施，做实做好防御“双台风”各项工作。

△晚上，省委副书记任学锋和副省长叶贞琴在省三防办召开全省防御台风视频会议，部署安排防御“双台风”工作。

13 日△省委书记李希再次对超强台风“山竹”防御工作作出批示：用最严的标准做最充足的准备进行最细致的防范，全力确保人民群众生命安全。

△8 时 30 分，强热带风暴“百里嘉”在湛江市坡头区沿海地区登陆，湛江 4 个县（市、区）、44 个乡镇、5.66 万人受灾，直接经济损失 4701 万元。

△晚上，省长马兴瑞赶赴省三防办召开防御台风会商会，听取台风“百里嘉”防御情况汇报，研究部署台风“山竹”防御工作。

14 日△下午，国家防总和省防总先后召开视频会议，部署台风“山竹”防御工作。副省长叶贞琴在省防总会场向国家防总汇报了广东省防御工作情况，并在全省视频会议上对广东省防御工作进行全面细致部署。

14 日下午至 15 日△省委副书记任学锋到茂名、湛江检查督导台风“山竹”防御工作，并在湛江参加全省防御台风战前动员会，强调进一步把各项防御工作落细落小落实。

15 日△省政府发布《关于切实做好台风“山竹”防御工作的紧急动员令》。

△上午，省委、省政府召开防御台风“山竹”战前动员会，对进一步做好台风防御工作进行再研究再部署。省委书记李希参加会议并作动员讲话，省长马兴瑞主持会议。会后，李希、张利明、赵继东等领导赶赴有关市防台风一线现场督导检查台风防御工作。

△下午，省委书记李希赶赴阳江督导检查台风“山竹”防御工作。省委常委、省军区司令员张利明，武警广东省总队司令员赵继东等参加督导检查。

△下午和 23 时，省长马兴瑞两次在省防总召开防台风视频会议，进一步科学系统研判台风

"山竹"最新形势，部署重点地区防御台风工作。副省长黄宁生、叶贞琴，广州市市长温国辉、深圳市市长陈如桂参加会议。

16日△省长马兴瑞坐镇省防总以视频连线方式指导各市各部门开展防风抗风和抢险救灾工作。水利部副部长叶建春，省领导任学锋、叶贞琴、陈良贤等，广州市市长温国辉、深圳市市长陈如桂参加视频会议。

△16时50分，超强台风"山竹"以强台风级别在江门台山市海宴镇沿海地区登陆。全省21个市、295.97万人受灾，死亡5人，直接经济损失144.74亿元。

17日△上午，省委、省政府在省委应急指挥中心召开视频会议，检查台风"山竹"灾害情况，并部署救灾复产工作。省委书记李希出席会议并讲话，省长马兴瑞主持会议。水利部副部长叶建春，省领导任学锋、王伟中等视频连线参加会议。湛江、广州等市和广东海事局先后汇报有关情况。各地级以上市党委、政府负责人，省有关单位负责人参加会议。

△省委常委会召开会议，听取防御台风"山竹"和救灾复产工作、推进农业供给侧结构性改革工作汇报，研究部署下一步工作。省委书记李希主持会议。

19日△上午，港珠澳大桥生产安全事故应急救援演练在珠海市举行。省委常委、常务副省长林少春现场观摩演练并讲话。副省长陈良贤出席活动。

△召开全省非洲猪瘟等动物疫病防控工作电视电话会议。副省长叶贞琴出席会议并讲话。

21日△上午，副省长陈良贤率队赴广东省交通集团监控中心察看全省高速公路重点路段的路况，督导台风"山竹"过后的交通修复以及中秋国庆假期交通保畅等工作。

28日△省防总召开防汛防台风工作座谈会。总结前一阶段防汛防台风工作，研究分析存在问题，要求抓紧补齐短板，全力以赴，做好三防减灾工作。副省长叶贞琴出席会议并讲话。

△省政府召开全省秋冬季森林防火工作电视电话会议。强调抓细抓小抓实抓好今冬明春森林防火工作。副省长叶贞琴出席会议并讲话。

10 月

13 日△副省长叶贞琴到佛山市三水区就非洲猪瘟防控工作开展专题调研，强调落实做好防控措施，坚决阻断疫情蔓延到广东省。

18 日△召开全省防控重大动物疫病应急指挥部工作会议。进一步强化联防联控机制，坚决打赢非洲猪瘟防控阻击战。副省长叶贞琴出席会议并讲话。

24 日△下午，省应急管理厅厅长王中丙率队到省消防总队调研信息化建设工作。总队长曹奇及总队有关领导参加调研座谈会。

27 日△上午，广东省应急管理厅正式挂牌。省委常委、常务副省长林少春出席揭牌仪式。省政府副秘书长魏宏广，省应急管理厅厅长王中丙，省应急管理厅领导班子成员等参加挂牌仪式。

11 月

5—7 日△中国气象局局长刘雅鸣赴珠海市、江门台山市和上川岛调研气象防灾减灾、粤港澳大湾区建设气象服务等工作，并看望慰问基层气象干部职工。中国气象局副局长于新文，省气象局局长庄旭东，珠海市副市长刘嘉文，江门市副市长梁许赞等参加调研。

15 日△省应急管理厅召开全省森林防火工作形势研判会，部署岁末年初全省森林防火工作。省应急管理厅党组成员杨胜强主持会议，厅长王中丙出席会议并讲话。省森林公安局局长罗燕喜和省消防总队副总队长杨焕龙先后发言。

20 日△省应急管理厅厅长王中丙赴清远市调研森林防灭火工作。省应急管理厅党组成员杨胜强参加调研。

21 日△省应急管理厅召开全省今冬明春火灾防控工作专题会议。省应急管理厅厅长王中丙出席会议并讲话。省消防总队总队长曹奇和省民政厅、住房城乡建设厅、市场监管局等有关负责人各自汇报了前期工作情况。省应急管理厅有关工作组负责人参加会议。

26 日△7 时 57 分，台湾海峡附近发生 6.2 级地震，广州、深圳、佛山等珠三角地区有感，其中汕头、汕尾、潮州、梅州等粤东地区震感强烈。

29 日△下午，省长马兴瑞主持召开省政府常务会议，研究部署进一步加强今冬明春火灾防控和安全生产等工作。

12 月

6 日△省应急管理厅在广州市花都区举行森林消防“双盲”实战演习。省应急管理厅厅长王中丙担任演习总指挥，省应急管理厅及广州市林业和园林局、花都区、狮岭镇政府相关领导等全程观摩演习。

7 日△省应急管理厅召开视频会议部署全省今冬明春森林防灭火工作。省应急管理厅厅长王中丙出席会议并讲话。省森林防火指挥部成员单位领导、省应急厅有关工作人员，各地级以上市、县（市、区）森林防火指挥部指挥长、副指挥和成员单位领导以及有关单位负责人参加会议。

13—14 日△省应急管理厅副厅长杨胜强率队到清远连州市检查受灾群众冬春生活救助工作，并深入到保安镇卿罡村调研指导精准扶贫工作，指导做好自然灾害救助各项工作。

17 日△省应急管理厅于应急管理部、财政部联合召开 2018—2019 年度全国冬春救助工作电视电话会议后，继续召开会议部署全省冬春救助工作。省应急管理厅副厅长周永庆主持会议并讲话。省应急管理厅相关工作组人员及财政、民政等有关负责人在省（县）分会场参加会议。

28 日△省应急管理厅会同公安、交通、农业等部门组成两个工作组，深入韶关、清远、云浮等市实地检查督导低温防御工作。

31 日△下午，省委常委、常务副省长林少春到省应急管理厅了解有关低温冰冻灾害防范应对工作情况，并看望慰问值班人员。

重大自然灾害事件

寒潮

1 月 26 日至 2 月 6 日，受强冷空气影响，全省出现持续低温寒冷天气，此次过程具有“降温范围广、降温幅度大、低温极值低、阴雨寒冷时间长”等特点。自 26 日以来，粤北地区连续 8 天出现 5℃以下低温，山区出现大范围冰（霜）冻，部分路段出现道路结冰，粤北高海拔山区还出现雨夹雪和冻雨；29—31 日，全省日平均气温连续 3 天均维持在 5℃左右，普遍出现阴天伴有小到中雨。2 月 1 日，除徐闻和粤东沿海地区外，全省有 70 个县（市、区）均出现 5℃以下低温，其中韶关、清远 2 市和肇庆市北部等共有 15 个县（市、区）最低气温在 0℃以下，粤北高寒山区零下 5℃至零下 3℃；粤北地区和肇庆、云浮等共有 23 个县（市、区）出现霜（冰）冻。3—7 日，受冷高压脊控制，广东大部维持晴冷天气，早晚气温低，昼夜温差大，除沿海地区外，其余大部分地区日平均气温均低于 10℃，其中粤北偏北地区低于 5℃。6 日，受晴空辐射影响，全省有 67 个县（市、区）出现 5℃及以下低温，其中韶关市仁化县录得全省最低气温零下 3.7℃。

据省应急管理厅统计，受强寒潮影响，韶关、茂名、惠州、清远等 4 个市、6.58 万人受灾，农作物受灾面积 1.01 万公顷，直接经济损失 1.96 亿元。

5 月 7—11 日暴雨

5 月 7—11 日，全省大部分地区出现强降水过程。汕尾的海丰、陆丰、陆河县和阳江的阳西、阳东县出现特大暴雨，其中阳江市阳西县织篢镇录得全省最大累积雨量 676 毫米。7 日白天至 8 日早晨，粤北、粤东、珠三角地区出现大雨到暴雨、局部大暴雨。7 日达到入汛标准，进入主（前）汛期，各地气象干旱解除。此次过程特点是暴雨范围广、降水强度强、伴有雷暴大风。全省 21 个地级以上市均出现暴雨，全省过程平均雨量 75.4 毫米。此次过程以对流性性质降水为主，小时雨量普遍达 50—80 毫米，其中，阳江市阳西县织篢镇 9—10 日连续两天出现特大暴雨，录得最大 1 小时雨量 151 毫米（10 日 3—4 时）、最大 3 小时雨量 273 毫米（10 日 2—5 时）。此外，珠三角地区和梅州、河源和湛江等市出现强雷电，部分地区强雷雨时伴随着 6—8 级短时大风，局地阵风 10—11 级。其中，韶关市乳源县城 7 日 11 时录得最大阵风 32.5 米/秒（11 级）、增城市区 16 时录得 31.5 米/秒（11 级）、揭阳市惠来县青坑镇 21 时录得 27.3 米/秒（10 级）。

据气象水文监测资料，7 日 8 时至 11 日 14 时，累积雨量超过 25 毫米站点占全省总站数的 89.8%。其中，250 毫米以上有 30 站，100—250 毫米的有 1095 站，50—100 毫米的有 2397 站，25—50 毫米的有 812 站。雨量较大站点有：阳江市阳东区新洲镇 434 毫米，汕尾陆丰市大安镇 355.9 毫米、陆河县河口镇 314 毫米，揭阳普宁市池尾街道 294.7 毫米，江门台山市汶村镇 293.6 毫米。

此次强降水造成阳江、汕尾、汕头、肇庆等 4 个市、4 个县（市、区）、14 个乡镇、1.22 万人受灾，转移人口 953 人，死亡 1 人，失踪 1 人，倒塌房屋 7 间，农作物受灾面积 1957 公顷；直接经济损失 1.03 亿元，其中农林牧渔业损失 5929 万元，工业、交通运输业损失 953 万元，水利设施损失 2403 万元。

热带风暴“艾云尼”

6月2日14时，南海南部海面的热带扰动加强为热带低压。5日8时，加强为热带风暴。6日6时10分，在湛江市徐闻县新寮镇沿海地区登陆，登陆时中心附近最大风力8级（20米/秒），中心最低气压992百帕。随后在琼州海峡附近回旋，当日8时命名为“艾云尼”，于13时在海南海口市沿海再次登陆。并于7日20时30分在阳江市海陵岛第三次登陆，登陆时中心附近最大风力9级（23米/秒），中心最低气压990百帕。先后移经云浮、肇庆、清远、广州4市，8日17时在肇庆市广宁县减弱为热带低压，9日8时在广州境内减弱消失。“艾云尼”是年内登陆广东省的首个台风，也是年内登陆中国的第一个台风，具有“登陆偏早、移动缓慢、三次登陆、生命史长”的特点，其平均时速仅为10千米左右，2日白天生成至9日早晨停编，生命史长达8天（南海台风生命史一般3—5天）。

“艾云尼”带来的降水具有“暴雨范围广、累积雨量大、降水强度强、持续时间长”的特点。5—9日，全省连续5天出现大范围暴雨到大暴雨、局部特大暴雨，粤西和珠三角的部分地区、汕尾、清远等17个市出现特大暴雨。其中，江门市新会区崖门镇扫管塘录得全省最大累积雨量785毫米，汕尾市捷胜镇录得最大1小时雨量123.7毫米。据气象水文监测资料，5日8时至9日14时，全省平均雨量209.4毫米，超过25毫米站点占全省总站数的95.5%。该时段各级累积雨量站数：500毫米以上88站，250—500毫米1725站，100—250毫米1825站，50—100毫米692站，25—50毫米268站。雨量较大站点有：汕尾市海丰县黄羌镇741毫米，惠州市惠东县白盆珠镇648毫米，云浮市新兴县里洞镇581.1毫米，深圳市盐田区梅沙街道565.5毫米，广州市花都区炭步镇514.6毫米。6日6时40分，湛江雷州调风镇录得平均风18.5米/秒（8级）、阵风26.1米/秒（10级）；8日3时10分，珠海荷包岛最大平均风19.4米/秒（8级）、阵风28.1米/秒（10级）。5—7日，阳江至雷州半岛东岸沿海出现25—150厘米的风暴增水；8日，广州中大潮位站出现1.67米最高潮位，超警0.17米。6—9日，广东韩江、北江、新兴江、淡水河、流溪河等26条河流相继出现明显涨水过程，其中23条河流超警戒水位，部分河流出现五年至二十年一遇的洪水。

受“艾云尼”影响，广州、汕尾、惠州、东莞、中山、江门、阳江、湛江等16个市、60个县（市、区）、520个乡镇、118.8万人受灾，转移人口15.82万人，死亡7人，倒塌房屋254间，农作物受灾面积12.67万公顷；直接经济损失40.14亿元，其中农林牧渔业损失22.57亿元，工业、交通运输业损失4.28亿元，水利设施损失5.44亿元。

强热带风暴“贝碧嘉”

8月9日8时，南海西北部海面的热带扰动加强为热带低压，10日9时前后在海南省琼海市沿海登陆；随后向东北方向移动，于11日10时35分在阳江市海陵岛再次登陆，登陆时中心附近最大风力7级（15米/秒），中心最低气压998百帕。此后在粤西沿海回旋摆动，12日14时加强为1816号热带风暴“贝碧嘉”。“贝碧嘉”继续在广东省西部沿海回旋，14日17时加强为强热带风暴，并于15日21时40分以热带风暴级别在湛江雷州市东里镇沿海地区登陆，登陆时中心附近最大风力9级（23米/秒），中心最低气压985百帕。16日凌晨移入北部湾海面并加强为强热带风暴，随后继续西行远离广东省。“贝碧嘉”具有“路径复杂、生命史长、多次登陆、降水猛烈”的特点：在广东省西部海面长时间徘徊摆动，近海回旋超过2圈；自9日8时加强为热带低压以来，持续8天，远超南海台风一般3—4天的生命史。

受其影响，9—16日，粤西和珠三角地区出现暴雨到大暴雨，珠海、江门、阳江、茂名、湛江等市出现特大暴雨，其余地区出现中到大雨、局部暴雨。其中，茂名信宜多个乡镇出现历史极值的强降水，引发山洪、泥石流、滑坡等地质灾害。据气象水文监测资料，9日8时至16日8时，全省平均雨量94.9毫米，超过25毫米（大雨量级）站点占全省总站数的70.9%。该时段各级累积雨量站数：250毫米以上465站，100—250毫米1217站，50—100毫米865站，25—50毫米912站。雨量较大的站点有：珠海市金湾区三灶镇677.3毫米，江门市新会区崖门镇635.7毫米，阳江市阳东区新洲镇585.5毫米，湛江市徐闻县曲界镇556.3毫米，茂名信宜市钱排镇497.5毫米。广东省中西部海面和粤西沿海地区出现平均风7—9级、阵风10—11级；北部湾石油平台出现平均风27.6米/秒（10级）、阵风32.1米/秒（11级），茂名海洋浮标站出现平均风23.9米/秒（9级）、阵风31.4米/秒（11级）。

受“贝碧嘉”影响，茂名、湛江、阳江、云浮、江门、珠海等6个市、28个县（市、区）、279个乡镇、35.63万人受灾，转移人口17.78万人，死亡4人，失踪2人，倒塌房屋730间，农作物受灾面积11.26万公顷；直接经济损失23.37亿元，其中农林牧渔业损失8.81亿元，工业、交通运输业损失6.69亿元，水利设施损失6.89亿元。

8月27日—9月1日暴雨

8月27日—9月1日，受季风低压影响，广东省大部分地区出现持续强降水过程，各县（市、区）先后均出现暴雨或大暴雨，其中粤东、珠三角南部地区出现持续性特大暴雨。受其影响，致广东多地城市内涝问题突出，损失严重；30日，全省有14条河流出现超警洪水、15个站点出现超警戒水位；31日，有27个水库出现超汛限水位。8月27日至9月1日，练江下游控制站练江水闸站出现超警戒水位（1.31米），为历史实测最高水位；西枝江干流上游白盆珠水库于31日7时出现4800立方米/秒的最大入库流量，为百年一遇。其特点是：

持续时间长：连续6天出现强降水天气，全省大部分地区均出现暴雨。其中，惠州、汕尾、揭阳3市连续3天出现大暴雨或特大暴雨。

强降水落区集中：强降水主要集中在珠三角和粤东地区，其中特大暴雨出现在珠江口两侧及粤东地区，累积雨量普遍超过500毫米，超过1000毫米的5个站点则集中在惠州市惠东县和汕尾市陆河县。

雨量超历史极值：惠东、陆河等地的过程累积雨量、日雨量均刷新了历史极值。27日20时至9月1日20时，惠州市惠东县高潭镇录得过程累积雨量1394.6毫米，刷新了广东省过程雨量极值（2005年6月18—24日，惠州龙门1330.3毫米）；高潭镇日雨量1056.7毫米（8月30日5时至31日5时），刷新了广东省日雨量极值（2013年8月17日，惠东高潭镇924.3毫米），也创中国大陆非台风降水日雨量极值。汕尾市陆河县出现有气象记录以来最大日降水，河口镇日雨量670.8毫米（8月30日7时至31日7时）超陆河县最大日雨量极值（2013年8月17日，上护镇512.3毫米）。

据气象水文监测资料，8月27日20时至9月1日20时，全省平均雨量172.5毫米，累积雨量大于1000毫米的站点有5个；大于500毫米的有150个；大于250毫米的有896个；大于100毫米的有3382个，占全省总站数的69.4%。雨量较大的有：惠州市惠东县高潭镇1394.6毫米，汕尾市陆河县河口镇1048.3毫米，珠海市香洲区唐家湾镇752.3毫米，揭阳普宁市鲘溪乡748.9毫米，中山市南朗镇逸仙水库675.5毫米，河源市紫金县南岭镇623.7毫米，深圳市坪山新区坪山街道607.8毫米，汕头市潮南区仙城镇580.8毫米，江门市新会区古井镇564.3毫米，东莞市松山湖区522.1毫米，阳江市阳东区那龙镇415.5毫米，茂名高州市宝光街道401.7毫米。

此次强降水造成汕头、汕尾、惠州、揭阳、茂名、深圳等14个市、48个县（市、区）、343个乡镇、200万人受灾，转移人口24.27万人，死亡2人，失踪2人，倒塌房屋300间，农作物受灾面积8.52万公顷；直接经济损失64.45亿元，其中农林牧渔业损失10.65亿元，工业、交通运输业损失20.8亿元，水利设施损失8.09亿元。

强热带风暴“百里嘉”

原位于巴士海峡附近的热带扰动云团于9月10日08时加强为热带低压，并于11日早晨移入南海海面，8时加强为热带风暴“百里嘉”。12日17时，“百里嘉”中心位于雷州半岛偏东方向约360公里的南海北部海面上，13日5时加强为强热带风暴，并于当日8时30分在湛江市坡头区沿海地区登陆，登陆时中心附近最大风力10级（25米/秒），中心最低气压990百帕。

受其影响，12日白天至13日早晨，粤西、粤东和梅州市出现中到大雨、局部暴雨，其余地区局地出现阵雨、局部大雨。据气象水文监测资料，12日8时至13日8时各级雨量站数：50—100毫米45站，25—50毫米195站，其中阳江市阳西县溪头镇录得全省最大雨量93.1毫米。南海北部和广东省中西部海面出现平均风10—11级，阵风12级；茂名市放鸡岛录得最大平均风30.2米/秒（11级）、阵风35.1米/秒（12级），电白电城镇平均风27.9米/秒（10级）、阵风33.2米/秒（12级），电白峙仔岛平均风26.3米/秒（10级）、阵风33.5米/秒（12级）。

受“百里嘉”影响，湛江4个县（市、区）、44个乡镇、5.66万人受灾，转移人口6.67万人，倒塌房屋2间，农作物受灾面积5853公顷；直接经济损失4701万元，其中农林牧渔业损失1423万元，工业、交通运输业损失936万元，水利设施损失2465万元。

超强台风“山竹”

9月7日20时，2018年第22号台风“山竹”在西北太平洋洋面生成，9日2时加强为强热带风暴，8时加强为台风，10日20时加强为强台风，11日8时加强为超强台风。15日凌晨2时10分在菲律宾吕宋岛东北部沿海地区登陆，9时减弱为强台风并移入南海，并于16日16时50分在江门台山市海宴镇沿海地区登陆，登陆时中心附近最大风力14级（42米/秒），中心最低气压960百帕。当日20时减弱为台风，23时移入广西，17日4时减弱为强热带风暴，7时减弱为热带风暴。“山竹”是年内登陆广东的最强台风，也是登陆中国的最强台风，具有“台风块头大强度强、大风范围广持续长、特大暴雨点多面广”的特点。11日8时至15日8时，维持超强台风级别达96小时，中心附近最大风力达65米/秒（17级以上）。“山竹”主体云系直径超过1200千米，8级大风风圈直径约900千米，12级风圈覆盖粤港澳大湾区。

受“山竹”影响，15日夜间至17日早晨，广东省中西部沿海、南海北部海面出现平均风10—14级、阵风15—17级；粤东、珠三角地区和阳江、云浮等12市出现平均风11—14级、阵风15—17级。阵风较大的站点有：惠州沱泞列岛62.8米/秒（17级以上），江门新会圭峰山54.6米/秒（16级），深圳内伶仃岛52.7米/秒（16级）。平均风较大的站点：珠海黄茅洲45米/秒（14级），惠州沱泞列岛43.4米/秒（14级），江门新会赤鼻岛40米/秒（13级）。香港、澳门、深圳、珠海普遍出现平均风13—14级，阵风16—17级，其中香港大老山录得最大阵风71.1米/秒，超过1999年9月16日在香港登陆的台风“约克”所录得的极值62.6米/秒。珠三角沿海地区12级以上大风持续时间超过16小时。江门台山至潮州饶平一带沿海出现1.07—3.23米的风暴增水，13个站点超百年一遇，有11个站点超历史实测最高潮位。广州中心城区中山大学站出现328厘米的最高潮位，超历史实测最高（281厘米）47厘米。南海海域出现4—8米的巨浪到狂浪，台风中心经过的海域出现16.3米怒涛。漠阳江、罗定江、淡水河、潭江等江河出现十年至三十年一遇大洪水，其中漠阳江出现历史第二大洪水。

据气象水文监测资料，15日20时至17日17时，珠三角和粤西、粤东地区出现暴雨到大暴雨、局地特大暴雨，超过250毫米（特大暴雨）的站点主要分布在深圳、茂名、江门、惠州、珠海、云浮等地。全省平均雨量93.1毫米，超过25毫米站点占全省总站数的88.3%。该时段各级累积雨量站数：250毫米以上167站，100—250毫米1586站，50—100毫米1686站，25—50毫米865站。雨量较大的有：阳江市阳东县大八镇481.5毫米，茂名信宜市大成镇425.1毫米，江门台山市汶村镇379.5毫米，云浮市云安区前锋镇367.5毫米，惠州市惠东县增光镇352毫米，佛山市高明区杨和镇349.6毫米，深圳市罗湖区339.5毫米，东莞市凤岗镇313.9毫米，肇庆市鼎湖区凤凰镇305.3毫米，清远市连南县寨高镇264毫米。

受“山竹”影响，全省21个市、117个县（市、区）、1075个乡镇、295.97万人受灾，转移人口313.09万人，死亡5人，倒塌房屋1416间，农作物受灾面积26.55万公顷；直接经济损失144.74亿元，其中农林牧渔业损失66.21亿元，工业、交通运输业损失31.11亿元，水利设施损失21.9亿元。

自然灾害分述

气象和水文灾害

2018年，全省平均气温22.3℃，较常年偏高0.4℃；年高温日数26.1天，较常年偏多8.6天；平均年降水量1801.8毫米，与常年（1790毫米）相近；5月7日开汛，较常年平均偏晚31天。汛期全省共出现14次强降水过程，其中“18·8”特大暴雨洪涝灾害过程中，惠州高潭镇24小时降雨量和过程累积雨量均刷新了广东省历史极值。全年共有5个热带气旋登陆或严重影响广东省，较常年偏多1.3个。其中，“山竹”是年内登陆中国的最强台风，也是1949年以来登陆珠三角的第二强台风（第一为2017年“天鸽”）。受其影响，全省持续出现10—13级大风，珠三角沿海地区12级以上大风持续时间超过16小时。据统计，全年各种气象灾害共造成26人死亡，5人失踪，直接经济损失258.52亿元。

【基本气候特点】

2018年，广东省总体天气气候特征是“开汛晚，旱涝急转快；暴雨强，洪涝灾害重；初台早，台风影响大；气温高，高温天气多”。

1月，全省平均气温13.7℃，较常年同期偏高0.3℃；降水量119.4毫米，较常年显著偏多176%。上旬寒潮影响全省，下旬灰霾天气明显。1月6—10日，先后出现冬季暴雨和寒潮天气，具有“寒潮影响范围广、过程降温幅度大、降水累积雨量大”等特点。7日夜间寒潮入粤，8日影响全省，气温骤降，日平均气温降温幅度达8—10℃，其中粤北高寒山区过程最低气温低至0℃以下，清远阳山称架镇零下4.5℃。此次过程造成直接经济损失592.7万元。

2月，全省平均气温较常年同期偏低0.4℃，降水显著偏少75%。上旬受强冷空气影响粤北出现霜（冰）冻，中下旬雨雾天气明显。1月26日至2月6日，受强冷空气影响，全省出现持续低温寒冷天气，此次过程具有“降温范围广、降温幅度大、低温极值低、阴雨寒冷时间长”等特点。1日，除徐闻和粤东沿海地区外，全省有70个县（市、区）均出现5℃以下低温，其中韶关、清远2市和肇庆市北部等共有15个县（市、区）最低气温在0℃以下，粤北高寒山区零下5℃至零下3℃；粤北地区和肇庆、云浮等共有23个县（市、区）出现霜（冰）冻。6日，受晴空辐射影响，全省有67个县（市、区）出现5℃及以下低温，其中韶关市仁化县录得全省最低气温零下3.7℃。受强寒潮影响，韶关、茂名、惠州、清远等4个市、6.58万人受灾，直接经济损失1.96亿元（详见“重大自然灾害事件”）。

春季（3—5月），全省平均气温23.1℃，较常年同期显著偏高1.5℃，其中3月显著偏高1.9℃，4月偏高0.3℃，5月显著偏高2.3℃。其中，5月全省平均气温创历史同期新高，普宁、汕头、兴宁等51个县（市、区）平均气温均破历史同期最高纪录，48个县（市、区）的极端最高气温破历史同期最高纪录。春季降水较常年同期偏少51%，其中3月偏少51%，4月偏少58%，5月偏少45%。5月7日正式开汛，较常年（4月6日）偏晚31天，比上年（4月12日）

偏晚25天。入汛后强对流、强降水天气较多，5月7—11日，全省出现大范围强降水天气过程，此次过程暴雨范围广、降水强度大，并伴有雷暴大风。粤东、珠三角地区和茂名、清远等市出现大雨到暴雨、局部大暴雨，汕尾陆丰市和海丰县出现局地特大暴雨，其中陆丰市西南镇7日录得全省最大日雨量316.3毫米。此次过程强降水期间伴随大范围雷电出现，其中珠三角地区与梅州、河源和湛江等市出现强雷雨，伴随出现6—8级短时大风，局地阵风达10—11级。此次暴雨过程共造成广东1.22万人受灾，1人死亡，1人失踪，直接经济损失1.03亿元。

夏季（6—8月），全省平均气温28℃，与常年同期持平。其中，6月、7月与常年同期持平，8月偏低0.4℃。全省平均高温日数15.5天，较常年偏多0.3天。全省共出现7次大范围高温天气过程，其中7月10—11日，受副热带高压影响，乐昌、番禺、广宁等66个县（市、区）出现最高气温≥35℃的高温，高温范围最广出现在11日，有62个县（市、区）出现高温天气。夏季降水较常年偏多23%，阶段性明显，其中6月、8月降水分别偏多26%和61%，7月与常年同期持平。6月12—13日，受西南季风影响，珠三角及粤西大部分地区出现暴雨到大暴雨，其中台山、珠海、中山3市局地出现特大暴雨，台山赤溪镇过程累计雨量达421毫米，此次强降水过程造成广东直接经济损失0.15亿元。8月27日—9月1日，受季风低压影响，广东省出现持续强降水过程（即“18·8”特大暴雨洪涝灾害过程），珠三角南部、粤东地区出现持续性特大暴雨，具有“暴雨持续时间长、强降水落区集中、雨量超历史极值”的特点，惠东、陆河等地过程累计雨量、日雨量均刷新历史极值，此次强降水造成广东直接经济损失64.45亿元。第4号台风“艾云尼”（热带风暴）2次登陆广东，是1980年以来登陆广东造成暴雨范围最广、雨量最大、持续时间最长的热带风暴，造成广东直接经济损失40.14亿元。热带低压于7月22日登陆海南，随后23日在湛江市再次登陆，此次热带低压带来的降水造成广东直接经济损失0.3亿元。第16号台风“贝碧嘉”于8月10日在海南登陆（热带低压），随后向东北方向移动并于11日在阳江再次登陆（热带低压），于15日第三次在湛江以热带风暴级别登陆。“贝碧嘉”具有“路径复杂、生命史长、多次登陆、降水猛烈”的特点，造成广东直接经济损失23.37亿元。

秋季（9—11月），全省平均气温23.4℃，与常年同期持平。其中9月偏高0.3℃，10月显著偏低1.1℃，11月显著偏高1.1℃。秋季降水较常年同期偏多28%，9月、10月、11月分别偏多28%、12%和52%。9月全省出现3次高温过程，全省平均高温日数（日最高气温≥35℃）为2.7天，较常年同期（1.9天）偏多0.8天。9月7日，受冷空气影响，全省大部分地区出现中到强雷雨，韶关北部、清远南部、梅州、肇庆中部、茂名北部、云浮南部、珠三角南部等地出现局地大暴雨，并伴有6—8级短时大风，韶关市始兴县太平镇录得全省最大日雨量149.8毫米。造成直接经济损失656万元。今年第22号台风“山竹”于9月16日在江门台山市海宴镇登陆，具有“台风块头大强度强、大风范围广持续长、特大暴雨点多面广”等特点，造成直接经济损失144.74亿元。第23号台风“百里嘉”于9月13日在湛江市坡头区登陆，造成直接经济损失0.47亿元。

12月，全省平均气温15.7℃，较常年同期偏高0.9℃，降水较常年同期偏少25%。月内出现5次冷空气过程并伴随阴雨天气，其中，27—31日受强冷空气影响，全省大部分地区出现急剧降温和大风天气，粤北高寒山区出现冰冻、冬雨和雪。全省共有81个市县出现最低气温低于10℃，39个市县最低气温低于5℃，其中清远市连南县分别于30日和31日录得全省最低气温0.5℃。

1. **气温**

●年平均气温

2018 年，全省平均气温 22.3℃，较常年偏高 0.4℃，比上年偏低 0.1℃，各地年平均气温介于 19.6℃（连山）—24.1℃（徐闻）之间，其中普宁市为有气象记录以来历史最高。年内各月气温除 2 月、8 月、10 月较常年同期分别偏低 0.4℃、0.4℃、1.1℃外，其余各月接近常年或偏高，其中 5 月全省平均气温 27.6℃，较常年同期显著偏高 2.3℃，创历史同期新高，普宁、汕头、兴宁等 51 个县（市、区）5 月份平均气温均破历史同期最高纪录，48 个县（市、区）的极端最高气温破历史同期最高纪录；12 月全省平均气温 15.7℃，较常年偏高 0.9℃，紫金、五华等 16 个县（市、区）的极端最高气温破历史同期最高纪录。在地域分布上，广州、惠州北部、肇庆中北部、河源中北部、梅州北部、清远和韶关大部分地区平均气温 19.6—22.0℃，其余地区 22.0—24.1℃。与常年相比，除恩平市、海丰县分别偏低 0.4℃和 0.1℃外，其余地区接近常年或偏高 0.1—1.4℃。

●年极端最高气温

2018 年，全省各地年极端最高气温介于 34℃（南澳）—38.7℃（大埔）之间。

●年极端最低气温

2018 年，全省各地年极端最低气温介于零下 3.7℃（仁化）—6.6℃（南澳）之间。

2. **降水**

●年降水量

2018 年，全省平均降水量 1801.8 毫米，接近常年（1790.0 毫米），较上年偏多 91 毫米。年内降水阶段性变化大，1 月全省降水量 119.4 毫米，显著偏多 176%；2—5 月降水持续偏少；4 月全省降水显著偏少 58%，其中梅州大埔、韶关仁化 2 个县降水量为历史同期最少；6 月降水偏多 26%，特别是台风“艾云尼”带来大范围强降水；7 月、12 月降水偏少；8—11 月降水均偏多，其中 8 月开平、恩平、茂名和斗门 4 个县（市、区）降水量为历史同期最多，其余月份降水均破纪录。5 月 7 日开汛，较常年（4 月 6 日）偏晚 31 天，比去年（4 月 12 日）偏晚 25 天。汛期（5 月 7 日—10 月 23 日）全省平均降水量 1415.0 毫米，较常年同期（1237.1 毫米）偏多 14%。其中，“龙舟水”（5 月 21 日—6 月 20 日）期间，全省平均降水量 329.4 毫米，与常年同期（317.5 毫米）基本持平，但阶段性明显，前弱后强，其中佛山市三水区为历史同期最多。全年降水分布不均，中南部多，北部少。各地年降水量介于 1098.7 毫米（大埔）—3183.0 毫米（恩平）之间。云浮北部、肇庆西北部、清远北部、韶关北部、河源大部、梅州和潮州大部降水量介于 1098.7—1600.0 毫米，其余地区介于 1600.0—3183.0 毫米。与常年相比，除茂名市北部、肇庆市北部、广州市北部及惠州、东莞 2 市和清远、韶关、河源、梅州 4 市大部分地区以及汕头、揭阳、汕尾、潮州等地沿海偏少 1%—31%外，其余大部分地区正常或偏多 1%—44%。

●最大日雨量

8 月 29 日 20 时至 30 日 20 时，汕头市潮阳区降雨量达 296.4 毫米，为年内全省 20—20 时最大日雨量。8 月 11 日 8 时至 12 日 8 时，阳江阳春市降雨量达 348.8 毫米，为年内全省 8—8 时最大日雨量。

●年雨日

2018 年，全省各地年降水日数在 91 天（南澳）—185 天（恩平）之间，除湛江、韶关西南部、广州中部、肇庆中部、云浮西北部、江门西部和茂名大部分地区较常年偏多1—23 天外，其余地区偏少1—3天。

3. 日照

2018年，全省平均日照时数1705.6小时，接近常年（1755.1小时）。年日照时数分布不均，其中清远北部、韶关北部、肇庆东北部、云浮中南部、阳江北部、江门西北部及惠州北部等地日照时数1315.8—1500.0小时，汕头、揭阳、潮州3市和湛江中南部、汕尾沿海1900—2424.2小时，其余地区在1500.0—1900.0小时之间。与常年相比，除中山、深圳、揭阳、汕头4市和清远北部、韶关中北部、河源北部、东莞南部、茂名西部及湛江中部等地日照时数偏多1%—13%外，其余大部分地区均偏少1%—30%。

【热带气旋】

2018年，西北太平洋和南海共有29个中心附近最大风力≥8级的热带气旋生成，生成个数较常年（25.5个）偏多3.5个。年内有4个台风（“艾云尼”“贝碧嘉”“百里嘉”“山竹”）和1个热带低压登陆或严重影响广东，较常年（3.7个）偏多1.3个。初台“艾云尼”于6月6日登陆湛江市，较常年偏早21天；终台“山竹”于9月16日登陆台山市，较常年偏早13天。据统计，全年全省台风共造成16人死亡，2人失踪，直接经济损失209.02亿元。

1. 初台“艾云尼”偏早

热带风暴“艾云尼”于6月6日6时10分在湛江市徐闻县登陆，登陆时中心附近最大风力8级（20米/秒），中心最低气压992百帕；11时移入琼州海峡，13时在海南海口市沿海再次登陆，登陆时中心附近最大风力8级（18米/秒），中心最低气压995百帕；于7日20时30分在阳江市海陵岛第三次登陆，登陆时中心附近最大风力9级（23米/秒），中心最低气压990百帕。“艾云尼”是年内登陆广东的首个台风，较常年平均初台日期（6月27日）偏早21天；也是1980年以来登陆广东造成暴雨范围最广、雨量最大、持续时间最长的热带风暴。5—9日，全省连续5天出现大范围暴雨到大暴雨、局部特大暴雨，粤西和珠三角的部分地区、汕尾、清远等17市出现特大暴雨。受其影响，广州、汕尾、惠州、湛江等16个市、60个县（市、区）、520个乡镇、118.8万人受灾，死亡7人，直接经济损失40.14亿元（详见“重大自然灾害事件”）。

2. 热带低压登陆徐闻

7月22日19时20分，热带低压登陆海南市；23日10时20分，热带低压在湛江市徐闻县再次登陆，登陆时中心附近最大风力7级（15米/秒），中心最低气压994百帕。受其影响，23—24日，阳春、台山、上川岛等20个县（市、区）出现暴雨以上降水，粤西和珠三角部分地区出现6—8级大风，北部湾、广东省中西部沿海和海面出现7—9级大风。22日至25日早晨，粤西和珠三角地区出现暴雨到大暴雨，其余地区局部大雨或暴雨。据气象水文监测资料，22日8时至25日8时，全省平均雨量50.5毫米，超过25毫米站点占全省总站数的60.5%。其中，各级累积雨量站数：250毫米以上5站，100—250毫米758站，50—100毫米1129站。雨量较大站点有：江门恩平市那吉镇300.5毫米，茂名高州市新垌镇274.5毫米，阳江市金郊工业开发区263.5毫米，湛江吴川市王村港镇224毫米。此次强降水造成湛江2个县（市、区）、34个乡镇、205人受灾，转移人口170人，农作物受灾面积4947公顷，直接经济损失2960万元。

3. 强热带风暴“贝碧嘉”路径复杂

8月9日8时，南海西北部海面的热带扰动加强为热带低压，10日9时前后登陆海南省；于11日10时35分在阳江市再次登陆。12日14时加强为1816号热带风暴“贝碧嘉”，14日17时加强为强热带风暴，并于15日21时40分以热带风暴级别登陆湛江市，登陆时中心附近最大风力9级（23米/秒），中心最低气压985百帕。16日凌晨移入北部湾海面并加强为强热带风暴（10级）。“贝碧嘉”具有“路径复杂、生命史长、多次登陆、降水猛烈”的特点。受其影响，9—16日，粤西和珠三角地区出现暴雨到大暴雨，珠海、江门、阳江、茂名、湛江等市出现特大暴雨，其余地区出现中到大雨、局部暴雨。此外，广东省中西部海面和粤西沿海地区出现平均风7—9级、阵风10—11级，茂名海洋浮标站出现平均风23.9米/秒（9级）、阵风31.4米/秒（11级）。受其影响，茂名、湛江、阳江等6市共35.63万人受灾，死亡4人，失踪2人，直接经济损失23.37亿元（详见“重大自然灾害事件”）。

4. 强热带风暴“百里嘉”登陆湛江

强热带风暴“百里嘉”于9月13日8时30分登陆湛江市，登陆时中心附近最大风力10级（25米/秒），中心最低气压990百帕。受其影响，12—13日，粤西、粤东地区和梅州市出现中到大雨、局部暴雨，其余地区局地出现阵雨、局部大雨。南海北部和广东省中西部海面出现平均风10—11级，阵风12级；茂名市放鸡岛录得最大平均风30.2米/秒（11级）、阵风35.1米/秒（12级）。共造成广东5.66万人受灾，直接经济损失4701万元（详见“重大自然灾害事件”）。

5. 风王“山竹”接踵而至

9月16日16时50分，超强台风“山竹”以强台风级别登陆江门台山市，登陆时中心附近最大风力14级（42米/秒），中心最低气压960百帕。“山竹”是年内登陆广东的最强台风，也是登陆中国的最强台风，具有“台风块头大强度强、大风范围广持续长、特大暴雨点多面广”的特点。11日8时至15日8时，维持超强台风级别达96小时，中心附近最大风力达65米/秒（17级以上）。“山竹”主体云系直径超过1200千米，8级大风风圈直径约900千米，12级风圈覆盖粤港澳大湾区。此外，珠三角沿海地区12级以上大风持续时间超过16小时。江门台山至潮州饶平一带沿海出现1.07—3.23米的风暴增水，13个站点超百年一遇，有11个站点超历史实测最高潮位。漠阳江、罗定江、淡水河、潭江等江河出现十年至三十年一遇大洪水，其中漠阳江出现历史第二大洪水。珠三角和粤西、粤东地区出现暴雨到大暴雨、局地特大暴雨。受其影响，全省21个市、117个县（市、区）、1075个乡镇、295.97万人受灾，死亡5人，直接经济损失144.74亿元（详见“重大自然灾害事件”）。

表2　2018年登陆中国的热带气旋纪要表

中央台编号	国际编号	名称	最大强度	登陆时间	登陆地点	登陆时中心气压（百帕）	登陆时最大风力（级）	登陆时最大风速（米/秒）
1804	1804	艾云尼	热带风暴	6月6日6时10分 6月6日13时 6月7日20时30分	广东徐闻 海南海口 广东阳江	992 995 990	8 8 9	20 18 23
1806	1806	格美	热带风暴	6月15日8时	台湾高雄	992	7	15

（续上表）

1808	1808	玛莉亚	超强台风	7月11日8时50分	福建连江	965	13	38
1809	1809	山神	热带风暴	7月18日4时50分 7月22日19时20分 7月23日10时20分	海南万宁 海南东方 广东徐闻	983 990 994	9 7 7	23 15 15
1810	1810	安比	强热带风暴	7月22日12时30分	上海崇明	982	10	28
1812	1812	云雀	强台风	8月3日11时35分	上海金山	988	9	23
1814	1814	摩羯	强热带风暴	8月12日23时35分 8月15日19时50分	浙江温岭 山东潍坊	980 998	10 8	28 18
1816	1816	贝碧嘉	强热带风暴	8月10日9时 8月11日10时50分 8月15日21时40分	海南琼海 广东阳江 广东雷州	998 998 985	7 7 9	15 15 23
1818	1818	温比亚	强热带风暴	8月17日4时5分	上海浦东	982	9	23
—	—	—	热带低压	8月23日6时 8月25日9时40分	台湾高雄 福建莆田	992 994	7 7	15 15
1822	1822	山竹	超强台风	9月16日16时50分	广东台山	960	14	42
1823	1823	百里嘉	强热带风暴	9月13日8时30分	广东湛江	990	10	25

表3　　2018年影响广东的热带气旋简况表

编号	名称	最大强度	影响起止日期	过程最大雨量（毫米）	风速（米/秒）（最大/极大）（大风影响日期）
1804	艾云尼	热带风暴	6月4—10日	478.6（中山）	13.2（阳江）/21.9（阳江）（6月8日）
1809	山神	热带风暴	7月16—25日	283.7（吴川）	13.4（上川岛）（7月17日）/21.8（上川岛）（7月16日）
1816	贝碧嘉	强热带风暴	8月9—18日	507.9（阳春）	13.6（雷州）（8月16日）/23（茂名）（8月13日）
1822	山竹	超强台风	9月15—18日	403.8（阳春）	32.6（珠海）/44（上川岛）（9月16日）
1823	百里嘉	强热带风暴	9月9—14日	96.9（雷州）	14.2（上川岛）/22（吴川）（9月13日）

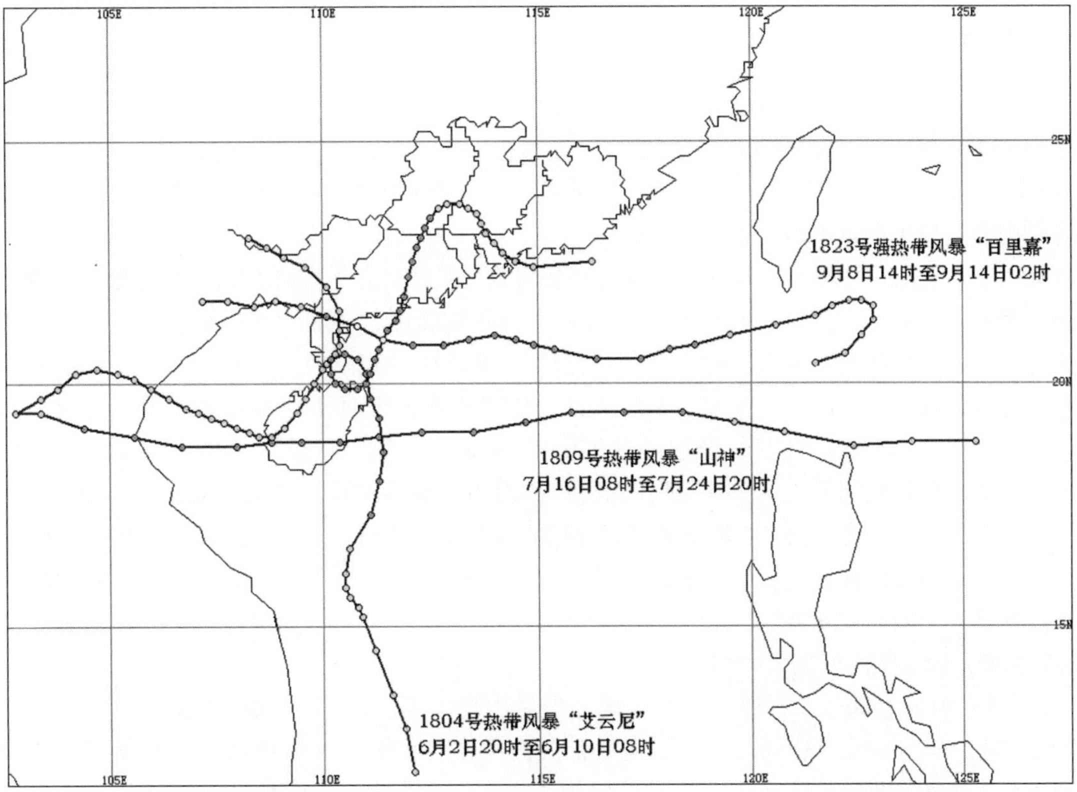

图6 热带风暴“艾云尼”“山神”、强热带风暴“百里嘉”路径图

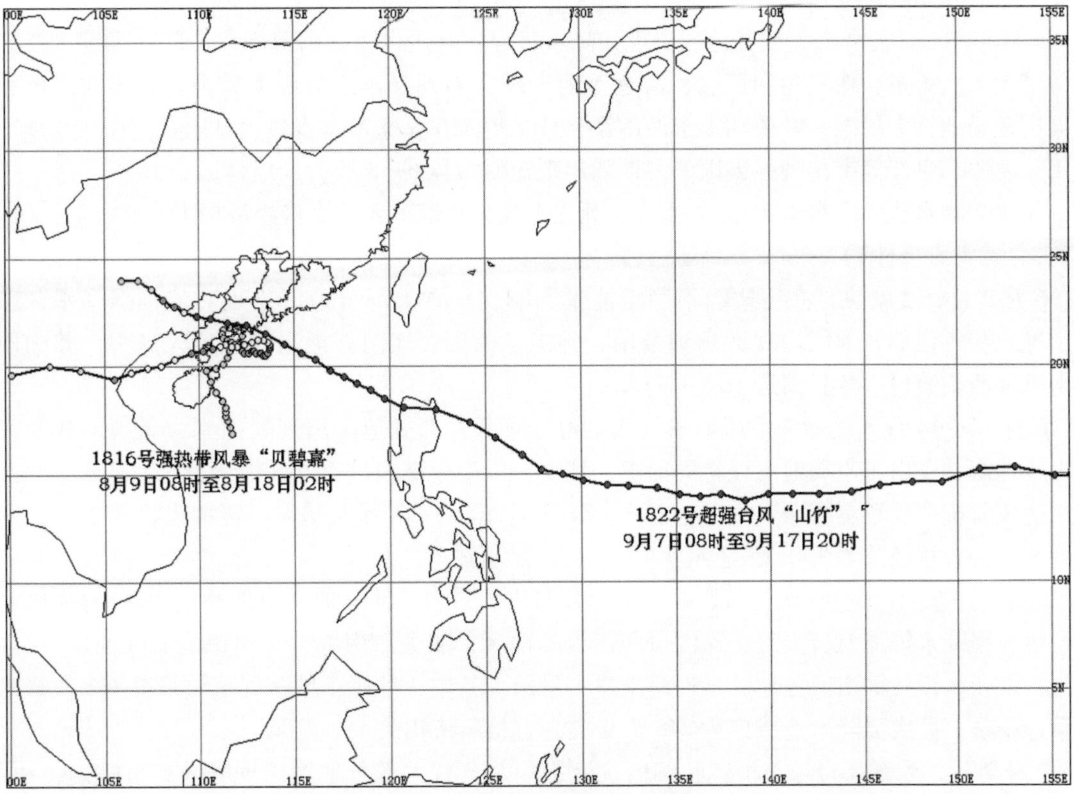

图7 强热带风暴“贝碧嘉”、超强台风“山竹”路径图

【暴雨洪水】

2018年，全省共出现暴雨（日降水量≥50.0毫米）662站日，接近常年（643站日）。汛期暴雨共590站日，约占全年的89%。其中，前汛期240站日，较常年同期偏多9.4%；后汛期350站日，比常年同期（276站日）偏多26.8%。汛期共出现14次大范围强降水过程，局部地区受暴雨影响发生严重洪涝灾害。其中，“18·8”特大暴雨洪涝灾害过程中，惠州市高潭镇24小时降雨量和过程累积雨量均刷新了广东省历史极值。1月全省平均降水量119.4毫米，较常年同期显著偏多176%。1月6—10日，广东先后出现冬季暴雨、寒潮天气，此次过程具有“寒潮影响范围广、过程降温幅度大、降水累积雨量大”等特点；入汛前（2—4月），全省降水偏少48%，各地出现不同程度气象干旱；5月7日，全省范围出现对流性强降水，多地出现旱涝急转，宣告入汛；5月18—31日，全省出现大范围持续高温天气（日最高气温≥35℃），高温日数和平均气温均破历史同期记录，并导致大范围气象干旱；6月6日，台风“艾云尼”带来大范围强降水，再次出现旱涝急转；“龙舟水”（5月21日至6月20日）全省平均降水量329.9毫米，较常年同期（317.5毫米）基本持平，时间分布上总体呈现前弱后强的特点，前期（5月21日至6月5日）全省降雨量67.2毫米，较常年同期偏少55%；后期（6月6—20日）全省降雨量262.7毫米，较常年同期偏多55%。

1月6—10日，珠江角、粤北和粤东地区先后出现大雨到暴雨、局部大暴雨。6日20时至10日20时，全省平均雨量96.2毫米，其中韶关南雄市江头镇府（区域站）录得全省最大累积雨量218.3毫米。此次强降水造成广东1.19万人受灾，农作物受灾面积293.54公顷，直接经济损失592.7万元。

5月7—11日，全省大部分地区出现强降水过程，此次过程暴雨范围广、降水强度大，并伴有雷暴大风。粤东、珠三角和茂名、清远等地出现大雨到暴雨、局部大暴雨。汕尾陆丰市和海丰县出现局地特大暴雨，其中陆丰市西南镇7日录得316.3毫米全省最大日雨量。珠三角地区和梅州、河源、湛江等市出现强雷雨，并伴随出现短时大风6—8级，局地阵风达10—11级。据统计，此次强降水造成广东1.22万人受灾，死亡1人，失踪1人，直接经济损失1.03亿元（详见“重大自然灾害事件”）。

6月2日，受副热带高压边缘不稳定能量影响，全省大部分地区出现对流性强降水，珠三角、粤北和粤西部分地区出现大雨到暴雨，佛山、肇庆、江门等地出现局地大暴雨，其中佛山市南海区西樵简村小学日雨量161.9毫米。

6月12—13日，受西南季风影响，珠三角、粤西大部分地区出现暴雨到大暴雨，其中江门台山、珠海、中山3市局地出现特大暴雨，其中台山市赤溪镇过程累计雨量为421毫米。此次强降水造成肇庆、云浮等4个县（市、区）、31个乡镇、0.37万人受灾，转移人口312人，倒塌房屋8间，直接经济损失0.15亿元。

6月22—23日，受偏南气流影响，全省普遍出现雷雨，部分地区出现6—9级短时大风、雷电、短时强降水等强对流天气。珠江口两侧沿海地区、韶关市南部、惠州市沿海和汕尾、揭阳、汕头、潮州、阳江等市部分地区出现暴雨或大暴雨。其中，汕尾市城区红草镇录得361.2毫米最大累计雨量。此次强降水造成广东245人受灾，直接经济损失152万元。

7月7日，受副高边缘不稳定和偏南气流影响，全省大部分地区出现阵雨或雷阵雨，清远、韶关、广州、揭阳、茂名5市出现暴雨、局部大暴雨，其中清远市清城区出现全省最大日雨量

154.3 毫米。

7 月 13—14 日，13 日白天至 14 日早晨，全省普遍出现降雨，珠三角、粤东和粤西大部分地区出现大雨到暴雨。其中雷州市沈塘镇录得过程最大累计雨量 201.8 毫米。

8 月 22—23 日，22 日白天至 23 日早晨，受热带低压环流和季风影响，全省大部分地区出现（雷）阵雨，粤东、珠三角、粤西、清远等地出现局地暴雨或大暴雨，并伴有 6—9 级雷雨大风，茂名站 23 日录得全省最大日雨量 147.3 毫米。

8 月 27 日—9 月 1 日，受季风低压影响，广东省大范围出现持续强降水过程（即“18·8”特大暴雨洪涝灾害过程），其中粤东、珠三角南部地区出现持续性特大暴雨。此次过程具有“暴雨持续时间长、强降水落区集中、雨量超历史极值”的特点。强降水过程持续 6 天，全省大部分地区均出现暴雨，其中惠州、汕尾、揭阳 3 市连续 3 天录得大暴雨或特大暴雨。强降水主要出现在珠三角和粤东地区，其中特大暴雨出现在珠江口两侧及粤东地区，累计雨量普遍超过 500 毫米，累计雨量超过 1000 毫米的 5 个站点则集中在惠州市惠东县和汕尾市陆河县；惠东、陆河等地过程累计雨量、日雨量均刷新历史极值。受其影响，30 日，全省有 14 条河流出现超警洪水、15 个站点出现超警戒水位；31 日，有 27 个水库出现超汛限水位。8 月 27 日至 9 月 1 日，练江下游控制站练江水闸站出现超警戒水位（1.31 米），为历史实测最高水位；西枝江干流上游白盆珠水库于 31 日 7 时出现 4800 立方米/秒的最大入库流量，为百年一遇。此次强降水造成汕头、汕尾、惠州、揭阳、茂名、深圳等 14 个市、200 万人受灾，死亡 2 人，失踪 2 人，直接经济损失 64.45 亿元（详见“重大自然灾害事件”）。

9 月 7 日，受冷空气影响，全省大部分地区出现中到强雷雨，梅州市、韶关市北部、清远市南部、肇庆市中部、茂名市北部、云浮市南部、珠三角南部地区出现局地大暴雨，并伴有 6—8 级短时大风，其中韶关市始兴县太平镇录得全省最大日雨量 149.8 毫米。此次强降水造成广东 0.36 万人受灾，倒塌房屋 2 间，直接经济损失 656 万元。

10 月 15 日，受弱冷空气影响，除粤东外，其他地区普遍出现中到大雨、局部暴雨，其中湛江、茂名、阳江、江门、云浮 5 市局部出现暴雨或大暴雨，茂名高州市南塘镇日雨量 160.8 毫米。

【高温】

2018 年，全省平均高温（日最高气温≥35℃）日数 26.1 天，较常年（17.5 天）偏多 8.6 天，与常年相比，粤西大部分地区及沿海局地偏少 1—13 天，其余大部分地区偏多 1—34 天。其中，兴宁、梅县、始兴、南雄、仁化、阳山、大埔 7 个县（市、区）高温日数超过 50 天，大埔县高温日数达 67 天，为全省最多；南雄、连平、始兴、仁化等 4 个县（市、区）高温日数为历史同期最多。

5—9 月，全省共有 11 次大范围持续高温过程，出现时间为：5 月 18 日—6 月 1 日，6 月 20 日、6 月 27—30 日，7 月 3—5 日、10—11 日、17—22 日，7 月 27 日—8 月 1 日，8 月 7—9 日，9 月 4—5 日、14—15 日、20 日。

5 月全省平均高温日数 7.8 天，较常年同期偏多 7.4 天，高温日数破历史极值，较历史 5 月高温日数最多的 1963 年（全省平均 2.5 天）偏多 5.3 天，其中顺德、南雄、连南等 71 个县（市、区）高温日数破历史最多纪录。5 月 18—31 日，全省出现大范围持续高温天气，其中 19—23 日全省连续 5 天高温的县（市、区）达到或超 50 个，23 日全省有 60 个县（市、区）出现高温；26 日、30 日和 31 日，全省出现高温的县（市、区）个数也超 50 个。

【干旱】

2018 年，广东省降水阶段性变化大，2—4 月降水持续偏少，全省平均降水量 153.6 毫米，较常年同期显著偏少六成，粤北、粤东部分地区出现阶段性气象干旱；5 月 7 日全省范围出现对流性强降水，达到广东入汛标准，多地出现旱涝急转，缓解了气象干旱；5 月中下旬，出现持续长时间高温少雨天气致粤北、粤东、雷州半岛和珠三角部分地区旱情进一步发展，部分地区出现饮水困难，因旱饮水受影响共计 68.31 万人，直接经济损失 4.38 万元。6 月降水偏多 26%，特别是台风“艾云尼”带来大范围强降水，各地逐渐解除气象干旱。

【灰霾】

2018 年，全省平均灰霾日数 27.6 天，珠三角 38.1 天，广州市 32.4 天。全省较上年相比减少 2.9 天，珠三角较上年相比减少 1.5 天，广州市较上年相比减少 1.8 天。

【强对流天气】

1. 概况

2018 年，广东首次强对流天气出现于 3 月 4 日。是日，清远连州市部分地方出现降雹天气。年内影响广东的首次较大范围强对流天气发生在 3 月 19 日。是日，湛江、韶关等 7 个市、县（市、区）出现 8—11 级雷雨大风，其中湛江市徐闻县局部地区还出现降雹天气。前汛期影响广东最大范围的强对流天气（也是全年影响广东最大范围的强对流天气）发生在 5 月 27 日。是日，阳江、江门等 16 个市、县（市、区）出现 8—10 级雷雨大风。后汛期影响广东的最大范围强对流天气发生在 8 月 22 日。是日，江门、梅州等 15 个市、县（市、区）先后出现 8—10 级雷雨大风。年内广东省最后一次强对流天气过程发生在 9 月 24 日。是日，东莞、广州等 5 个市、县（市、区）出现 8—9 级雷雨大风。

全年广东省共有 87 个强对流日［注：在一天之中，若在全省范围内有两个或两个以上的市、县（市、区）出现强对流天气，则定义为一个强对流日］。强对流天气以雷雨大风为主，冰雹、龙卷风也有发生。

表 4　2018 年广东省强对流日一览表

月份	日期	天气现象	天数
3	14、17、19、20	雷雨大风、冰雹	4
4	14	雷雨大风	1
5	2、6—8、12、13、17、18、23、26—31	雷雨大风、冰雹、龙卷风	15
6	1、2、4、5、9、10、12—14、18—27、29、30	雷雨大风、龙卷风	21
7	1—6、8—11、15、19、21、22、24、25、27—30	雷雨大风	20
8	2—8、13、16、20—26、29	雷雨大风、龙卷风	17
9	1、5—7、14、20、22—24	雷雨大风、龙卷风	9
合计			87

2. 强对流天气区域分布

2018 年，广东省各地级以上市均有强对流天气发生。强对流天气出现天数较多的有佛山市（34 天）、肇庆市（34 天）、韶关市（34 天）、广州市（33 天）和湛江市（33 天）。

表 5　　2018 年广东省各地级以上市发生强对流天气天数一览表

市别	天数	市别	天数	市别	天数
广州	33	惠州	17	韶关	34
佛山	34	河源	22	清远	30
深圳	20	汕头	8	肇庆	34
珠海	15	汕尾	16	云浮	29
中山	17	潮州	15	阳江	20
江门	25	揭阳	21	茂名	24
东莞	18	梅州	32	湛江	33

3. 强对流天气活动特点

2018 年，广东省首次强对流天气发生在 3 月 4 日，出现时间比常年略微稍早；最后一次强对流天气出现在 9 月 24 日，结束时间基本正常。

年内强对流天气活动频繁。全年共出现强对流日 87 天，且常连续数天持续出现。影响范围超过 5 个县（市、区）的强对流天气过程全年共有 40 天。

广东省全年共有降雹天气 7 天，发生在 3 月与 5 月；有龙卷风天气 4 天，发生在 5 月、6 月、8 月与 9 月。

强对流天气强度强。雷雨大风极大风速达 35.0 米/秒（12 级，5 月 30 日，惠州市惠阳区平潭镇）。

【雷电】

1. 灾害概况

经调查统计，2018 年，全省出现雷击灾害 192 起，直接经济损失 921 万元，间接经济损失 591 万元。其中，雷灾造成人员伤亡事故 7 起，共死亡 7 人、受伤 1 人（伤亡均发生在农村）；雷击引发火灾事故 4 起，建（构）筑物受损 18 起，办公电子电器设备受损 143 起，家用电子电器设备受损 26 起，各种电子电器设备损坏 1850 件（注：同一起雷灾事故可能包含多种损失类别）。全省雷灾起数、伤亡人数较上年分别减少 9.5% 和 38%；雷灾事故造成的经济损失比上年减少 29.9%。

2. 雷电灾害实例

●4 月

4 月 14 日 18 时 30 分，位于东莞市东坑镇骏达社区正葳科技园的东莞富强电子有限公司遭雷击，损坏监控摄像头 106 个、网络交换机 8 个，直接经济损失 17 万元，间接经济损失 34 万元。

●5月

5月3日20时30分至21时30分，位于广州市番禺区南村镇的广东信源彩色印务有限公司遭雷击，损坏CP2000电脑1台、电脑台电源逆变器1个，直接经济损失13万元。

5月8日8时10分，位于茂名化州市大坡路与642县道交叉口北200米的广东省红阳农场医院遭雷击，击坏路由器1台、监控高清镜头4个、电脑主机1台、B型超声检查仪1台、配电系统电源保护器1台，直接经济损失10万元，间接接经济损失15万元。

5月16日11时8分，位于佛山市顺德区大良街道的郑裕彤中学遭雷击，损坏广播面板、控制交换机、网络交换机主机、LED屏电源板、油印机等设备一批，直接经济损失10.6万元。

5月30日18时，梅州市五华县潭下镇柏洋村上屋组巫某家遭雷击，致1人身亡。雷电击毁1块天面石棉瓦的固定铁丝、1处楼梯地面。

●6月

6月2日7时30分，位于高栏港经济区高栏岛环岛西路的百富洋新海能源（珠海）有限公司遭雷击，损坏地磅传感器1个、地磅打单系统1套、消防监控系统主机1台、配电房电流表等设备一批，直接经济损失14万元。

6月2日7时30分，位于高栏港经济区高栏岛环岛西路的新海能源（珠海）有限公司遭雷击，导致8个边检视频、17个海关视频、11个集团专用视频无信号，V801、V802储罐2个超声波液位计显示异常，V201、V202、V203储罐3个超声波液位计报警异常，V203储罐1个液相紧急切断阀光电开关故障，中控室4个PLC机柜模块等损坏，直接经济损失40万元。

6月6日7时10分，位于揭阳市惠来县前詹镇的惠来县古杭水库管理所遭雷击，击坏高杆路灯15支、变压器1台、水闸配电箱1个、路灯配电箱1个，直接经济损失26万元。

6月6日7时47分，位于揭阳市惠来县周田镇厝坑村的华润电力风能（惠来）有限公司遭雷击，击坏主变压器1台，直接经济损失40万元。

6月6日14时10分，位于深圳市龙岗区龙岗大道的深圳广居物业服务有限公司国展苑管理处遭雷击。烧毁烟感71个、模块（警铃、消防栓、风阀）197个、广播主机1套、消防回路板4个、监控主板2个、门禁模块3个，直接经济损失约10万元。

6月7日8时，位于东莞市桥头镇桥常路（大洲段）456号的东莞市粤盛纤维制品有限公司遭雷击，损坏变压器2台，直接经济损失18.6万元，间接经济损失37.2万元。

6月14日3时，位于湛江市东海岛东简镇的宝钢湛江钢铁有限公司遭雷击，损坏控制浓度计（220V转24V）开关电源2个、浓度计3台、流量计1台、皮带机现场开关压敏电阻1个，直接经济损失60万元，间接经济损失70万元。

6月22日10时，位于东莞市大朗镇水口村金沙二路益众科技园的东莞益众投资发展有限公司遭雷击，损坏变压器1台。直接经济损失12.36万元，间接经济损失24.72万元。

6月23日6时18分，位于阳江市江城区东风三路鸳鸯湖公园的阳江市城市管理和综合执法局遭雷击，击坏控制卡8个、电机启动器50个、变频器2个、电脑等设备一批，直接经济损失50万元。

6月23日12时，位于清远市清城区的广东广乐高速银盏隧道配电房遭雷击，击坏机电设备2套，直接经济损失10万元，间接经济损失8万元。

6月27日至7月25日（具体时间不明），位于广州市南沙区黄阁镇沙仔北路6号的南沙港汽车码头遭雷击，2辆汽车受损，直接经济损失约68万元。

●7 月

7 月 11 日 11 时 50 分，揭阳市揭东区曲溪街道上围村村民吴某在其责任田内临时棚寮避雨时遇雷击，经送医抢救无效死亡。

7 月 22 日 18 时 10 分，韶关市始兴县沈所镇石下村冷水坑一农田遭雷击，致田间正在劳作的钟某（女）身亡，直接经济损失 20 万元。

7 月 23 日 12 时 46 分，广州市白云区钟落潭镇虎塘村村民张某（男）在前往农田为农作物盖膜时遇雷击身亡。

7 月 29 日 16 时 10 分，肇庆市怀集县诗洞镇六龙付良村村民植某、黄某在田间耕种时撑伞避雨遇雷击，致植某（女）当场死亡；黄某（男）当晚被救醒后于 30 日 4 时经抢救无效死亡。

●8 月

8 月 3 日 14 时 31 分，位于潮州市潮安区登塘镇林妈陂二村的广东欧陆卫浴有限公司遭雷击，击坏 1 部变压器、4 部电机等设备，直接经济损失 10 万元，间接经济损失 12 万元。

8 月 5 日 16 时 30 分，位于深圳市龙岗区南湾街道龙山工业区 18 号的耐普罗塑胶五金制品（深圳）有限公司遭雷击，烧毁冷水机 1 台，直接经济损失约 16 万元。

8 月 6 日 19 时，位于梅州市梅县区白渡镇的梅县洁源水电有限公司遭雷击，击坏悦凯线路出口多油断路器 1 组，直接经济损失 10 万元，间接经济损失 20 万元。

8 月 7 日 18 时 15 分，位于清远英德市英城街的英德市碧桂园房地产开发有限公司（碧桂园）遭雷击，致小区 15 台电梯停运，直接经济损失 10 万元，间接经济损失 15 万元。

8 月 19 日 22 时 50 分，位于惠州市大亚湾区的惠州兴达石化工业有限公司遭雷击，击坏消防主机 1 台、监控摄像头 31 个、地磅传感器 1 个、若干个烟感探头，直接经济损失 20 万元。

8 月 21 日 20 时 40 分，广州市番禺区钟村街祈福新邨迎风阁遭雷击，损坏消防主机联动板 3 块、回路板 5 块、消防模块等设备一批，直接经济损失 17 万元。

8 月 30 日 16 时，位于东莞市松山湖南山路 1 号的中集智谷东莞市中集创新产业园发展有限公司遭雷击，损坏无功补偿柜 1 个、视频监控系统矩阵 1 个、摄像机 23 个、光电转换等设备一批，直接经济损失 10. 13 万元，间接经济损失 20. 26 万元。

8 月 31 日 21 时 45 分，揭阳市揭西县良田乡揭西县的小水电公司三级电站遭雷击，烧坏主变真空开关 1 个，直接经济损失 10 万元。

●9 月

9 月 21 日 13 时 20 分，韶关市仁化县青迳村锡坪嶂仙鹤寺遭雷击，致 1 人身亡，直接经济损失 20 万元。

表 6　　2018 年广东省各地级以上市雷电灾害统计表

市别	雷电灾害事故																
	雷灾起数(起)	火灾或爆炸(起)	人身事故			建（构）筑物受损（起）	办公电子电器设备受损		家用电子电器设备受损		直接经济损失(万元)	间接经济损失(万元)	电力行业(起)	石化行业(起)	通信行业(起)	交通行业(起)	金融行业(起)	学校(起)
			起	伤(人)	亡(人)		起	件	起	件								
广州	26	0	1	0	1	0	21	79	2	9	159.25	2	0	0	1	3	0	1
深圳	3	0	0	0	0	0	11	289	0	0	28	0	0	0	0	0	0	0
珠海	10	0	0	0	0	0	9	204	0	0	80.55	0	0	3	0	0	0	0
汕头	2	0	0	0	0	0	2	15	0	0	2.5	10	0	0	2	0	0	0
佛山	2	0	0	0	0	0	1	6	1	1	10.65	0	0	0	0	0	0	1
韶关	14	0	2	0	2	3	8	23	4	14	60.57	0.5	3	0	0	1	0	0
湛江	18	3	0	0	0	6	15	109	5	20	91.1	116.3	0	3	0	0	0	6
肇庆	5	0	1	0	2	0	4	31	0	0	6.6	6	0	0	0	0	0	1
江门	4	0	0	0	0	1	4	32	0	0	7.25	10	0	0	0	0	0	0
茂名	7	0	0	0	0	2	4	44	3	15	25.4	19.5	0	0	0	0	0	0
惠州	3	0	0	0	0	1	3	44	1	14	22.5	2	0	2	0	0	0	0
梅州	7	0	1	0	1	3	4	9	2	11	18.9	31.1	1	0	0	1	0	0
汕尾	0	0	0	0	0	0	0	0	0	0	0	0	0	0	0	0	0	0
河源	1	0	0	0	0	0	1	1	0	0	3	0	0	0	0	1	0	0
阳江	1	0	0	0	0	0	1	70	0	0	50	0	0	0	0	0	0	0
清远	19	0	0	0	0	0	2	31	0	0	92.8	103	4	0	0	7	0	0
东莞	40	0	1	1	0	0	35	664	5	38	135.66	271.32	0	2	0	1	0	1
中山	1	0	0	0	0	0	1	4	0	0	0.17	0.51	0	0	0	0	0	0
潮州	2	0	0	0	0	0	1	5	1	5	10.8	13.5	0	0	0	0	0	0
揭阳	15	0	1	0	1	2	13	39	0	0	89.05	0	3	1	1	4	0	0
云浮	12	1	0	0	0	0	3	9	2	15	26.23	5	6	1	0	0	0	1
总计	192	4	7	1	7	18	143	1708	26	142	920.98	590.73	17	12	4	18	0	11

注：资料由各市、县（市、区）气象局防雷设施检测所和省直有关厅局提供，截止日期为 2018 年 12 月 31 日。

地震灾害

【地震活动特点】

1. **地震活动概况**

2018 年，广东省及邻近海域共发生 1 级（含 1 级）以上地震 161 次，其中 2—2. 9 级 19 次，3. 0—3. 9 级 4 次，最大级别为 3 月 20 日发生在阳西的 3. 7 级地震。

2. **地震活动特征**

2018 年度广东省地震活动主要集中在阳江、河源、南澳 3 个老震区，粤西信宜—茂名、粤东潮汕—梅州地区、珠江口外海至茂名海域出现地震活动增强现象。2. 5 级以上地震主要在阳江、河源等区域，沿吴川—四会断裂带南段比较活跃。上年度活跃的梅州蕉岭、韶关乳源等地地震活动减弱。

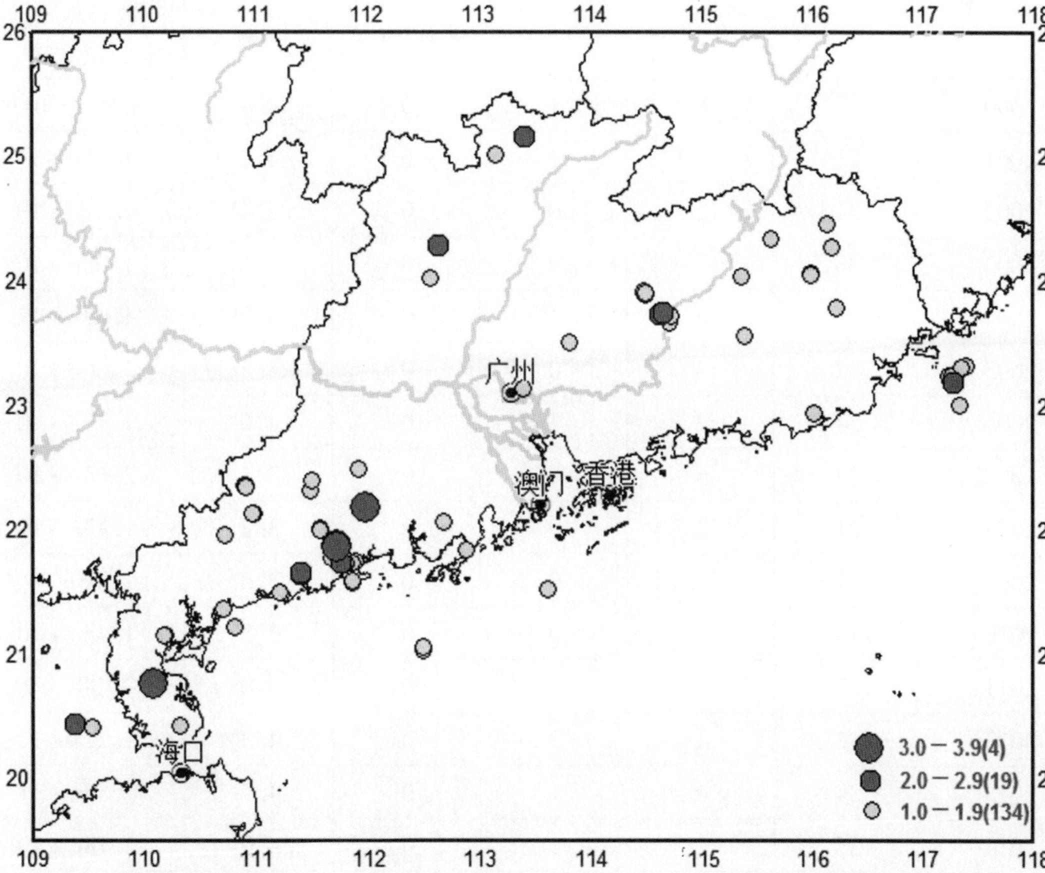

图 8　2018 年广东省陆地及近海 M≥1. 0 级地震震中分布示意图

表7　　2018年广东省及近海 M≥2.5 级地震目录表

序号	月	日	时	分	北纬（度）	东经（度）	震级（M）	参考震中
1	2	18	11	23	21.88	111.71	2.5	阳西
2	3	17	8	34	21.87	111.71	2.9	阳西
3	3	20	4	44	21.87	111.72	3.7	阳西
4	5	28	6	7	21.74	111.76	2.5	阳西
5	6	3	8	37	21.88	111.71	3.1	阳西
6	7	15	19	51	21.87	111.71	2.6	阳西
7	7	25	8	53	23.73	114.61	2.6	河源
8	10	6	23	6	22.19	111.97	3.0	阳东
9	10	31	15	30	23.75	114.64	2.9	河源
10	11	6	24	24	20.77	110.08	3.1	雷州

表8　　广东省及近海地震频度统计表（2000—2018）[①]

M / 年份	2.0~2.9	3.0~3.9	4.0~4.9	5.0~5.9	Max	地震总能量（焦耳）
2000	52	8	1	0	4.0	8.89e+10[②]
2001	23	3	1	0	4.2	1.46e+11
2002	31	2	0	0	3.4	1.91e+10
2003	36	2	0	0	3.1	1.08e+10
2004	42	4	1	0	4.8	1.03e+12
2005	32	4	0	0	3.4	5.66e+10
2006	34	1	1	0	4.0	7.72e+10
2007	22	6	0	0	3.4	2.64e+10
2008	21	2	0	0	3.2	1.83e+10
2009	13	1	0	0	3.3	4.08e+9
2010	16	2	0	0	3.3	1.48e+10
2011	22	1	0	0	3.0	1.30e+9
2012	32	2	2	0	4.8	1.21e+12
2013	34	4	1	0	4.7	9.88e+11
2014	27	2	1	0	4.0	2.78e+10

（续上表）

M 年份	2.0 ~ 2.9	3.0 ~ 3.9	4.0 ~ 4.9	5.0 ~ 5.9	Max	地震总能量（焦耳）
2015	30	6	0	0	3.8	3.65e + 10
2016	15	4	0	0	3.4	1.84e + 9
2017	20	4	0	0	3.1	1.04e + 9
2018	19	4	0	0	3.7	4.08e + 9
平均值	27.4	3.3	0.4	0	3.7	1.98e + 11

注：①统计时间为 1 月 1 日至 12 月 31 日。

②e + 10 = 10^{10}，下同。

地质灾害

【灾害概况】

2018 年，全省共发生地质灾害 230 起，其中滑坡 59 起、崩塌 157 起、泥石流 4 起、地面塌陷 8 起、地面沉降 2 起，造成 10 人死亡，1 人受伤，受灾影响人口 5561 人，直接经济损失 2626 万元。与 2017 年相比，全省地质灾害发生数量、死亡人数和直接经济损失均大幅上升，分别增加 49. 35%、400% 和 121. 61%。

【灾情特点】

1. 地质灾害发生区域和造成人员死亡区域相对集中

广州、惠州、肇庆、云浮等市为地质灾害发生最为集中区域，4 市共发生地质灾害 184 起，直接经济损失 2397. 5 万元，其地质灾害发生次数和直接经济损失分别占全省的 80% 和 91. 3%。造成人员死亡的地质灾害发生在云浮、茂名和河源 3 市，其因灾死亡人数分别为 6 人、2 人、2 人，其中云浮市因地质灾害造成死亡人数占全省的 60%。

2. 地质灾害发生时间较集中，以自然因素引发的小型灾害为主

地质灾害发生时间主要集中在 6 月和 8 月；灾情等级以小型为主，类型以崩塌、滑坡居多；引发因素主要为自然因素（强降雨）。全省造成人员死亡的地质灾害共 7 起，占地质灾害总数的 3. 04%。

3. 地质灾害按受灾对象分，以危害居民生命财产的居多

全省发生地质灾害按受灾对象分：危害居民生命财产的地质灾害 189 起，造成 10 人死亡，1 人受伤，直接经济损失 2366 万元；危害公路交通设施的地质灾害 14 起，直接经济损失 82 万元；危害教育设施的地质灾害 7 起，直接经济损失 54 万元；危害工业设施的地质灾害 8 起，直接经济损失 78 万元；危害公共设施的地质灾害 7 起，直接经济损失 26 万元；危害农业的地质灾害 5 起，直接经济损失 20 万元。

表 9　**2018 年广东省各地级以上市地质灾害汇总表**

序号	市别	发生地质灾害总数（起）	死亡（人）	受伤（人）	直接经济损失（万元）	成功预报（起）	避免伤亡（人）	避免直接经济损失（万元）
1	广州	37			206. 2	2	5	55
2	佛山	2			16	1	30	50

（续上表）

序号	市别	发生地质灾害总数（起）	死亡（人）	受伤（人）	直接经济损失（万元）	成功预报（起）	避免伤亡（人）	避免直接经济损失（万元）
3	韶关	7			71			
4	河源	1	2		3	2	9	10
5	惠州	60			596	3	5	33
6	汕尾					1	10	10
7	东莞	1			8	2	25	300
8	中山	10			11.2	1	25	300
9	阳江	1			3			
10	茂名	3	2		4.5	1	48	
11	肇庆	64			441	9	367	142
12	清远	11			59			
13	揭阳	10			52.8	9	87	
14	云浮	23	6	1	1154.3	3	85	670
合计		230	10	1	2626	34	696	1570

表 10　　**2018 年广东省突发性地质灾害统计表**

序号	日期	发生地点	诱因	类型	级别	规模[①]	死亡（人）	直接经济损失（万元）
1	4.21	清远市阳山县阳城镇何屋村微生物研究所后山	强降水	崩塌	小型	30		5
2	4.27	韶关市武江区西河镇教育路第十五中学	强降水	地面沉降	小型	0.5		10
3	4.28	清远市阳山县黎埠镇升平村委会四新合作社	地下水变动	地面塌陷	小型	200		20
4	5.10	肇庆市怀集县坳仔镇渡头村渡头小学	强降水	滑坡	小型	50		5
5	6.4	佛山市禅城区南庄镇紫南村禅港西路东侧边坡	削坡，降水	滑坡	小型	10500		15
6	6.5	韶关市浈江区乐园镇大学路 82 号广东省南方技师学院	强降水	崩塌	小型	5		5

（续上表）

序号	日期	发生地点	诱因	类型	级别	规模[①]	死亡（人）	直接经济损失（万元）
7	6.8	广州市从化区良口镇良口墟新城南路南东侧	强降水	泥石流	小型	3000		35
8	6.8	广州市黄埔区红山街华坑村后背山	强降水	崩塌	小型	200		10
9	6.8	肇庆市广宁县螺岗镇螺深庙背	强降水	崩塌	小型	180		5
10	6.8	广州市天河区华南理工大学西二区3栋南西侧边坡	强降水	崩塌	小型	100		10
11	6.8	云浮市新兴县里洞镇梧洞村委会石降村民小组一养鸡场后山	强降水，削坡	崩塌	小型	50	1	11
12	6.8	广州市从化区吕田镇桂峰村山羊坑队3号房屋北西侧边坡	强降水	崩塌	小型	350		6
13	6.8	广州市增城区派潭镇上九陂村（白水寨景区）北山路边坡	强降水	崩塌	小型	350		10
14	6.8	广州市从化区锦村甘坑社潘启杨北东侧边坡	强降水	滑坡	小型	400		8
15	6.8	广州市从化区温泉镇龙新村水口一社边坡	强降水	崩塌	小型	500		10
16	6.8	广州市番禺区化龙镇柏沙路逸鼎不锈钢制品有限公司后山边坡	强降水	滑坡	小型	500		5
17	6.8	云浮市新兴县河头镇湾边村委麻竹氹村	强降水	滑坡	小型	1200		9
18	6.8	云浮市新兴县六祖镇新冲高溪村	强降水	崩塌	小型	100		20
19	6.8	云浮市新兴县六祖镇新冲马脚坑村	强降水	崩塌	小型	300		5
20	6.8	云浮市新兴县六祖镇塘窝水村委塘窝水村	强降水	滑坡	中型	100		120
21	6.8	云浮市新兴县太平镇凤山村委会下山门村	强降水	滑坡	中型	100		150
22	6.8	云浮市新兴县河头镇河西村委会六家冲村	强降水，削坡	滑坡	小型	800	2	9
23	6.8	云浮市新兴县太平镇水浪村委会村口村南侧山体	强降水	滑坡	小型	100	2	14
24	6.8	云浮市新兴县太平镇水浪村委会肥水坑村	强降水	崩塌	中型	400		110

（续上表）

序号	日期	发生地点	诱因	类型	级别	规模[①]	死亡（人）	直接经济损失（万元）
25	6.8	云浮市新兴县六祖镇西联村委田表村	强降水	滑坡	小型	80		30
26	6.8	云浮市新兴县太平镇水浪村委会下厂村	强降水	泥石流	中型	200		400
27	6.8	云浮市新兴县太平镇凤山村委会桔洞村	强降水	崩塌	小型	450		50
28	6.8	广州市白云区同和街天健商业广场 D4 栋北侧边坡	强降水	崩塌	小型	30		5
29	6.8	肇庆市高要区水南镇下坪村委更鼓楼村	强降水	崩塌	小型	30		5
30	6.8	肇庆市高要区水南镇双波村委石降下村	强降水	崩塌	小型	20		5
31	6.8	肇庆市广宁县五和镇村心村委湖洞村	强降水	崩塌	小型	105		23
32	6.8	韶关市浈江区乐园镇长乐中心小学	强降水	滑坡	小型	0.6		30
33	6.8	肇庆市高要区水南镇双波村委大石坑村	强降水	崩塌	小型	10		5
34	6.8	肇庆市高要区水南镇下坪村委大杉尾村	强降水	崩塌	小型	20		15
35	6.8	肇庆四会市下茆镇上茆村委会江氹村	强降水	崩塌	小型	60		16
36	6.8	肇庆四会市黄田镇黄田村牛眠一队	强降水	泥石流	小型	300		90
37	6.8	肇庆四会市下茆镇下黄岗村委会百厘坑村	强降水	崩塌	小型	100		18
38	6.9	云浮市新兴县六祖镇新冲新冲村（多处）	强降水	崩塌	中型	3200		200
39	6.9	肇庆四会市石狗镇程村村委会福隆村	强降水	崩塌	小型	500		50
40	6.9	肇庆四会市石狗镇隔岗村委会安昌村	强降水	崩塌	小型	60		15
41	6.9	肇庆四会市威整镇红星村委会前进村	强降水	滑坡	小型	55		10
42	6.9	肇庆四会市贞山街道坑口村委会阵坑村	强降水	崩塌	小型	1000		25
43	6.8	广州市黄埔区永和街永岗社区横迳村大氹山山体边坡	强降水	滑坡	小型	6000		5

（续上表）

序号	日期	发生地点	诱因	类型	级别	规模[①]	死亡（人）	直接经济损失（万元）
44	6.8	广州市黄埔区联和街保利林语山庄林荟街6号楼后侧山体	强降水	崩塌	小型	20		50
45	6.10	云浮市云安县六都镇上六村委竹围岗村	强降水	崩塌	小型	10		5
46	6.11	肇庆市高要区南岸科德村委祥兴山庄	强降水	滑坡	小型	20		5
47	6.28	韶关市仁化县董塘镇高宅村青石桥农田	强降水	地面塌陷	小型	0.035		5
48	8.30	东莞市凤岗镇凤德岭民丰厂	强降水	滑坡	小型	700		8
49	8.30	揭阳普宁市船埔镇毕石村任坑	强降水	崩塌	小型	800		6
50	8.30	惠州市惠城区惠环街道办西坑村翔雄厂房后山边坡	强降水	崩塌	小型	300		50
51	8.31	惠州市惠东县白盆珠镇新庵布新村山角移民新村后山	强降水	滑坡	小型	10		10
52	8.31	惠州市惠东县多祝镇榇圩村榇圩小组李妙容房屋后山	强降水	崩塌	小型	20		20
53	8.31	惠州市惠东县高潭镇普联村委坳子村后山	强降水	滑坡	小型	150		8
54	8.31	惠州市惠东县白盆珠镇横坑村委红光村小组赖锦堂房屋后山	强降水	滑坡	小型	150		8
55	8.31	惠州市惠东县白盆珠镇坑屯村委而塘村小组22—23号房屋后山	强降水	崩塌	小型	5		5
56	8.31	惠州市惠东县平山街道莲花社区马朝路福利院后山	强降水	滑坡	小型	30		10
57	8.31	惠州市惠东县高潭镇金坑村公湖村小组黄展兵房屋后山	强降水	滑坡	小型	30		15
58	8.31	惠州市惠东县高潭镇水口村东风村小组34号黄日华房屋后山	强降水	滑坡	小型	54.6		15
59	8.31	惠州市惠东县高潭镇黄沙村珊瑚村小组罗潭标房屋后山	强降水	崩塌	小型	80		8
60	8.31	惠州市惠东县宝口镇国和村百寿一村后山	强降水	崩塌	小型	6		5

（续上表）

序号	日期	发生地点	诱因	类型	级别	规模[①]	死亡（人）	直接经济损失（万元）
61	8.31	惠州市惠东县宝口镇马山村东风小组薛佛生房屋后山	强降水	崩塌	小型	10		10
62	8.31	惠州市惠东县高潭镇黄沙村福隆村小组林龙英房屋后山	强降水	滑坡	小型	20		5
63	8.31	惠州市惠东县高潭镇黄沙村角坑村小组后山	强降水	崩塌	小型	60		6
64	8.31	惠州市惠东县高潭镇黄沙村莲花农家乐民宿左后山	强降水	滑坡	小型	100		80
65	8.31	惠州市惠东县高潭镇星光村小茂村小组张观容房屋后山	强降水	崩塌	小型	7.2		5
66	8.31	惠州市惠东县宝口镇马山村苍高小组钟金房屋后山	强降水	崩塌	小型	5		5
67	8.31	惠州市惠东县宝口镇马山村东风小组唐玉华房屋后山	强降水	崩塌	小型	15		10
68	8.31	惠州市惠东县宝口镇马山红星小组后山	强降水	崩塌	小型	15		15
69	8.31	惠州市惠东县宝口镇联和村山子下村小组黄瑞彝房屋后山	强降水	崩塌	小型	15		10
70	8.31	惠州市惠东县宝口镇新化村富坑小组徐汉平房屋后山	强降水	崩塌	小型	30		5
71	8.31	惠州市惠东县稔山镇五配村委水文村小组后山	强降水	崩塌	小型	150		5
72	8.31	惠州市惠东县宝口镇大围村河口村小组后山	强降水	滑坡	小型	200		5
73	8.31	惠州市惠东县宝口镇塘南村蕉坑村小组罗琴房屋后山	强降水	崩塌	小型	10		10
74	8.31	惠州市惠东县宝口镇塘南村龙水村小组罗耀方房屋后山	强降水	崩塌	小型	5		5
75	8.31	惠州市惠东县宝口镇塘南村后山	强降水	崩塌	小型	15		15
76	8.31	惠州市惠东县宝口镇塘南村塘角村小组上凹地段后山	强降水	崩塌	小型	120		25

（续上表）

序号	日期	发生地点	诱因	类型	级别	规模[①]	死亡（人）	直接经济损失（万元）
77	8.31	惠州市惠东县平山街道泰园社区欧洲城旁边	强降水	滑坡	小型	48		20
78	8.31	惠州市惠东县高潭镇黄洲村龙田村小组后山	强降水	崩塌	小型	75		8
79	8.31	惠州市惠东县泔溪村黄居坑小组钟娘金房屋后山	强降水	崩塌	小型	49		5
80	8.31	惠州市惠东县高潭镇福田村竹坑村小组后山	强降水	崩塌	小型	30		5
81	8.31	惠州市惠东县平山街道蕉田社区和平村刘氏祠堂后山	强降水	滑坡	小型	100		5
82	8.31	揭阳普宁市船埔镇利坑村瓦窑窝	强降水	崩塌	小型	120		5
83	8.31	惠州市惠东县平山街道莲花社区糖锅山东二巷尾后山	强降水	滑坡	小型	10		5
84	8.31	惠州市惠东县稔山镇竹园村委竹背小学后山	强降水	滑坡	小型	405		30
85	8.31	揭阳普宁市船埔镇利坑村下屋场	强降水	崩塌	小型	90		19
86	8.31	惠州市龙门县大岭街道大岭社区园岭仔后山	强降水	崩塌	小型	22		5
87	8.31	揭阳普宁市船埔镇坑尾村坑尾	强降水	崩塌	小型	80		8
88	8.31	惠州市惠东县白盆珠镇横坑村委陈佛荣房屋后山	强降水	滑坡	小型	30		15
89	8.31	惠州市惠东县大岭街道大岭社区虎头山后山	强降水	崩塌	小型	40		5
90	8.31	惠州市惠东县高潭镇福田村赤草份村小组后山	强降水	滑坡	小型	1.5		15
91	8.31	清远英德市西牛镇沙坝村李洞坑组	强降水	崩塌	小型	80		20
92	9.1	清远市连山壮族瑶族自治县上帅镇香僚村委长冲村	强降水	崩塌	小型	6		5
93	9.3	韶关市仁化县红山镇上围坑	强降水	地面沉降	小型	0.25		18
94	9.16	惠州市惠城区惠环街道西坑村鑫洋漆包线厂后侧边坡	强降水，削坡	崩塌	小型	400		10

（续上表）

序号	日期	发生地点	诱因	类型	级别	规模[①]	死亡（人）	直接经济损失（万元）
95	9.17	肇庆市广宁县南街镇黄盆牛塘	强降水	崩塌	小型	50		30.8
96	9.17	肇庆市高要区水南镇对口村委会对尾一村	强降水	崩塌	小型	20		10
97	9.17	肇庆市高要区水南镇江背坑村委会江背坑一村	强降水	崩塌	小型	8		9
98	9.17	肇庆市广宁县石涧宜洞村委会大洼	强降水	崩塌	小型	100		5
99	9.17	云浮市云安区高村镇石牛村委上围村后山	强降水，削坡	崩塌	小型	20	1	5
100	9.17	惠州市惠东县高潭镇高潭社区列宁街60—76号等10栋房屋后山	强降水	崩塌	小型	50		60
101	11.9	广州市荔湾区桥中街河沙南路河沙西街2号房屋南侧路面	冲孔桩施工	地面塌陷	小型	785		5
102	12.6	广州市花都区花山镇两龙村花山大道与龙胜路交叉口	抽取地下水	地面塌陷	小型	42		5
其他直接经济损失在5万元以下地质灾害（128起）							4	240.2
合计230起							10	2626

注：①灾害规模单位：崩塌、滑坡、泥石流为立方米，地面塌陷、地面沉降为平方米。

海洋与渔业灾害

【船舶遇险】

1. **船舶遇险概况**

2018年，广东省海上搜救中心接报遇险船舶372艘，其中获救324艘，沉没48艘；遇险人数2996人，其中救起遇险生还者2905人，死亡、失踪91人。

2. **船舶遇险实例**

●1月

2日凌晨，一艘无名竹排在汕尾市甲东镇内河附近水域捕鱼时翻沉，竹排上3人。汕尾市海上搜救分中心接报后，立即协调当地渔政支队、边防支队派出救助力量前往搜救，同时协调过往船舶“金马318”“鑫盛达17”等协助搜救，最终1人获救，2人失踪。

4日傍晚，一艘无名渔船在湛江市坡头区狗头岭对开水域（南三河中部）搁浅，船上5人。经自行处置后成功脱浅，深夜平安返回湛江渔港。

8日黄昏，“鼎航166”散货船在珠江口珠海辖区万山群岛附近水域防御寒潮大风时锚链断裂并失去动力，船上4人。珠海市海上搜救中心接报后，立即协调派出“海巡0933”“南海救131”前往搜救，同时协调附近过往船舶“成功80”“康锦号”参与救援。次日清晨，“南海救131”将“鼎航166”安全拖带至桂山锚地抛锚，最终人员、船舶安全。

13日下午，“粤海丰10599”渔船在香港附近水域失去动力，船上3人。省海上搜救中心接报后，立即通报香港海上救援协调中心，协调力量前往救助。随后，遇险人员被香港派出的救助船安全转移。

17日上午，“番达6678”散货船（船长79.8米、宽17.8米，总吨2449吨，船上11人，装载沙石3800吨）因遭遇风浪在珠江口深圳市内伶仃岛附近水域翻沉。船上11人自行乘工作艇安全转移至过往船舶“东迅66”上。广州市海上搜救中心接报后，立即派出“海巡0929”及执法人员前往现场处置，并将11名遇险人员转移上岸。

20日凌晨，“粤汕尾渔12444”渔船与一艘无名帆船在珠江口珠海市担杆岛以东21海里处发生碰撞。事故造成渔船沉没，船上10人全部落水，其中9人被“粤南澳23012”救起。省海上搜救中心接报后，立即协调救助船舶和救助飞机前往搜寻，最终另1名遇险人员被救起，但经抢救无效死亡。

20日傍晚，“粤阳东渔12158”渔船与一艘过往船舶在珠江口珠海市高栏岛正南约46海里处发生碰撞。事故造成渔船沉没，船上13人全部落水，其中7人被“粤阳东渔12143”渔船救起。省海上搜救中心接报后，立即上报省委、省政府。副省长邓海光、袁宝成分别作出批示，要求全力组织搜救。最终6人失踪。

29日下午，“工程补给02号”（船长16米、宽3米）在珠江口珠海市荷包岛南面9海里处出现主机故障后船舶失控，船上 3 人。随后，经省海上搜救中心协调南海救助局派出直升机将遇险人员全部救起。

●2 月

1 日上午，“Gain Ocean”散货船（多哥籍，船长 106 米、宽 14.6 米，总吨 3356 吨，船上 14 人，由台湾开往越南）在汕头市东山岛正东 14 海里处作业时，船上 5 名船员被钢板砸伤，其中 1 人重伤、4 人轻伤，请求医疗救助。汕头市海上搜寻救助分中心接报后，立即协调外轮就近开往汕头港抛锚，同时协调外代到检疫、边防部门办理相关手续，并派出“海巡 09003”到锚地接送伤员。下午，5 名伤员被 120 救护车安全送达医院治疗。

1 日深夜，“中顺油 8”油船（汕头籍，船长 55 米、宽 9 米，船上 6 人）在江门市下川岛东南 30 海里附近水域失联。省海上搜救中心接报后，立即将险情通报江门海上搜救分中心，要求核实情况，并协调过往商船、渔船协助搜救；同时协调南海救助局派出救助船前往搜救。3 日上午，遇险油船被发现，船上 6 人安全，随后，由“南海救 118”船拖至海口港。

3 日上午，“顺宏海 111”船在珠海市九洲港外附近水域进水，船上 7 人。珠海市海上搜救中心接报后，立即协调派出“海巡 09169”前往现场救援。经协助抽水作业，遇险船舶稳定、人员安全。

10 日凌晨，“琼儋渔 16202”渔船在珠江口珠海市担杆岛附近水域触礁进水，船上 11 人。省海上搜救中心接报后，立即协调海事、救助等部门派出“海巡 0929”“南海救 131”及潜水小分队到达现场参与救援，经排水、堵漏，最终成功救助，无人员伤亡。

14 日下午，一艘无名蓝色小艇从珠江口珠海市高栏岛高栏码头出海游玩，在离岸约 1 海里处，小艇进水，船上 5 人遇险求助。珠海市海上搜救中心接报后，立即协调当地海事、港务、边防和渔政等单位派出船艇前往救助。最终 5 名遇险人员被“海巡 09172”船全部救起。

22 日凌晨，“海口 9”客滚船（载有 972 旅客）与“新营 F069”（海口籍，牲口运输船）在雷州半岛琼州海峡北岸水域发生碰撞。事故造成“新营 F069”船沉没，船上 5 人落水。经湛江搜救分中心组织救援处置，“海口 9”放下小艇救起 3 人，随后，旅客均安全上岸。对沉船“新营 F069”船进行打捞作业后，在船内发现 2 具尸体。

27 日清晨，“恒辉”轮（巴拿马籍，船长 217 米、宽 32 米，装载煤炭 70500 吨、重油 226 吨、轻油 39.5 吨）在汕头市顶澎岛东北约 5 海里处发生搁浅，船上 24 人（其中 14 人中国籍，7 人缅甸籍，3 人孟加拉籍）。造成船首搁浅，艏尖舱和 1 号货舱双层底外底破损。经汕头搜救分中心组织力量救助，一周后，人员全部撤走，无人员伤亡，船舶断裂成两段，船体下沉。

●3 月

3 日深夜，一艘无名小艇在汕尾市附近海域因能见度较差迷失方向，船上 4 人。汕尾市海上搜救中心接报后，立即协调当地渔政支队派出力量协助救援，同时协调甲湖湾电厂码头及施工水域附近的“航通 998”“成兴 029”“恒顺达 3”等船舶打开灯光，并引导遇险小艇航行。4 日凌晨，艇上人员来电称船舶和人员安全，迷航小艇安全靠泊惠来电厂码头。

5 日下午，“中国海监 9017”在东莞市虎门大桥上游近岸水域发生机舱失火，火势无法控制，3 人安全转移到另一艘海监船上。广州市海上搜救中心接报后，立即协调派出“海巡 09118”“海港消拖 2”“南沙号”前往现场处置。随后，事故船大火被扑灭。

7 日傍晚，“三洲 1618”在湛江雷州市乌石西北面海域触礁搁浅，船体破损进水，船上 8 人。湛江海上搜救分中心接报后，立即协调海巡船赶往现场，在海巡船的引护下，遇险船员分两批次乘小艇转移到岸上。

9日早上，一艘铁质三无拉网作业船在湛江市南三镇大辣村附近水域进水沉没，船上5人，4人自行上岸（其中1人上岸后死亡），1人失踪。

9日傍晚，“惠海龙219”（惠州籍，船长74.8米，总吨1971吨，船上10人）与“惠金桥219”（惠州籍，船长91.8米，总吨2946吨，船上13人）两艘集装箱船在湛江市湛江港东海岛码头附近水域发生碰撞。事故造成“惠海龙219”轮右舷尾部出现破损，船体进水，“惠金桥219”无破损，两船人员安全。湛江海上搜救分中心接报后，立即协调力量前往救助。在“湛江港拖505”“湛江港拖18”“华英397”等船的协助下，“惠海龙219”被成功救助，未造成人员伤亡，无货损、无水域污染。

3月16日清晨，“粤韶关货3669”（船员5人，总吨998吨，载重吨1597吨，装载黄沙1400吨）与“粤清远货9873”（船员11人，总吨2375吨，载重吨3887吨，空载）两艘散货船在珠江口广州市港南沙附近水域锚地发生碰撞。事故造成“粤韶关货3669”中部破损进水，随后翻沉。经广州市搜救中心全力救助，船上5人被安全转移；“粤清远货9873”中部水线上方有破洞，无进水、无漏油、无人员伤亡。

3月20日凌晨，“琼澄迈13698”渔船（船上4人）在阳江市闸坡附近水域着火。经阳江市海上搜救中心协调消防、渔政部门赶到现场施救，最终大火被扑灭，1人受伤 。

3月22日中午，“贵港和顺9698”散货船（总吨868吨，载煤炭1650吨，船上4人）在江门市新会大鳌水域锚泊时发生火灾，船上4人安全转移至岸上。经江门海上搜救分中心协调当地海事、渔政和消防等单位派出力量协助，最终成功将火扑灭。

22日夜晚，“桂平南货6799”干货船（船长49.66米、宽10.80米，总吨586吨，船上4人，存有柴油2.5吨，装载1000多吨淤泥）与“通顺288”散货船（船长83.9米、宽18.5米，总吨2672吨，空载，船上11人）在广州市沥滘水道海心沙码头东侧航道外水域发生碰撞，事故造成“桂平南货6799”坐沉（部分船体露出水面）。经广州市海上搜救中心组织力量全力救助，船上4人被安全转移到“通顺288”上，两船无人员伤亡、无泄漏。

24日中午，“桂北渔24022”船在湛江市雷州半岛以东约40海里处着火，火势严重。经广西海上搜救中心核实，船上共6人全部被附近三艘渔船救起，失火渔船沉没，无人员伤亡。

28日傍晚，“樱桃”滚装船（巴拿马籍，船长199.97米，总吨59525吨）与“辰昌332”自卸砂船（惠州籍，船长83.85米，总吨2746吨，船员12人）在珠江口东莞市沙角附近水域锚地发生碰撞。事故造成“辰昌332”轮沉没，船上12人全部落水。经省海上搜救中心和广州市海上搜救中心组织力量全力救助。最终成功救起10人，失踪2人。

●4月

4日中午，“汕坝头412”无名玻璃钢快艇在汕头市南澳岛东南方约63海里处钓鱼时，因船体漏水，造成船舶进水遇险，船上11人。在跟班船的协助下进行自救未果，最终11名遇险人员被安全转移到跟班船上。

6日中午，一艘木质渔船（被游客租用）在珠江口珠海市荷包岛附近水域遭遇大风大浪，机器出现故障，船舶失去动力，船上10人。经珠海市海上搜救中心协调力量前往救助，10人被安全转移，渔船被拖回高栏荷包岛码头。

6日傍晚，“海安3668”轮在广州港青州水道南侧水域航行时，遭遇大风大浪，舱盖帆布被吹走，船舱进水，船上3人。随后该船在三角岛附近水域抢滩成功，船员上岛，无生命危险。

经广州市海上搜救中心协调“南海救116”前往现场救助，将遇险人员安全接回。

7日凌晨，一艘无名玻璃钢渔船在汕尾市碣石湾田尾角南山头附近海域翻扣，船上3人，其中1人自行上岸后报警。后经汕尾市海上搜救分中心协调力量搜救，最终救起1人，失踪1人。

7日凌晨，一艘无名塑胶渔船在湛江市硇洲岛北港附近水域翻沉，船上4人。经湛江海上搜救分中心协调渔政部门派出“中国海监9088”前往搜救，4人全部被获救，无人员伤亡。

7日上午，“粤广州水0006”水船（荔湾黄沙码头空载开往沙角）与“金和009”货船（番禺开往花都，装载900多吨水泥熟料，船上4人）在广州市白蚬壳码头对开水域附近发生碰撞，导致“金和009”翻扣，4人落水。随后，经广州市搜救中心组织力量救援，最终4名遇险人员全部获救。

25日晚上，“琼儋渔08018”渔船在汕尾市汕尾港东南约60海里处船底进水，船上5人。在跟帮渔船“琼儋渔17088”协助下成功自救，并于次日护航遇险渔船安全抵达珠江口伶仃岛附近，船舶和人员安全。

30日凌晨，“琼儋渔12021”渔船在珠海市香州港对开水域附近失火，船上6人。经珠海搜救分中心组织力量搜寻核实，渔船未发生失火，确认是进水沉没，船上6人被过往船舶救起。

●5月

3日深夜，“琼儋渔16202”渔船在珠江口珠海市外伶仃岛附近水域航行时，船首进水，船上11人。经珠海搜救分中心协调渔政部门派出船舶前往救助，成功堵漏。随后，渔船自行开往船厂修理，人员、船舶均安全。

9日深夜，一艘蚝排船在珠江口珠海市高栏港三角山附近水域遭遇风浪，蚝排操纵困难，船上9人。经珠海市海上搜救中心及时协调附近过往船舶搜救后，在另一艘蚝排船的帮助下成功自救。

9日深夜，一艘蚝排船在珠江口珠海市南水牛鼻口对开水域遭遇大风浪，船上6人。珠海市海上搜救中心协调当地渔政部门、金湾救助协会和高栏港区应急办等单位派出力量。随后，“金湾救助06”轮赶往现场救助，成功将6名遇险人员安全转移。

10日子夜，一艘玻璃钢小渔船（虾笼船）在阳江市海陵东岛大碰礁附近海域翻沉，船上3人全部落水。阳江市搜救分中心组织力量经过多天全力搜救，最终无发现。

15日上午，“金兴基隆港36532”干货船（江门籍，空载，船上3人）在珠海市高栏中海油码头附近水域因遭遇风浪搁浅后机舱破损进水，船长决定弃船。经珠海市海上搜救中心协调“海巡09172”前往现场救助，最终3人获救。

16日下午，“创圣海”干货船（船长93.8米、宽14.2米，总吨2882吨，装载水泥4000吨，船上12人）在珠江口珠海市外伶仃岛以西约1海里处锚泊中发生机舱爆炸，事故造成1人死亡。经珠海市水上搜救中心组织力量全力救助，另11人安全获救，船体无破损，无污染泄漏。

18日凌晨，“粤东莞吹0079”（船长45.17米、宽12.9米，总吨888吨，船上9人）在珠江口珠海市白沥岛附近海域采砂作业时突然沉没，正在装砂作业的运沙船“惠华航882”成功救起6人。后经省海上搜救中心和珠海市海上搜救中心共同协调力量搜救和打捞，在遇险船舱内找到3名遇险者的遗体。

●6月

12日傍晚，一艘养殖船在湛江市雷州流沙镇出海口水尾角灯塔北边水域航行时，遭遇大风大浪，无法靠岸，船上 3 人。经省海上搜救中心协调南海救助局，派出“南海救 131”轮等前往现场救助。次日凌晨，“南海救 131”放下小艇将遇险渔民安全转移。

12 日晚上，一艘挖蚝船在珠江口珠海市机场吉林大学对开水域遭遇大风大浪，船舶主机出现故障，船上 13 人。经珠海市海上搜救中心协调金湾水上自救队、边防分局和渔政等单位派出力量到现场救助，成功将 13 人安全转移。

13 日凌晨，“泓宇 16”抽沙船（总吨 998 吨，船上 7 人）与一艘无名沙船在湛江市遂溪草潭渔船避风港外附近水域发生碰撞。事故造成“泓宇 16”沉没，船上 7 人自救上岸，被撞的另一艘船无危险。湛江海上搜救分中心接报后，立即派出船舶到达现场进行处理。

13 日中午，一艘无名渔船在湛江市东海岛民安镇龙佃村对开水域离岸约 1 公里处遭遇大风大浪，船舶有沉没危险，船上 7 人。经湛江海上搜救分中心协调湛江渔政部门派出“中国渔政 44282”船到达现场，将 7 名遇险人员安全救起。

15 日下午，一艘无名摩托艇在茂名市第一滩海域离岸约 1 公里处主机出现故障失去动力，摩托艇上 3 人。经茂名市海上搜救中心协调附近渔船全力救助，成功将 3 人安全救起。

18 日中午，“粤澄海渔运 61009”渔船船舵在汕尾市遮浪角沿岸附近海域出现故障，船舶失控，船上 3 人。经汕尾市海上搜救中心协调当地渔政、海事和边防支队等部门派力量前往救援。下午，“中国渔政 44068”抵达现场，发现遇险渔船沉没，3 名船员已登上遮浪灯塔岛；随后，将 3 名遇险渔民安全转移到岸上。

20 日凌晨，一艘三无船舶在阳江市海陵岛正南面约 5 海里处沉没，船上 5 人落水，其中 4 人获救，1 人下落不明。阳江市搜救中心接报后，立刻协调南海救助局阳江基地和当地渔政、边防支队等单位派出力量前往搜寻，最终 1 人失踪。

26 日，“永丰 589”干货船（船长 55.89 米、宽 8.8 米，总吨 498 吨，船上 7 人，装载 970 吨钢材）与“鸿安泰 333”多用途船（船长 59.99 米、宽 16.1 米，总吨 2308 吨，船上 8 人，装备 2430 吨集装箱）在佛山市东平水道附近水域发生碰撞。事故造成“永丰 589”机舱穿孔进水，船尾搁浅。佛山市水上交通（溢油）应急指挥中心接报后，立即协调派出“海巡 09210”前往现场处置，并将 7 名遇险人员安全转移。

28 日傍晚，一艘无名快艇在惠州市针头岩附近水域钓鱼时，快艇马达损坏，失去动力。经惠州搜救分中心协调派出拖轮“德潼”前往现场将 4 名遇险人员安全救起，并拖带快艇回港。

●7 月

7 日凌晨，“利亚 1”工程船（汕头籍，总吨 486 吨，船长 57 米、宽 5.25 米，船上 15 人）

在汕头市广澳港池作业时机舱进水。经汕头市海上搜寻救助分中心及时协调力量前往现场处置，将遇险人员安全转移，随后遇险船坐浅。

11 日清晨，一艘无名渔船在珠海市三灶机场东面海域沉没，船上 4 人。经珠海市海上搜救中心协调派出力量前往救助，4 名落水人员被全部救起。

12 日深夜，两艘出海钓鱼的玻璃钢船舶在揭阳市靖海电厂外约 14 公里海域处，其中一艘玻璃钢船发生沉没，船上 5 名人员落水失联。经揭阳市海（水）上搜救分中心协调力量前往全力搜救，最终 3 人获救，2 人失踪。

●8 月

9 日夜晚，一艘无名小渔艇在珠江口珠海市电厂码头对开水域遭遇大风大浪，无法返回岸上，艇上 7 人。经珠海搜救分中心协调派出“海巡 09172”“金湾救助 24”“金湾救助 25”等船赶赴现场救助。最终金湾救助船将遇险人员全部救起。

9 日深夜，“信海 19”客滚船（从海口新海港至徐闻海安新港）在湛江市徐闻海安新港 6#—8#浮标之间水域搁浅，船上有旅客 323 人、船员 31 人、车辆 69 台。“信海 19”轮搁浅后无进水、无人员伤亡。省海上搜救中心、湛江海上搜救分中心接报后，立即协调派出海巡船和“南海救 118”“南海救 321”等船舶前往现场救助，同时要求船上做好旅客情绪安抚工作。次日凌晨，在救助船的协助下，“信海 19”轮成功脱浅，并自行开往海安新港。

13 日傍晚，2 艘茂名籍木质渔船（船长 5 至 6 米、宽 2 至 3 米）在湛江市辖区出海失联，共 4 人。省海上搜救中心接报后，立即协调南海救助局、茂名市海上搜救中心派出救助飞机和船舶前往搜寻。次日中午，过往船舶“德兴”轮在湛江港龙腾航道 5 号灯标南侧 4 海里处发现失联渔船及人员。在“德兴”轮护送下，两艘渔船安全到港，人员安全上岸。

15 日晚上，一艘渔船在湛江新寮镇后海村对开 2 海里海域航行时，机械出现故障，无法返航，船上 4 人。湛江海上搜救分中心接报后，立即协调力量前往搜寻。次日凌晨，由村委会组织的船舶找到遇险渔船，4 人被安全转移。

18 日深夜，一艘无名小木艇在云浮市郁南县连滩镇逍遥口附近的罗定河捕鱼时，因操作不当导致船上 3 人落水。经云浮市水上搜救分中心组织力量搜寻，最终 2 人获救，1 人失踪。

21 日凌晨，“粤阳东渔 14218”渔船在江门市下川岛以南海域航行时，机舱着火，船上 13 人。随后，遇险人员被安全转移到“粤阳东渔 14089”船上，经江门海上搜救分中心组织协调“南海救 204”“中国渔政 44206”救助，成功将火扑灭。

21 日傍晚，一艘无名渔船在汕尾市龟龄岛附近海域作业时进水，船上 5 人。汕尾市海上搜救分中心接报后，立即协调当地渔政部门派出船舶前往搜救。遇险渔船经自救堵漏成功，进水得到控制，在渔政船舶护送下安全回港。

25 日傍晚，一艘三无木质渔船在湛江市宝钢码头附近水域航行时失去动力，船上 5 人。后经自修成功，其船舶恢复动力。

27 日晚上，“粤英德货 8030”散货船（船长 47.2 米、宽 10.2 米，载 830 吨炉渣）在清远市北江段李家庄下游约 500 米处时，船舶触礁进水翻沉，船上 7 人全部落水遇险。经清远搜救分中心组织力量全力搜寻、打捞沉船，在遇险船舱内找到全部遇险人员尸体。

28 日深夜，“海邦达 138”货船（船长 85 米、宽 15 米，吃水 4.5 米，总吨 2400 吨，船员 10 人，装载泥巴）在珠江口珠海市三灶岛对开海域航行时，船舶出现严重倾斜，经冲滩后，船舶状态稳定，暂无沉没危险。接报后，珠海分中心协调金湾自救队派出快艇，将 10 名遇险船员安全转移上岸。

●9 月

16 日上午，“海洋石油 202”轮（船长 168 米、宽 46 米，总吨 40529 吨，船上 73 人）在珠江口惠州辖区水域防抗台风“山竹”时，出现拖缆断裂、船舶失控走锚。惠州市海上应急搜救中心接报后立即协调中海油服、华威和华德等公司派出“海洋石油 681”“德进”“华虎”等 3 艘大马力拖轮前往救助。最终遇险船舶处置成功，船体稳定，船员安全。

16 日中午，“粤德庆货 8868”轮（船长 52.8 米、宽 11.5 米，总吨 598 吨，船上 6 人，载 1000 吨水泥由肇庆开往高明）在西江佛山市高明富湾锚地防抗台风“山竹”时，出现走锚。经佛山市水上交通（溢油）应急指挥中心协调派出拖轮“粤顺德拖 0010”前往救助，协助遇险船舶重新锚泊。最终人、船安全。

16日中午，“粤韶关货0892”轮（船长48.5米、宽9.8米，总吨476吨，船上3人，空载）在佛山市三白沙头锚泊防台风时，由于风浪太大，主机马力不足，导致船舶失控。经佛山市水上交通（溢油）应急指挥中心协调派出拖轮“粤顺德拖0008”协助，最终遇险船舶成功锚泊。

16日上午，“LIN FUNG 16”轮（塞拉利昂籍，船长75米、宽14米，吃水4.5米，船上9名缅甸籍船员）在汕头市海门湾以东附近海域（不在广东省辖区）航行时，主机出现故障，船舶有搁浅危险。省海上搜救中心协调南海救助局搜救，南海救助局协调派出东海第二救助飞行队的救助直升机，成功将船上9人全部救起，并安全返回厦门。

17日下午，一艘不锈钢船在云浮市郁南县大湾卫星村西江支流南江河捕鱼时，船舶侧翻，船上4人落水，其中2人上岸，2人失踪。经云浮市水上搜救分中心组织力量搜寻，21日早上，在事故水域下游约5公里处找到1具遗体。最终2人获救，1人死亡，1人失踪。

27日上午，“惠华航918”散货船（船长87.85米、宽18.5米，总吨2702吨，船上11人）在澳门对开水域约2.5海里水域处出现机舱失火。经珠海市海上搜救中心协调派出力量全力救助，船上大火被扑灭，无人员伤亡，无油污泄漏。

30日凌晨，“粤江城渔90692”渔船在阳江市黄程山岛岸边的礁石附近水域搁浅，船上10人。省海上搜救中心接报后，立即协调南海救助局派出“南海救201”赶往现场，同时要求省渔政总队、阳江市海上搜救中心全力组织救援。中午，渔船在“粤江城渔9099”船拖带下成功脱浅，船舶和人员安全。

●10月

6日下午，“KF狙击者”钓鱼船（船长约12米、2个挂桨）在汕头市南彭岛台湾浅滩附近钓鱼时，其船舶挂桨机出现故障，随后失联，船上9人。省海上搜救中心接报后，立即协调南海救助局派出“华英392”前往救助，同时汕头市海上搜寻救助分中心协调派出“海巡09002”“海巡0920”前往搜寻。最终遇险船抢修成功，安全返航。

29日上午，“粤遂渔64092”渔船在湛江市斗龙村北航道A6灯标附近水域翻扣，船上3人落水遇险。湛江海上搜救分中心接报后，立即协调附近船舶搜救，作业渔船“粤遂渔65981”救起3人，其中1人生还，2人死亡。

29日下午，一艘无名木质渔船（船上5人）在汕头港航道附近主机出现故障，失去动力。汕头市海上搜寻救助分中心接报后，立即协调派出“海巡09003”前往现场。随后，无名渔船被跟帮渔船安全拖带至西港靠泊，人员、船舶安全。

31日上午，“顺舟货0001”干货船（船长48.3米、宽8.9米，总吨363吨）在珠江口珠海辖区担杆水道定线制南端附近水域失火，船上4人遇险。经香港海上救援协调中心协调派出“水警6”救起4人。随后，船上的大火被扑灭。

●11月

2日傍晚，一艘无名蚝排养殖船在江门市大襟岛南湾码头靠泊时，因操纵不当，造成船体翻扣，船上4人。江门海上搜救分中心接报后，立即协调派出“海巡09427”“中国渔政44206”“中国渔政44204—3”等船前往搜救。最终3人获救，1人失踪。

5日凌晨，“闽狮渔07576”渔船（船长40米、宽8米，船上15人）与“DORENA”油轮（巴拿马籍，船长333米、宽60米，船上26人，装载249793吨原油）在珠江口惠州市马鞭洲以南31海里水域处发生擦碰，渔船失去动力，但无人员伤亡；外轮无破损、无污染。惠州市海上应急搜救中心接报后，立即组织力量前往处置。随后，遇险渔船在跟帮渔船拖带下，安全返回福建泉州。

11 日晚上，“华平盛 8”散货船（河北籍，船长 99 米、宽 16 米，总吨 2995 吨，船上 11 人）在江门辖区西江新成沙水域出现机舱着火，11 人被附近船舶安全转移，其中 2 名船员受轻伤。江门海上搜救分中心接报后，立即协调派出“海巡 09437”“江港 77”“海富华 720”“先行 410”等船舶协助灭火。随后，明火成功被扑灭。

17 日下午，“鸿泰 16”散货船（汕头籍，船长 96.6 米，总吨 2867 吨，船上 11 人）在揭阳市神泉港南面 38 海里水域附近出现船舶进水。经省海上搜救中心协调南海救助局派出救助飞机，将 11 名遇险船员全部救起。经了解，在人员救起前，货船“鸿泰 16”轮沉没。

19 日早上，“胜荣 3228”油船（船上 8 人）与“建兴 72”化学品船（船上 12 人）在江门市崖门水道发生碰撞。事故造成油船右舷货舱破损，有少量柴油溢出。经江门海上搜救分中心组织力量前往救助，成功处置，无人员伤亡。

24 日傍晚，“辰昌 335”轮与“珠湾 3699”渔船在珠江口珠海市马骝洲水道发生碰撞。事故造成渔船翻沉，船上 4 人落水。珠海市海上搜救中心接报后，立即协调海事、渔政、公安边防和公安消防等单位派出力量前往搜救。最终 4 名落水渔民被成功获救。

●12 月

1 日凌晨，一艘三无渔船在湛江海域遇险沉没，船上 4 人落水。湛江海上搜救分中心接报后，立即协调湛江救助基地、渔政部门派出“南海救 204”“中国海监 9084”及过往船舶等前往搜寻。2 日，过往船舶“粤信和 033”“琼乐东 30128”在湛江港龙腾航道附近水域分别救起 2 人和 1 人。最终救起 3 人，1 人失踪。

7 日上午，“盛合号船（船长 99 米、宽 18 米，船员 17 人）在汕尾市龟龄岛附近海域触礁进水。汕尾市海上搜救分中心接报后，立即协调“海巡 0941”“海巡 09083”“海巡 09318”前往现场救援，成功将 17 名遇险人员安全转移上岸。

16 日清晨，“桂北渔 26023”与“桂北渔 13098”两艘渔船在阳江市正南约 70 海里处发生碰撞。事故造成“桂北渔 26023”渔船进水，船上 8 人被全部转移至“桂北渔 13098”上。省海上搜救中心接报后，立即协调南海救助局派出力量救助。随后，“桂北渔 26023”沉没，遇险人员被转移到救助船上安全返回。

24 日凌晨，“CMA CGM NORMA”外轮（船长 349 米，装载 6634 个集装箱，船上 29 人）与“宇盛 366”轮（海南洋浦籍，总吨 499 吨，船上 6 人，装载粮食 935 吨）在珠江口广州港榕树头航道内发生碰撞，外轮无损伤，事故造成“宇盛 366”进水沉没。广州市海上搜救中心接报后，组织力量前往处置，成功将船上 6 人安全转移。

26 日中午，“仁建 15”集装箱船（海口籍，总吨 42112 吨，船上 24 人）在广州靠泊广州市南沙港三期集装箱码头时，右舷船首碰撞另一艘（“海速 10”）已靠泊码头的集装箱船。事故造成“海速 10”轮右舷位置舷墙部分破损，水线以下位置两处破洞进水，船上 16 个集装箱受损，机舱进水。经广州市海上搜救中心组织力量进行应急处置，最终船舶无沉没，无人员伤亡。

【风暴潮】

2018 年，广东沿海发生 2 次台风风暴潮灾害，包括“山竹”“百里嘉”台风风暴潮。据国家海洋局南海分局统计，共造成直接经济损失 23.7 亿元。其中，“山竹”台风风暴潮给粤东至珠江口沿岸造成严重影响。

9月16日16时50分，超强台风“山竹”以强台风级别在台山市海宴镇登陆，登陆时中心附近最大风力14级（45米/秒），中心最低气压955百帕，“山竹”是年内登陆中国的最强台风。受其影响，粤东至珠江口沿岸普遍出现100厘米以上风暴潮增水，其中最大增水出现在三灶站339厘米。增水超过100厘米的有：横门站289厘米、广州站284厘米、惠州站278厘米、黄埔站274厘米、珠海站255厘米、赤湾站247厘米、泗盛围站228厘米、盐田站183厘米、汕尾站178厘米、台山站175厘米、北津站147厘米、揭阳站142厘米、海门站129厘米、闸坡站113厘米、水东站104厘米、汕头站114厘米、潮州站103厘米；惠州站、盐田站、泗盛涠站、大盛站、中大站、广州站、横门站、竹银站、三灶站、黄金站、白蕉站、长沙站和石咀站陆续出现超历史实测最高潮位8至57厘米的高潮位，均超百年一遇（惠州站、盐田站、长沙站除外）。超过当地红色警戒潮位的有：横门站93厘米、惠州站71厘米、三灶站64厘米、泗盛围站68厘米、广州站54厘米、黄埔站47厘米、珠海站46厘米、赤湾站32厘米；汕尾站和遮浪站最高潮位均超当地橙色警戒潮位；北津站最高潮位达当地黄色警戒潮位。风暴潮造成广东水产养殖受灾面积2.08万公顷，损失产量5.49万吨，损毁渔船777艘、防坡堤5.76千米、海堤和护岸24.99千米，直接经济损失23.7亿元。

9月13日8时30分，强热带风暴“百里嘉”在湛江市坡头区登陆，登陆时中心附近最大风力10级（25米/秒），中心最低气压990百帕。受其影响，广东沿岸出现风暴潮增水，闸坡站、广州站和汕头站风暴潮增水分别为49厘米、43厘米和48厘米。

【海浪】

2018年，广东省共发生灾害性海浪3次，死亡（失踪）4人，损毁渔船3艘。

4月7日9时，“粤陆渔59309号”渔船在陆丰市揭石镇南山头附近海域作业时，遭遇冷空气浪翻船，船上3人落水，其中1人被救，2人溺亡。

8月28日11时，一艘小船在阳江港8号灯标附近遭遇强对流天气浪翻沉，船上2人落水，其中1人被救，1人溺亡。

8月28日13时30分，“桂北渔运01081号”渔船在阳江市阳西县溪头河口附近海域遭遇强对流天气浪沉没，船上4人落水，其中3人被救，1人溺亡。

【赤潮】

2018年，广东沿海共发生赤潮7次，累计面积约201.6平方千米，集中发生在1—4月，赤潮生物种类主要有红色赤潮藻、球型棕囊藻、夜光藻、丹麦细柱藻、斯氏根管藻双胞旋沟藻。

表11 **2018年广东海域赤潮发生情况表**

起止时间	发生海域	面积（平方千米）	赤潮生物种
1月12日至2月5日	茂名市电白区水东湾和博贺湾海域	44.96	球型棕囊藻
2月26日至3月10日	珠海市香洲港附近海域	35	红色赤潮藻、尖刺拟菱形藻

（续上表）

2 月 28 日至 3 月 7 日	深圳市大铲湾海域	5.5	红色赤潮藻
3 月 4—8 日	深圳市西冲海域	0.01	夜光藻
3 月 13 日至 4 月 3 日	湛江市东海岛以南海域	96	球形棕囊藻
8 月 7—9 日	汕头市海门湾东南偏外海域	0.1	丹麦细柱藻、斯氏根管藻
10 月 30 日至 11 月 7 日	深圳市大铲湾海域	20	双胞旋沟藻

【咸潮入侵】

2018 年，珠江口共监测到咸潮入侵过程 8 次，其中盐度最高的咸潮入侵过程于 10 月 31 日开始，持续时间 62 天。12 月 25 日 2 时 19 分，大涌口水闸监测到该次过程最高盐度为 12.05（氯度 6658 毫克/升）。

表 12　**2018 年珠江口咸潮入侵过程表**

起始日期	持续天数	最高盐度出现日期	最高盐度
1 月 1 日	9	1 月 1 日	9.28
1 月 11 日	82	1 月 30 日	10.52
4 月 5 日	8	4 月 7 日	10.54
9 月 16 日	2	9 月 16 日	11.22
10 月 17 日	5	10 月 19 日	5.77
10 月 24 日	2	10 月 24 日	1.04
10 月 28 日	1	10 月 28 日	0.53
10 月 31 日	62	12 月 25 日	12.05

【海岸侵蚀】

2018 年，广东重点岸段海岸侵蚀监测显示，汕头、汕尾、江门、茂名、湛江、惠州等市存在海岸侵蚀现象，茂名市澳内海村岸段最大侵蚀长度 419 米，侵蚀速率 7.6 米/年，平均侵蚀速率 2.6 米/年，造成土地流失面积 7900 平方米，道路损毁 112 米。海岸侵蚀造成全省直接经济损失 0.08 亿元。

【海水入侵及土壤盐渍化】

2018 年，广东省大部分监测区海水入侵和土壤盐渍化程度较轻，范围较小。与上年相比，个别监测区海水入侵程度和土壤盐渍化情况略有加重。湛江市麻章区世乔断面、阳江市阳东区大沟断面出现严重海水入侵现象，阳江市阳东区雅韶断面、茂名市电白县龙山断面出现轻度海水入侵现象，入侵距离分别为2.2千米、1.7千米、1.5千米和1.0千米。湛江市麻章区岭头、世乔断面及阳江市大沟断面出现重度盐渍化现象。

【渔业灾害】

2018年，台风、洪涝、寒潮等给广东渔业造成一定影响。据省农业农村厅统计，全省共发生渔业海事21宗，同比减少30%，死亡（含失踪）14人，同比减少51.7%，沉船31艘，同比减少60.8%，直接经济损失1155.5万元。其中，超强台风“山竹”致养殖池塘受灾面积约2.67万公顷，渔船沉没（失踪）44艘、损坏434艘，损失水产品约7万吨，损失金额约15亿元；8月下旬至9月初，持续强降水致鱼塘受灾面积约6667公顷，损失水产品约2万吨，损失金额约4亿元；1月下旬至2月上旬，寒潮致养殖池塘受灾面积约666.7公顷，损失水产品约0.1万吨，损失金额约0.2亿元。

环境灾害

【突发事件】

2018 年，省生态环境厅加强环境风险管控，强化突发环境事件应对处置，强化环境应急能力建设，深入推进化工园区有毒有害气体预警体系建设，妥善处置一般突发环境事件 37 起（广州 11 起，江门 8 起，东莞 7 起，中山、韶关、河源各 2 起，惠州、清远、云浮、梅州、湛江各 1 起），未发生较大以上突发环境事件。其中，由省生态环境厅调度妥善处置 10 起；市、县（区）环保部门妥善处置 27 起，同比上年下降 12%，事件均得到当地政府及时妥善处置，最大程度减少对周边环境及群众生产生活影响。

【酸雨】

2018 年，全省城市降水测点 pH 均值为 5.55，范围在 4.83（清远）—6.96（河源）之间，酸雨频率为 23.2%。其中，17 个城市出现酸雨（pH 最小值 <5.6），9 个城市受酸雨污染（pH 均值 <5.6）。与去年相比，全省城市降水 pH 均值上升 0.41 个 pH 单位，酸雨频率上升 3.4 个百分点，全省降水质量总体平稳。

全省除茂名、梅州、河源、阳江 4 市外，其余 17 市属于酸雨控制区。酸雨控制区除揭阳、汕尾 2 市外，其他市均出现酸雨。其中清远、珠海、佛山、肇庆、潮州、深圳、韶关、江门等 8 市受酸雨污染（即 pH 均值 <5.6，下同）；非酸雨控制区茂名、梅州 2 市均出现酸雨，其中茂名市受酸雨污染。

农田作物和生物灾害

【农田作物灾害】

2018年，影响广东省农业生产的主要自然灾害有1月下旬至2月上旬强寒潮，3—6月上旬干旱，8月下旬至9月上旬持续大范围强降水，以及6月、7月、8月和9月的5个热带气旋，包括6月6日和7日分别登陆湛江、海南和阳江的“艾云尼”；7月中旬登陆海南的“山神”；8月10日、11日和15日分别登陆海南、阳江和湛江的“贝碧嘉”、9月13日和16日先后登陆湛江的“百里嘉” 和 登陆台山的“山竹”。

1. 寒潮

1月下旬至2月上旬，全省出现持续低温阴雨寒冷天气。湛江、茂名、韶关等市受灾较重，其中湛江市番薯、蔬菜、果树冻害严重。据农业部门统计，全省农作物受灾面积达159.22万亩（成灾14.96万亩，绝收1.02万亩），其中粮食作物受灾面积34.16万亩（成灾6.08万亩，绝收0.18万亩），直接经济损失4.15亿元。

2. 农业干旱

3月起，全省大部分地区降水普遍减少，农业干旱苗头初现；4月、5月及6月上旬，降水仍偏少，局部显著偏少，农业干旱逐渐发展。旱情主要集中在清远、韶关、梅州、河源、惠州、汕尾6市。据不完全统计，旱情致超1万亩农作物因缺水不能播种或出苗，影响水稻拔节孕穗和花生荚果膨大。据农业部门统计，至6月1日，全省农作物受旱面积186.88万亩（成灾33.08万亩，绝收6.23万亩），其中粮食作物受旱面积87.97万亩（成灾8.62万亩，绝收0.74万亩）。

3. 暴雨洪涝

8月中旬，粤西和珠三角地区出现强降水过程，造成江门、阳江、茂名、云浮等市农作物受灾面积76.42万亩（成灾26.59万亩，绝收7.88万亩），其中粮食作物受灾面积30.07万亩（成灾11.56万亩，绝收2.57万亩），直接经济损失2.26亿元。强降水对晚稻移栽返青造成较大影响。

8月下旬至9月上旬，全省出现持续大范围强降水，不利于晚稻生长、柑橘柚果实膨大和露地蔬菜生产。造成汕尾、揭阳、湛江、惠州、汕头、阳江等市农作物受灾面积149.93万亩（成灾44.77万亩，绝收12.61万亩），其中粮食作物受灾面积81.96万亩（成灾13.29万亩，绝收5.11万亩），直接经济损失8.63亿元。

4. 热带气旋

6月上旬，受“艾云尼”影响，造成湛江、阳江、云浮、佛山等市农作物受灾面积82.67万亩（成灾19.08万亩，绝收1.56万亩），其中粮食作物受灾面积40.43万亩（成灾15.85万亩，绝收0.64万亩），直接经济损失2.5亿元。此次台风灾害主要造成蔬菜受淹，影响早稻抽穗扬花和授粉受精。

7月16—18日，受“山神”影响，造成湛江市农作物受灾面积9.61万亩（成灾面积2.51万亩），其中粮食作物受灾面积8.3万亩（成灾2.35万亩，绝收0.2万亩），直接经济损失2960万元。

8月14—16日，受“贝碧嘉”影响，造成湛江市农作物受灾面积73.52万亩（成灾4.03万亩，绝收0.15万亩），其中粮食作物受灾面积32.97万亩（成灾2.94万亩，绝收0.15万亩），直接经济损失2.21亿元。

9月中旬，广东省连续遭受“百里嘉”“山竹”2个台风正面袭击。其中，受“百里嘉”影响，强降水致部分农田水浸，湛江、阳江2市农作物受灾面积8.92万亩（成灾0.32万亩），其中粮食作物受灾面积4.27万亩（成灾0.1万亩），直接经济损失1050万元。受“山竹”影响，部分地区水稻、香蕉和甘蔗等作物大面积倒伏，农田水浸，旱地作物涝渍，为年内影响面最广的农业自然灾害。全省共20个地级以上市农业生产不同程度受灾，湛江、汕尾、揭阳、中山、阳江、茂名、汕头等市受灾面积均超10万亩。据农业部门统计，全省农作物受灾面积306.04万亩（成灾89.73万亩，绝收16.21万亩），其中粮食作物受灾面积139.93万亩（成灾46.74万亩，绝收8.11万亩），直接经济损失25.51亿元。

【农田生物灾害】

1. 灾害概况

2018年，全省农作物病虫草鼠螺害总体偏重发生，略轻于上年。发生面积1880.04万公顷次，造成粮食损失63.26万吨、蔬菜48.25万吨、水果21.40万吨、油料4.51万吨、茶树0.22万吨、其他经济作物8.28万吨。纹枯病、黄曲条跳甲、小菜蛾、瓜蓟马、霜霉病、蒂蛀虫、柑桔红蜘蛛和鼠害偏重发生；稻飞虱、斜纹夜蛾、瓜实蝇、美洲斑潜蝇、白粉病、荔枝霜疫霉病等局部偏重发生。

2. 病虫害

全省农作物病虫害总体偏重发生，略轻于上年。发生面积1374.29万公顷次，造成粮食损失43.93万吨、蔬菜44.52万吨、水果18.63万吨、油料3.72万吨、茶树0.14万吨、其他经济作物7.89万吨。

●水稻病虫害

中等、局部偏重发生。发生面积541.85万公顷次，实际损失稻谷37.59万吨。晚稻重于早稻，发生分布不平衡，粤西、粤北发生较重。迁飞性害虫迁入峰次少，迁入虫量低，二化螟在粤北和粤东稻区回升明显，发生较重；纹枯病发生为害较重，白叶枯病等细菌性病害在部分地区明显回升、发生较重。

稻飞虱：中等、局部偏重发生。迁入峰次少，主迁峰不明显，迁入虫量不高。田间虫口密度不高，晚稻重于早稻，发生分布不平衡，粤西和粤北稻区发生略重，中后期褐飞虱占比不高，未出现大面积“穿顶”。

稻纵卷叶螟：中等发生。迁入峰次少，迁入量低，持续时间长，迁入峰主要出现在粤西和粤北稻区。田间虫口密度不高，发生分布不平衡，粤西稻区较其余稻区发生重。

三化螟：偏轻至中等发生。粤西和粤东部分稻区灯下诱虫量和残虫量较高，各代为害较轻，枯心率、白穗率较低。

二化螟：中等发生。粤北、粤东部分稻区灯下诱蛾量和残虫量较高，南雄灯下出现罕见虫量，第一、二代灯下诱虫超千头，第一代、第二代螟害率分别为3.1%、0.9%。

纹枯病：偏重发生。早稻受汛期降雨前少后多气候影响，病情发生偏迟，前轻后重；晚稻受后汛期降雨偏多和台风暴雨影响，尤其是台风“山竹”过后，病情垂直扩展迅速，部分田块为害剑叶。

稻瘟病：偏轻发生。稻叶瘟在历史病区、部分感病品种上发生较重，穗颈瘟全省零星发生，在个别感病品种上发生略重，晚稻破口期遇降雨田块发生较重。

白叶枯病：偏轻、局部中等发生。主要在晚稻发生，中后期在西南沿海稻区发生较重，病叶率一般8.4%—15.5%，高的22.5%—36.8%。

水稻病毒病：偏轻发生。其中南方水稻黑条矮缩病发生面积1.14万公顷次，粤西部分稻区发生略重。清远清城区新增一个发生区，晚稻发生面积30公顷，病株率达40%—50%。橙叶病发生略重于上年，呈点状发生，主要发生在粤西和北部山区部分稻区。

表13　　2018年广东省水稻主要病虫害发生状况表

发生种类	发生面积（万公顷次）	防治面积（万公顷次）	挽回损失（万吨）	实际损失（万吨）
稻飞虱	160.91	197.09	54.85	9.68
稻纵卷叶螟	119.18	141.87	36.42	6.61
三化螟	27.08	34.68	11.63	1.26
二化螟	21.65	28.28	6.69	0.95
纹枯病	142.22	168.71	59.06	11.77
稻瘟病	25.57	34.49	9.19	1.72
白叶枯病	8.29	10.73	3.89	0.91
水稻病毒病	2.14	2.64	2.42	0.74

●蔬菜病虫害

偏重发生。发生面积362.06万公顷次，实际损失44.52万吨。虫害发生突出，病害后期扩散快，主要病虫有小菜蛾、黄曲条跳甲、瓜蓟马、美洲斑潜蝇、斜纹夜蛾、烟粉虱、霜霉病、白粉病、疫病等。

小菜蛾：偏重发生，春、秋两季发生较重。4—6月平均百株幼虫量85.24头，高于上年的60.7头；10—11月平均百株幼虫量40头，受害率8.0%，低于上年同期的66.5头和22.0%。

黄曲条跳甲：偏重发生，春、秋两季发生较重。4—6月平均百株成虫量101.8头，低于上年的195.5头，受害率35.5%，低于上年的49.7%；9—11月平均百株成虫量平均56.4头，受害率26.7%，低于上年同期的96.6头和30.0%。

瓜蓟马：偏重发生，4—6月发生最重。全省监测点平均百梢虫量1511.6头，高于上年的797.5头。

斜纹夜蛾：中等、局部偏重发生。初夏部分地区的花生、芋头、黄瓜、茄子、豆角、甘薯等作物发生较重。4—6月平均每候每芯累计诱虫113.2头，平均受害率为10.7%，低于上年的 12.2%。

瓜实蝇：中等、局部偏重发生。5—10 月发生较重，平均百株虫量 230 头，果受害率 13.3%。

美洲斑潜蝇：中等、局部偏重发生。5—11 月发生较重，平均百叶虫量 305.2 头，低于上年 213.6 头；叶受害率 60.0%，高于上年的 28.02%；虫情指数为 16.0，高于上年的 7.89。

烟粉虱：中等发生，发生较上年轻。4—9 月发生最重，平均百叶虫量 273 头，低于上年的 839 头；平均每候每板累计诱虫 345 头，低于上年的 429 头；平均受害率为 35.2%，低于上年的 38.5%。

霜霉病：偏重发生，春夏季发生较重。全年平均病叶率 18.1%，病指 6.8，低于上年的 22.4% 和 7.3。

白粉病：中等、局部偏重发生。3—7 月春季至夏初发病较重，全年平均病叶率 18.8%，低于上年的 23.0%。

疫病：中等发生。全年平均病株率 13.3%，病指 7.1，高于上年的 11.7% 和 5.7。

表 14　　**2018 年广东省蔬菜主要病虫害发生状况表**

发生种类	发生面积（万公顷次）	防治面积（万公顷次）	挽回损失（万吨）	实际损失（万吨）
小菜蛾	35.61	48.59	26.88	4.26
黄曲条跳甲	42.33	55.34	31.87	5.45
斜纹夜蛾	25.43	31.11	14.85	2.73
瓜蓟马	14.19	16.72	7.59	1.90
美洲斑潜蝇	11.11	13.53	7.19	0.96
瓜实蝇	7.37	8.74	18.35	3.65
烟粉虱	16.20	19.30	6.60	2.05
霜霉病	28.33	36.60	23.53	3.44
白粉病	10.98	14.42	9.40	1.48
疫病	7.06	8.80	9.82	1.75
炭疽病	13.98	17.12	12.44	2.36

●果树病虫害

大宗果树荔枝、龙眼、柑橘、香蕉等病虫中等、局部偏重发生。发生面积 277.38 万公顷次，实际损失水果 18.63 万吨。虫害重于病害，以荔枝蒂蛀虫、荔枝霜疫霉病、荔枝蝽蟓、柑桔红蜘蛛、柑桔锈蜘蛛、柑桔潜叶蛾和香蕉叶斑病等发生较重。

荔枝蒂蛀虫：偏重发生。发生期正常略偏早，落地果蛀果率高、虫量大。4—6 月百果平均活虫数 2.4 头，低于上年的 2.97 头，蛀果率平均 4.6%，略高于上年。

荔枝蝽蟓：中等发生，发生重于上年。4—6 月平均百梢虫量 196.3 头，明显高于上年的 57.5 头。

荔枝霜疫霉病：中等、局部偏重发生。发病迟，前期发生轻，后期受汛期及台风影响发展快。

5 月平均病叶率和平均病果率分别为 1.4% 和 2.5%，6 月分别上升至 5.8% 和 14.0%。

柑桔红蜘蛛：偏重发生。出现春、秋两个高峰期，4—6 月百叶螨量 296.0 头，略高于上年；9—11 月百叶螨量 396.6 头，高于上年。

柑桔锈蜘蛛：中等发生。全年平均百叶螨量 80.7 头，夏季 7—8 月螨量最高，平均百叶螨量 167.6 头。

柑桔潜叶蛾：中等发生。全年平均百叶幼虫量 9 头，高于上年的 6 头。

香蕉叶斑病：中等发生。4—11 月平均病叶率 13.04%，病指 4.33，低于上年的 16.04% 和 5.02；8—10 月发生最重，平均病叶率 16.73%，病指 5.23。

表 15　　2018 年广东省果树主要病虫害发生状况表

发生种类	发生面积（万公顷次）	防治面积（万公顷次）	挽回损失（万吨）	实际损失（万吨）
荔枝蒂蛀虫	45.49	53.21	16.85	1.85
荔枝蝽蟓	16.42	20.85	4.03	0.65
荔枝霜疫霉病	14.93	19.26	5.36	1.17
柑桔红蜘蛛	30.51	40.41	14.98	1.84
柑桔锈蜘蛛	13.09	18.62	6.13	0.75
柑桔潜叶蛾	16.33	20.55	6.29	0.72
柑桔炭疽病	8.88	13.85	9.20	1.00
香蕉叶斑病	8.20	11.15	13.57	2.34

●其他作物病虫害

玉米病虫：中等至偏重发生。主要病虫有玉米螟、蚜虫、大斑病、小斑病和纹枯病等。发生面积 41.86 万公顷次，实际损失 2.86 万吨。

马铃薯病虫：中等发生。主要病虫马铃薯块茎蛾、蚜虫、蛴螬、早疫病、晚疫病和疮痂病等。发生面积 4.08 万公顷次，实际损失 0.33 万吨。

花生病虫：中等、局部偏重发生。主要病虫有花生蚜虫、斜纹夜蛾、花生叶斑病和花生锈病等。发生面积 75.76 万公顷次，实际损失 3.71 万吨。

●蝗虫

中等发生，发生面积 0.85 万公顷次。主要发生的蝗虫有：越北腹露蝗、异岐蔗蝗、稻蝗和黄脊竹蝗等。其中，越北腹露蝗在韶关、清远等地桑地上局部偏重发生，发生期较上年和常年早，卵孵化高峰期为 4 月上旬，蝗蝻聚集高峰期为 4 月中下旬。

3. 农田草害

发生面积 308.30 万公顷次，实际损失粮食 5.13 万吨、水果 2.77 万吨、蔬菜 3.73 万吨、油料 0.78 万吨、茶树 0.08 万吨、其他经济作物 0.39 万吨。

4. **农区鼠害**

偏重发生。发生面积144.10万公顷次，实际损失粮食12.56万吨。鼠密度比上年高，与常年持平。发生较重的区域为粤北、粤东和珠三角地区。主要鼠种有黄毛鼠、小家鼠、板齿鼠、黑线姬鼠、大足鼠、黄胸鼠、褐家鼠、臭鼩、鼩鼱等，其中黄毛鼠为最大优势种群。全省鼠密度以2月、8月和9月的鼠密度最高，平均捕获率分别为7.28%、7.38%和8.22%；4月的鼠密度最低，平均捕获率为3.01%。

5. **农田螺害**

发生面积53.37万公顷次，实际损失粮食1.64万吨。螺害以福寿螺为主，发生面积47.65万公顷次，实际损失粮食1.48万吨。

畜禽疫病灾害

【灾害概况】

1. 猪

引起猪只死亡的主要疫病是非洲猪瘟、猪口蹄疫、猪流行性腹泻、猪瘟、猪伪狂犬病，其次是猪肺疫、猪链球菌、猪支原体肺炎、猪副嗜血杆菌病、细小病毒病等。猪丹毒在临床中时有发现。

2. 禽

引起鸡死亡的主要疫病是鸡新城疫、传染性法氏囊、禽霍乱、鸡白痢、鸡马立克氏病、传染性支气管炎、传染性喉气管炎等。导致鸭死亡的主要疫病是禽流感、鸭瘟、鸭传染性浆膜炎、鸭病毒性肝炎。导致鹅死亡的主要疫病是小鹅瘟和鹅患鸭瘟。禽大肠杆菌病对禽类也造成一定危害。

3. 牛

耕牛死亡原因以巴氏杆菌病、产气荚膜杆菌病为主，农药和毒鼠药中毒导致耕牛死亡也时有发生。结核病、布鲁氏菌病和乳房炎是造成奶牛被淘汰和经济损失的主要原因。

【畜禽疫病新动态】

1. 高致病性禽流感（H5N1）

禽流感 H5 平均抗体合格率为 87.83%，H7 为 85.42%。监测结果表明，广东省家禽免疫抗体群体合格率较高，大部分家禽得到有效保护，有效阻断了禽流感疫情发生和传播，但仍需进一步强化免疫和监测力度，根据监测结果指导免疫。

2. 口蹄疫

猪、牛、羊 O 型口蹄疫抗体合格率分别为 88.54%、89.77%、76.46%，奶牛 A 型为 79.61%。检测结果表明，广东省猪、牛群都加强了 O 型、A 型和亚洲 I 型口蹄疫的免疫，免疫抗体保持 70% 以上。口蹄疫疫情暴发流行风险降低。

3. 高致病性猪蓝耳病

抗体阳性率为 87.95%。广东省猪群普遍存在猪繁殖与呼吸综合征抗体，且阳性率较高。但限于检测手段，无法区分抗体是由疫苗接种还是由病毒感染产生。

4. 猪瘟

猪瘟抗体合格率为 90.43%。监测结果表明，抗体合格率较高，全省大规模发生疫情的可能性较小，但仍存在零星散发的可能。做好免疫工作，是防控该病的根本。

5. 新城疫

家禽抗体合格率 87.82%。尽管监测的免疫抗体合格率较高，但禽群中仍有带毒情况，一旦免疫抗体下降或病毒毒力发生变异，很可能发生疫情。

6. **非洲猪瘟**

8月3日，在辽宁省沈阳市发生。一种急性，发热传染性很高，滤过性病毒所引起的猪病，该病毒野外生存力强，经过口和上呼吸道系统传入猪体。其特征是发病过程短，但死亡率高达100%。给中国养猪业带来了重创，防控形势仍然严峻，发生疫情风险较大。

林业灾害

【森林火灾】

2018 年，广东省发生森林火灾 266 起，过火面积 1895 公顷，其中受害森林面积 386 公顷，森林火灾受害率为 0.04‰。火灾起数、受害森林面积与上年同期相比，分别下降 12% 和 47%，全年未发生重大以上森林火灾和人员伤亡事故。

【林业生物灾害】

1. 灾害概况

2018 年，全省林业有害生物中等发生。但受制于特殊地理位置、经济社会发展、气候因素和防治条件等影响，松材线虫病、薇甘菊等检疫性有害生物疫情控制难度大，呈扩散蔓延暴发态势。随着林分结构调整，森林整体抗逆能力进一步提高，马尾松毛虫、松突圆蚧、湿地松粉蚧等松林有害生物发生面积减少，危害程度减轻；竹蝗、黄野螟等经济林有害生物未出现重大灾害；尺蛾、青枯病等桉树病虫害出现零星灾害；螟蛾、小卷蛾、卷叶蛾等阔叶树有害生物危害种类有所增加。全省主要林业有害生物发生面积 34.61 万公顷，发生率为 4.11%，较上年同期上升 26.71 %。其中轻度发生 31.95 万公顷、中度发生 2.48 万公顷、重度发生 0.18 万公顷，成灾 0.67 万公顷，成灾率 0.8‰；病害发生 10.40 万公顷、虫害发生 20.67 万公顷、有害植物发生 3.54 万公顷。主要种类有：松材线虫病、薇甘菊、松突圆蚧、松褐天牛、湿地松粉蚧、油桐尺蛾、马尾松毛虫、黄脊竹蝗等 50 多种。

2. 主要有害生物

●松材线虫病

总体重度发生。全省共 15 个地级以上市、52 个县（市、区）发生面积 9.78 万公顷，病死树 33.96 万株，发生疫点、发生面积和病死树较上年分别增加 19 个县级疫点、8.63 万公顷和 20.86 万株。珠海、佛山、阳江、揭阳、潮州 5 市首次出现疫情；韶关、河源、梅州、清远 4 市局部区域疫情呈加速扩散态势，面临全面暴发态势风险大。

●薇甘菊

总体重度发生。除韶关市外，全省共 20 个地级以上市、101 个县（市、区）发生，发生面积 3.06 万公顷，与 2017 年持平。广州、深圳、珠海、汕头、惠州、汕尾、东莞、中山、江门、阳江、茂名、湛江、揭阳 13 市的交通沿线绿化树，特别是果园、丢荒、闲置地、河涌沿线、田基等区域可见大量薇甘菊覆盖或攀援；惠州、江门、阳江、茂名、湛江 5 市出现入侵新造林地、幼林和桉树林，造成新造林、幼林长势差或不能成林，桉树易倒伏死亡，农林业生产受到严重影响。

●松突圆蚧

总体轻度发生。除湛江、潮州2市外，全省其他松林区均有分布，发生面积9.33万公顷，与2017年持平，林间虫口密度较低。主要发生在韶关市的新丰、翁源2县，梅州市的五华县，阳江市的阳春市，茂名市的高州、信宜、电白县（市），肇庆市的高要、德庆县（市），云浮市的云城、新兴、郁南、云安和罗定等县（市、区）。由于本地寄生性天敌种群上升，发生区松林长势逐渐恢复，基本控制在“有虫不成灾”。

●湿地松粉蚧

总体轻度发生。除汕头、梅州、潮州3市外，全省其他湿地松林均有分布，发生面积2.55万公顷，与2017年持平。主要发生在阳江市的阳西，肇庆市的四会、高要2市，云浮市的云安、云城等县（区），基本控制在“有虫不成灾”。

●其他外来有害生物

红火蚁是农林业检疫性有害生物，林业发生面积146公顷，点多面广，多分布在林业苗圃、森林公园、湿地公园等，扩散蔓延态势明显，时有叮咬游客。椰心叶甲在珠海市、湛江市的19.15万株棕榈植物发生危害。刺桐姬小蜂在湛江市遂溪县、吴川市的5220株刺桐属植物发生危害，随着弃用感虫刺桐属做绿化景观，发生将进一步减轻。金钟藤在广州市的天河区、白云区和阳江的阳春市局部区域发生面积400公顷。

●马尾松毛虫

总体轻度发生。全省松林区普遍分布，发生面积1.50万公顷，与2017年持平。主要分布在韶关市的乐昌、南雄、翁源县（市），河源市的连平、东源2县，江门的台山、恩平2市，肇庆市的怀集县，云浮的新兴、罗定市（县），基本控制在“有虫不成灾”。

●竹林害虫

总体轻度发生，与上年持平，控制在“有虫不成灾”。黄脊竹蝗发生面积7284公顷，主要发生在肇庆市的广宁县，韶关的曲江、仁化、南雄、乐昌市（县、区），清远市的清新区，梅州市的丰顺县。竹笋禾夜蛾在肇庆市怀集县发生面积2365公顷。环斜纹枯叶蛾在韶关南雄市发生面积280公顷，局部区域虫口密度较高。华竹毒蛾在韶关南雄市发生面积297公顷。

●松墨天牛

总体轻度发生。全省松林区普遍分布，发生面积3.13万公顷，比上年有所下降。局部区域虫口密度大，虫株率高，零星灾害。在松材线虫病发生区，自然携带传播病源，导致松树大量死亡。主要发生在汕头市的濠江区，韶关的浈江区和南雄市，河源市的龙川、东源、和平、紫金4县，惠州市的惠城、博罗、惠东、龙门县（区），肇庆市的封开、德庆2县。

●松树其他虫害

萧氏松茎象在韶关市的翁源、乐昌、始兴、新丰县（市），清远市的连南县和肇庆市的怀集县轻度发生，面积822公顷。松茸毒蛾在阳江的阳东、阳西、阳春市（县），茂名的化州市轻度发生，面积773公顷。松针褐斑病在清远市的阳山县发生，面积155公顷。

●桉树病虫害

总体轻度发生，与上年持平。油桐尺蛾发生面积2.52万公顷，比2017年上升26.80%，在韶关市的翁源、新丰2县，江门的鹤山、恩平2市，肇庆市的高要、怀集、封开、德庆县（市），河源市的连平、东源2县，清远市的英德、清新县（市），云浮罗定市等局部区域灾害明显。云斑天牛在肇庆市怀集县发生面积545公顷。桉扁蛾在茂名化州市轻度发生面积483公顷。桉树枝瘿姬小蜂在湛江市开发区、遂溪县和徐闻县发生面积233公顷。桉树青枯病在惠州、江门、阳江、湛江4市局部区域发生面积1327公顷。桉树焦枯病在韶关、河源、惠州、阳江、云浮5市局部区域发生面积1295公顷。桉树紫斑病在湛江廉江市发生面积774公顷。桉树叶斑病在肇庆市怀集县和揭阳市揭西县发生面积348公顷。桉树梢枯病在惠州市的惠东、龙门县和河源市紫金县发生面积80公顷。

●阔叶树病害虫

总体轻度发生，食叶性害虫为主。危害红椎的云南杂毛虫、棕色枯叶蛾在汕尾市陆河县发生面积833公顷；乌桕黄毒蛾在韶关市新丰县发生面积337公顷；赭红葡萄天蛾在韶关市新丰县和汕尾市陆河县发生面积132公顷。危害相思的油茶尺蛾在中山、云浮市发生面积411公顷。思茅松毛虫在茂名高州市发生面积100公顷。危害沉香的黄野螟在茂名市电白区发生面积69公顷。危害阔叶的花叶病、藻斑病在广州市的天河区、黄埔区、从化区发生面积400公顷。

●其他有害生物

危害红树的小斑螟在阳江、茂名、湛江3市发生面积414公顷；栗黄枯叶蛾在茂名市电白区发生面积109公顷。危害肉桂的双瓣卷蛾、肉桂枝枯病局部区域偏重发生，在云浮罗定市发生面积分别为228公顷、549公顷。危害杉木的杉叶小卷蛾在云浮罗定市发生面积149公顷。危害黎蒴的切梢小蠹在广州市发生面积73公顷。木麻黄青枯病在湛江市和阳江市局部区域偏重发生，面积达499公顷。油茶褐斑病在云浮罗定市发生面积102公顷。朱红毛斑蛾在深圳、东莞市和茂名市电白区严重发生，城市道路绿化小叶榕叶子遭吃光，形成秃顶。绿翅绢野螟大量蚕食城市道路绿化盆架子叶，严重影响城市景观。

表16　**2018年广东省主要林业有害生物危害程度评估表**

有害生物名称	危害程度评估[①]	发生面积（公顷）	主要寄主树种	发生及危害情况
松材线虫病	+++++	98454	马尾松、黑松	局部发生，发生范围和危害程度大幅度增加，广州、河源、惠州3市灾害严重，韶关、清远、梅州3市呈暴发趋势
薇甘菊	+++++	35059	植物	全省大部分区域有分布，弃耕果园、桉树种植区灾害明显
红火蚁	++++	146	植物、人畜	全省普遍分布，林业主要在苗圃、森林公园和自然保护区等，叮咬人畜，影响林业生产
松突圆蚧	++++	93284	马尾松	普遍发生，阳江、茂名、肇庆、云浮4市有灾害
湿地松粉蚧	++++	25535	湿地松	普遍发生，灾害较轻，缺乏有效防治措施

（续上表）

有害生物名称	危害程度评估[①]	发生面积（公顷）	主要寄主树种	发生及危害情况
马尾松毛虫	＋＋＋＋	14959	松属	普遍发生，韶关、河源、梅州、阳江、肇庆、云浮6市局部区域有零星灾害
黄脊竹蝗	＋＋＋＋	7284	竹类	竹产区普遍发生，梅州市和肇庆市局部区域有零星灾害
松墨天牛	＋＋＋＋	31277	马尾松	普遍发生，广州、汕头、韶关、河源、惠州、肇庆、云浮7市局部区域灾害较重，造成较大范围松树连片枯死
油桐尺蛾	＋＋＋＋	25234	桉属	普遍发生，河源、江门、茂名、肇庆、清远5市局部区域有零星灾害
广州小斑螟	＋＋＋＋	414	白骨壤等红树林	主要在阳江市、湛江市有零星灾害
萧氏松茎象	＋＋＋＋	822	湿地松	局部发生，韶关市发生较重
竹笋夜蛾	＋＋＋＋	2365	竹类	主要在肇庆市的怀集县和广宁县局部发生
椰心叶甲	＋＋＋＋	213	棕榈科	局部发生，珠海市和湛江市局部区域灾害较重
木麻黄青枯病	＋＋＋＋	499	木麻黄	主要在湛江市和阳江市局部区域灾害较重
桉树青枯病	＋＋＋＋	1327	桉属	惠州、江门、阳江、湛江4市局部区域发生
金钟藤	＋＋＋＋	400	乔木	主要在广州市的天河区、白云区和阳江阳春市局部发生
桉蝙蛾	＋＋＋＋	483	桉属	主要在茂名化州市局部发生
云斑天牛	＋＋＋＋	545	桉属	主要在肇庆市怀集县局部发生
肉桂双瓣卷蛾	＋＋＋＋	228	肉桂	主要在云浮罗定市局部发生
肉桂枝枯病	＋＋＋＋	549	肉桂	主要在云浮罗定市局部发生
桉树焦枯病	＋＋＋＋	1295	桉属	桉树种植区普遍发生，韶关、河源、惠州、阳江、云浮等市局部发生

（续上表）

有害生物名称	危害程度评估[①]	发生面积（公顷）	主要寄主树种	发生及危害情况
云南杂毛虫	＋＋＋＋	800	红椎	主要在汕尾市陆河县局部发生
松茸毒蛾	＋＋＋＋	773	松树	主要在阳江市的阳西县、阳东区局部发生
桉树紫斑病	＋＋＋＋	774	桉属	主要在云浮市的罗定市发生
油茶尺蛾	＋＋＋＋	411	杂食	主要在中山市和云浮市的罗定市发生
桉树枝瘿姬 小蜂	＋＋＋＋	233	桉属	局部发生，阳江市、湛江市局部区域有零星发生
刺桐姬小蜂	＋＋＋＋	12	刺桐属	局部发生，湛江市局部区域灾害较重
横坑切梢小蠹	＋＋＋＋	53	黎蒴	主要在广州市零星成灾，造成黎蒴整株枯死
纵坑切梢小蠹	＋＋＋＋	20	黎蒴	主要在广州市零星成灾，造成黎蒴整株枯死
华竹毒蛾	＋＋＋	297	竹类	主要在韶关市局部发生
环斜纹枯叶蛾	＋＋＋	280	竹子	主要在韶关南雄市局部发生
桉树叶斑病	＋＋＋	378	桉属	主要在肇庆市怀集县局部发生
乌桕黄毒蛾	＋＋＋	337	红椎	主要在韶关市新丰县局部发生
阔叶树花叶病	＋＋＋	167	阔叶树	主要在广州市局部发生
阔叶树藻斑病	＋＋＋	233	阔叶树	主要在广州市局部发生
杉叶小卷蛾	＋＋＋	149	杉木	主要在云浮罗定市发生
赭红葡萄天蛾	＋＋＋	132	红椎	主要在韶关市的新丰县和汕尾市的陆河县局部发生
栗黄枯叶蛾	＋＋＋	109	红树林	主要在茂名市电白区发生
松针褐斑病	＋＋＋	155	松树	主要在清远市阳山县发生
思茅松毛虫	＋＋＋	100	松树	主要在茂名高州市发生
油茶褐斑病	＋＋＋	102	油茶	主要在云浮罗定市发生
桉树梢枯病	＋＋＋	80	桉属	主要在河源市紫金县发生
黄野螟	＋＋＋	69	沉香	主要在茂名市电白区局部发生
多纹豹蠹蛾	＋＋＋	46	桉属	主要在湛江雷州市零星发生

（续上表）

有害生物名称	危害程度评估①	发生面积（公顷）	主要寄主树种	发生及危害情况
棕色枯叶蛾	+ + +	33	红椎	主要在汕尾市陆河县发生
星天牛	+ + +	11	木麻黄	主要在湛江雷州市零星发生
朱红毛斑蛾	+ + +	6	细叶榕	主要在茂名市电白区零星发生
小小蠹	+ + +	4	桉属	主要在韶关市新丰县零星发生，造成桉树枯死
合计		346136		

注：①表中符号表示。+ + +：为害中等，需防治；+ + + +：为害严重，需紧急防治；+ + + + +：为害极为严重，需紧急防治。

城乡火灾

【火灾概况】

2018年，全省共发生火灾1.31万起（不含森林、草原、军队、矿井地下部分、刑事放火案件，下同），因灾死亡77人、受伤70人，造成直接财产损失2.71亿元。与上年相比，火灾起数、死亡人数、直接财产损失分别下降20.5%、27.4%和9.2%，受伤人数持平。其中，发生较大火灾4起，死亡18人，受伤1人，直接财产损失54.7万元。年内未发生重大以上火灾。

【火灾特点】

1. 火灾起数逐年下降，死亡人数为改革开放以来新低

2018年，火灾起数、死亡人数和直接财产损失同比均小幅下降。年内火灾起数为2013年以来最低值，自2013年以来逐年下降，年均降幅为8%。死亡人数为改革开放40年以来新低，比1982年少19人，比2012年少21人。较大火灾起数同比上年减少4起下降50%；死亡人数减少16人下降47%。火灾形势呈现整体下降运行态势。

2. 各地市火灾普遍下降，山区火灾亡人同比上升

从区域性特点上分析，全省火灾形势呈现重点地区高发态势。其中，珠三角（广州、深圳、佛山、珠海、中山、东莞、惠州、肇庆）共发生火灾7292起，死亡36人，火灾起数和死亡人数分别占总数的55.8%和46.7%；东翼（汕头、汕尾、潮州、揭阳）共发生火灾1837起，死亡19人，火灾起数和死亡人数分别占总数的14.1%和24.7%；山区（韶关、河源、梅州、清远、云浮）共发生火灾2621起，死亡15人，火灾起数和死亡人数分别占总数的20.0%和19.4%；西翼（湛江、茂名、阳江）共发生火灾1314起，死亡7人，火灾起数和死亡人数分别占总数的10.0%和9.1%。珠三角、东翼和西翼火灾死亡人数比上年同期分别下降32.7%、24%和46%，山区火灾死亡人数上升7.7%。珠三角的广州、深圳、东莞为全省火灾高发地区，火灾起数分别占总数的17.7%、12.3%和7.8%；汕头、茂名、清远分别为东翼、西翼、山区火灾高发地区，火灾死亡人数分别占总数的9.1%%、6.5%和18.1%。韶关、珠海、湛江、河源、云浮、肇庆6市全年无亡人火灾。

3. 火灾场所伤亡集中在居住类场所，其次是人员密集场所

发生住宅、宿舍等居住类场所火灾7767起，死亡63人，火灾起数占总数的59%，死亡人数占82%；工厂、仓库等工业企业场所共发生火灾1619起，死亡6人，火灾起数和死亡人数分别占总数的12.4%和7.8%。各类人员密集场所含商业场所、学校、公共娱乐场所、宾馆、饭店和“三合一”“多合一”（三合一是指仓库、生产车间、宿舍在同一栋建筑物上；多合一是指在上述基础上又有增加，如办公室，厨房等）等场所发生火灾1149起，死亡7人，火灾起数和死亡人数分别占总数的8.8%和9.1%。其中，亡人火灾多发生在小店铺等“三合一”场所。

4. **火灾原因主要是电气和用火不慎引起火灾**

电气引起火灾居多，火灾起数3714起，死亡42人，火灾起数和死亡人数分别占总数的28.5%和54.5%；生活用火不慎引起火灾起数2317，死亡2人，火灾起数和死亡人数分别占总数的17.4%和2.6%；违章操作引起火灾658起，死亡2人，火灾起数和死亡人数分别占总数的4.96%和2.6%。其余依次为：自燃占5.95%，遗留火种和外来火源共占4.0%，放火占1.2%，吸烟占2.0%，玩火占1.3%，不明原因占5.2%，其他因素和不明原因占总数的30.8%。全年发生的4起较大火灾，3起为电气原因，1起为遗留火种。同比上年，电气火灾起数占总数的比例下降3%。

5. **火灾区域集镇农村火灾亡人突出**

根据火灾发生分区域统计，城市发生火灾3312起，死亡16人，分别占总数的25.4%和20.8%；县城发生火灾2725起，死亡9人，分别占总数的20.8%和11.7%；集镇发生火灾3688起，死亡28人，分别占总数的28.2%和36.4%；农村发生火灾2415起，死亡24人，分别占总数的18.5%和31.2%；开发区等其他区域发生火灾924起，占总数的7.1%。集镇、农村区域火灾死亡人数共52人，占全省总数的67.5%。

6. **火灾季节第一季度火灾最为严峻**

第一季度火灾起数和死亡人数分别占总数的31.4%和29.9%，约占全年火灾的30%。根据火灾发生月份统计，2月和5月火灾死亡人数占比高，分别死亡13人和12人，占总数的16.9%和15.6%；6月无亡人火灾。

7. **火灾时段22时至6时火灾死亡人数最多，死亡人数中弱势群体占比有所下降**

火灾发生时段性明显，晚上22时至凌晨6时，共发生火灾3327起，死亡51人，火灾起数和死亡人数分别占总数的25.5%和66.2%，其中3起较大火灾均发生在该时段。

77名火灾亡人中，18岁以下未成年人14人，老人18人，共32人，占总数的41.6%；外来流动人口16人，占总数的20.8%。外来人口、老人、小孩合计死亡人数44人，占总数的57.1%，同比上年占比下降3%。火灾死亡原因主要为窒息和烧死，占总数的88.3%，逃生时踩踏和跳楼坠亡等占11.7%。

8. **火灾主要发生在消防监督分级管理非重点单位**

根据消防监督分级管理单位统计，全年一、二级监督管理单位共发生火灾2692起，死亡5人，火灾起数和死亡人数分别占总数的20.6%和6.5%；派出所监管单位发生火灾4514起，死亡23人，分别占总数的34.6%和29.9%；其余场所火灾起数和死亡人数分别占总数的44.8%和63.6%。

【较大火灾】

2月16日23时59分，清远市清城区石角镇碧桂园一垃圾站发生火灾。火灾造成9人死亡，1人重伤，过火面积200平方米，直接财产损失20.3万元。火灾原因为烟花爆竹回收物阴燃起火所致。

5月27日24时30分，汕尾市城区新港街道打铁街86号503号一民宅发生火灾。火灾造成3人死亡，过火面积50平方米，直接财产损失12.5万元。火灾原因为电气线路短路。

7月7日4时，汕头市潮南区峡山街道一村民自建房一楼经营的茶叶店铺发生火灾。火灾造成3人死亡，直接财产损失1.9万元。火灾原因为电气线路短路。

12 月 24 日 21 时 50 分，茂名市茂南区迎宾二路与文明中路交叉口一住宅发生火灾。火灾造成 3 人死亡，直接财产损失 20 万元。火灾原因为电气设备故障。

省直部分单位
防灾减灾工作

广东省防汛防旱防风总指挥部办公室

【防汛防旱防风措施】

2018年，广东省经历了18场强降雨和5个热带气旋正面登陆或严重影响。其中，8月下旬暴雨强度大，致全省有14条河流出现超警洪水、15个站点出现超警戒水位、27个水库出现超汛限水位；6月热带风暴“艾云尼”、8月强热带风暴“贝碧嘉”和9月超强台风“山竹”相继正面袭击，给广东省带来明显风雨灾情。面对严峻的防灾形势，省委、省政府认真贯彻学习中共中央总书记、国家主席、中央军委主席习近平“两个坚持、三个转变”防灾减灾新理念，省防汛防旱防风总指挥部按照国家防总决策部署，确保人民群众生命安全作为首要任务，坚持从最不利情况出发，压实三防工作责任，细致排查整治安全隐患，完善三防应急管理机制，有效处置突发灾情险情，全力保障人民群众生命财产安全，最大程度降低灾害损失。

1．领导重视，超常规部署汛期防御工作

省委、省政府进一步加强对三防工作的领导，科学指挥调度和部署灾害防御工作，牢牢把握防汛防台主动权。在防汛防台风关键时刻，中共中央政治局委员、省委书记李希，省长马兴瑞等领导多次作出指示（批示），先后主持召开会议部署全省三防工作，深入抗灾一线现场指挥。尤其是防御台风“山竹”过程中，李希3次作出批示，主持召开全省防御台风战前动员会，并赴阳江防台风一线督导检查防御工作。马兴瑞在省防总全程指挥，发布全省防御紧急动员令，逐市逐行业分类指导并协调解决具体问题。任学锋、王伟中、林少春等省领导组织有关部门分头深入防御台风的重点地区，督导落实好各项防御措施。副省长、省防总总指挥叶贞琴全程指挥部署历次台风暴雨防御，组织协调指导各地各单位及时开展防御抢险救灾工作。在台风“山竹”影响期间，全省有党组织9.6万个、党员222.4万名、群众1165.1万名积极投身一线开展抢险救灾。

2．早动员早部署，各地迅速进入汛期临战状态

2018年入汛晚，省防总坚持早会商、早部署、早检查。春节过后，先后召开全省水利三防工作会议、北江大堤防汛工作会议，提前研判三防形势，部署三防工作。省防总组织举办全省党政领导干部三防减灾培训班和各级三防人员培训班，组织和动员全省各级各部门全面进入防汛备汛状态。汛前，组织对三防责任人管理系统83万多名责任人信息进行复核更新，并在《南方日报》等主流媒体公告防汛责任人名单，接受社会监督。全省各地贯彻省委、省政府和省防总的工作部署，各市党委政府主要负责人带头执行防汛行政责任制，通过召开会议、参加防汛检查等方式，进一步部署落实三防工作。通过一级抓一级，全省各地迅速进入汛期工作状态，全面落实各级三防值班，提前落实各项防御措施。

3．强化督导检查，细致排查治理防汛安全隐患

省防总多次先后组织全省和有关部门全面排查防汛防台风安全隐患。一是抓早抓实汛前检查。3月下旬，省政府派出11个督察组，对21个地级以上市、21个县、25个乡镇（街道）和10个重点行业进行明督暗查，检查水利工程、隐患点和重点防护对象共计73处。据统计，全省共排查存在安全隐患水利工程663宗，均落实应急度汛措施。省防总通过“一市一单”的形式下发整改清单，并要求对隐患再排查、再落实。5月中下旬，省政府派出7个督察组对14个地级以上市开展汛期防御工作专项督导，采取书面督导与实地明查相结合的方式，对汛前检查存在问题开展“回头看”。二是全面开展水库安全度汛督察。6月，省防总派出4个督导组，对各地水库安全度汛开展督导检查，督促各地全面排查消除水库安全隐患，对水库特别是小型水库进一步落实完善调度运用方案、抢险应急预案和转移避险预案等度汛措施，积极组织开展演练和培训，落实水库安全度汛“三个责任人”和“三个重点环节”。

4. 牢牢把握主动，科学有序开展防御工作

一是及时会商预报预警。提前组织气象、水文、海洋、国土等部门进行专题会商，落实临灾3小时滚动预报机制，有针对性采取防御措施。二是适时提升应急响应级别。年内先后启动Ⅰ级防风应急响应1次、Ⅱ级2次，防风或防汛Ⅲ级应急响应6次，防风、防汛或防冻Ⅳ级应急响应12次。全省立足降低灾害风险，提升响应级别，高效防御多场台风和强降雨袭击。三是开展“一市一策、一部门一策”精准防御。根据灾害影响特点，省防总分别对受影响地区和防御重点部门作针对性的部署，组织各市各部门查清找准风险源，有的放矢加强抗击台风的精准度，点对点把各项防御措施落细落小落实落具体，确保所有处于危险地带的群众得到安全转移和妥善安置。四是科学调度防洪工程。在“18·8”特大暴雨洪水影响期间，强降雨影响范围内25宗水库共拦蓄洪水11.4亿立方米，在罕见特大暴雨区域内的白盆珠水库，通过分析研判库区水雨情，采取科学的洪水调度方案，提前拦蓄洪水3.47亿立方米，保障了下游50万群众生命财产安全。此外，经近年系统治理后的中小河流行洪排涝能力显著增强，及时排泄洪水，降低了流域水位。五是全力做好危险区域人员安全管理工作。严格落实县领导联系镇、镇领导联系村、村干部联系户的“三个联系”制度，并组织各级干部下沉一线。及时组织落实海上船只、沿海渔排、海上作业平台、在建工地、海滨海岛和山区旅游景点、低洼易涝和山洪地质灾害高危区等危险区域群众安全转移措施，全年共组织转移避险378.8万人。六是提前预置抢险力量。在防御“18·8”特大暴雨洪水期间，预判强降雨可能给惠州市惠东县和潮汕地区带来严重内涝的关键时刻，省防总迅速调派消防、民兵轻舟队等专业救援队伍，第一时间组织开展现场救援。

5. 部门联动协作，加强防灾安全管理

省委宣传部牵头组织各媒体单位滚动播报台风动态和防御指引，引导单位和公众主动防风避险。省纪委监委加强防台风监督执纪问责，严肃防台风工作纪律。海洋渔业、海事、交通、旅游、民政、国土等部门高效联动，及时启动本系统响应，第一时间对水上船舶、交通运输、旅游景区、转移安置等作出安排，加强执法巡查，防止出现安全事故发生。水利、住建、安监、通信、电力等部门派出专业抢险队伍参与抢险救援。驻粤解放军、武警部队和公安消防部队集结救援力量，赶赴汕头市潮南、潮阳2区和惠州市惠东县等多个受灾地区执行抢险救援任务。防御台风“艾云尼”及强降雨期间，省防总启动成员单位联合值守，增加教育、消防、电力等单位，集中分析高考期间风雨影响和处置突发灾情，确保全省73万多名考生顺利完成高考。灾情发生后，各有关部门及时组织开展核灾和指导救灾复产，帮助灾区解决各种困难和问题，并做好国家救灾补助资金的申请和广东省救灾复产资金安排工作。

6. 继续推进标准化体系建设，提升三防应急保障能力

1 月，省政府召开全省三防系统标准化建设现场会议，各地级以上市积极筹措建设资金，并落实办公场地，按照指导意见编制实施方案和开展试点建设。8 月，省防总组织 4 个督导组对市、县、镇三级三防系统标准化建设进展情况进行督导。至 10 月 30 日，全省市、县（区）、镇（街道）三级的标准化建设完成率分别为 62%、49% 和 46%，共计 13 个市（广州、深圳、珠海、佛山、韶关、梅州、汕尾、中山、江门、湛江、茂名、肇庆、云浮）、72 个县（市、区）、748 个镇（街）完成标准化建设任务。省防总于 12 月开始对各地基层三防标准化建设情况进行考核。

7. 全力实施水利薄弱环节非工程措施建设，提升基层防汛应急能力

全省继续开展山洪灾害防治项目建设。至年底，建设图像监测站 167 个，完成县镇级防御图手册编制和电子地图制作，升级基层山洪灾害预警发布系统，完善县群测群防体系 80 个；2015 年开始建设的省市县三级山洪灾害监测预警信息管理及共享系统，年内已投入使用。同时，积极开展农村基层防汛预报预警体系建设。在 12 个县（市、区）完成洪涝灾害调查评价，建成县级监测预警系统，乡镇到县的视频会商系统，图像监测站 231 个，简易水位报警器 969 个，简易雨量报警器等 741 个；购置应急救援工具、手摇警报器、铜锣口哨等预警设备；开展县镇村三级预案编制、宣传培训和演练。山洪灾害防治和农村基层防汛预报预警体系建设成果，在 2018 年三防工作中发挥了关键性作用，防灾减灾效果显著。

8. 积极开展宣传教育活动，提高公众防灾减灾意识

积极做好科普宣传和信息发布工作，营造全社会合力抗灾的良好氛围。一是利用预警信息发布平台、三防信息接收系统、三防预警短信发布平台和广东三防微信公众号等多种手段将预报预警信息传递到乡、镇及街道。二是省气象局、省政府应急办、省三防办和三大运营商向全网约 1.4 亿手机用户发布台风暴雨预警信息。三是联合省委宣传部和省气象、水文、海洋等部门多次召开防台风新闻发布会，通报防灾工作动态，提醒公众自主防灾避险。四是充分发挥中央电视台、广东卫视、南方日报、广东电台等主流媒体的作用，组织多路记者深入一线跟踪报道防汛防风工作，及时发布台风最新动态和防御指引，帮助群众及时掌握台风动态，引导群众科学主动防灾避险。

9. 积极指导支持地方开展抗旱工作

省防总先后派出 3 个工作组分赴汕尾、汕头和梅州等市实地检查指导当地抗旱工作，共调拨 24 台套抽水设备支援受旱地区开展抗旱；督促受旱情影响地区采取有力措施，充分挖掘水源潜力，开展应急浇灌，组织和帮助群众抗旱保春耕；积极协调气象人影部门抓住有利时机先后开展人工增雨作业 77 次，千方百计确保受旱地区人民群众的生活生产用水。据统计，全省共计投入抗旱人数 63.68 万人，泵站 1092 处，机动抗旱设备 7.79 万台套，抗旱浇灌 9.14 万公顷，临时解决 68.31 万人饮水影响，累计投入抗旱资金 1.35 亿元。

此外，积极配合珠江防总做好 2017—2018 年及 2018—2019 年珠江枯水期水量调度，加强对中山、珠海等珠三角地区督导检查，督促做好枯水期水量调度各项工作。

【重大灾害防御】

1. 防御 5 月 7—11 日暴雨

5 月上旬，广东省出现大范围强降水。6 日，省防总发出《关于做好强降雨防范工作的通知》。8日，省防总再次发出通知，要求各地密切监视天气变化，强化会商分析研判，严格落实防汛责任，强化应急值守，及时上报险情灾情。受强降雨影响的地区及时组织落实防范措施。广州市于7日15时40分启动防暴雨Ⅲ级应急响应，并于16时32分提升至Ⅱ级，出动专业抢险人员1363人，抢险车辆257辆，抽水泵631台；9日5时57分启动防暴雨Ⅲ 应急响应，全市中心城区共布防146处，市、区和道路专属单位共出动专业抢险人员1030人，抢险车辆203辆，抽水泵525台。中山市于9日6时55分启动防暴雨Ⅱ应急响应，组织有关地区和部门全力防范城乡积涝。珠海市于8日3时15分启动防汛（防暴雨）Ⅲ级应急响应；9日7时10分启动防汛（防暴雨）Ⅲ应急响应，全市排涝泵站开机37台，出动抢险水泵7台次，抢险车辆51台次，全市三防系统值守人员578人，出动三防巡查及抢险人员695人，公安交警部门派出干警及时上岗，并维持交通秩序。汕头市于7日20时30分启动防暴雨Ⅲ级应急响应。汕尾市启动防汛Ⅳ级应急响应，并召开全市视频会议部署三防工作。江门市加强对基层三防值班值守和责任人到位情况的抽查检查，督促指导落实针对性防御措施。阳江市投入防汛机动抢险人数85人次，冲锋舟、橡皮艇3舟次，出动车辆4辆，处置应急救援情况11起，解救转移人员32人。阳西县于5月10日22时启动防洪Ⅲ级应急响应，投入防汛机动抢险人数205人次，冲锋舟、橡皮艇5舟次，出动车辆13辆次，处置应急救援情况19起，解救转移人员110人。

2. 防御热带风暴“艾云尼”

6月上旬，热带风暴“艾云尼”两次登陆广东，全省出现大范围持续强降水。部分地区出现百年一遇特大暴雨以及大洪水、城乡内涝。在防风防汛关键时期，中共中央政治局委员、省委书记李希，省长马兴瑞就防御工作多次作出批示（指示），于14日到省三防办调研指导三防减灾工作，并对2018年三防工作进行全面部署。副省长叶贞琴先后两次主持召开全省视频会，部署“艾云尼”防御工作，于9日赴灾区一线指导救灾工作。省防总于2日提前按防风Ⅳ级应急响应进入临战状态，5日9时、21时和8日8时相继启动防风Ⅳ、Ⅲ级和防汛Ⅳ级应急响应。同时，成立专家组、派出10个工作组和通过视频、电话抽查指导基层防灾。据统计，台风影响地区排查消除安全隐患306处，组织渔排人员上岸避险7141名，渔船回港避风832艘，关停旅游景区43处。为高考提供安全保障顺利进行，省防总启动成员单位联合值守，增加教育、消防、电力等单位，集中分析高考期间风雨影响和处置突发灾情。肇庆市组织大型卡车及时运送数百名考生通过水浸路段，清远市连夜组织力量搭建临时便桥保障考生安全进入考场，珠海市提前调集抽排设备排干考场内涝积水。飞来峡、高州水库、大沙河等32宗大型以及213宗中型水库，有效拦蓄洪水14.2亿立方米，大大减轻下游区域防洪压力。云浮市新兴江出现超10年一遇洪水，治理后的中小河流行洪顺畅，保障沿河乡镇安澜无恙。全省累计出动抢险车辆31041辆次、抢险人员266791人次、设备5458台（套）、舟艇732艘次，发布预警信息4132万条，营救遇险群众6881人，启用避护场所2541个，提前转移群众15.82万人。此外，利用传统媒体和新媒体滚动播报预警信息和防御指引。应急、三防、国土、气象部门向9131万用户发出台风暴雨预警短信。民政部门启动救灾预警，引导公众合力防灾救灾。

3. 防御强热带风暴“贝碧嘉”

8月9—15日，强热带风暴“贝碧嘉”先后以热带低压级别分别登陆海南省琼海市和广东省阳江市、以热带风暴级别登陆湛江雷州市。中共中央政治局委员、省委书记李希，省长马兴瑞就防御“贝碧嘉”多次作出批示（指示），要求部署好应对工作，确保人民生命安全。副省长叶贞琴在省防总全程紧盯台风发展趋势，部署安排具体工作和视频连线粤西地区检查指导防御工作，并带队深入茂名、云浮2市灾区一线检查指导抗灾救灾工作和慰问受灾群众。省防总于11日20时启动防汛Ⅳ级应急响应，把工作重心放在防御山洪地质灾害，并连夜派出3个工作组赴信宜督导检查防灾救灾工作。及时协调省公安厅飞行服务队、省民政厅增派直升机空投食品等救灾物资，组织有关地方和部门做好受灾群众安置、交通水利电力通讯供水等设施修复、灾区查灾核灾等工作。12日15时启动防风Ⅳ级应急响应，并于13日14时提升至Ⅲ级，组织联合集中值守，开展临灾风险“再查一遍”，调拨60台卫星电话预置茂名、阳江、云浮、肇庆等市，加派2个工作组指导基层防灾，召开多部门联合新闻发布会，多措并举引导公众防灾。

成员单位协调联动，形成防灾救灾工作合力。气象、海洋、水文部门滚动预报预警，划定灾害影响区域。军区、武警、消防、交通等单位迅速投入抢险救援、抢修复通工作。公安部门出动直升飞机运送救灾物资空投灾区，组织警力维护社会安全秩序和帮扶受灾群众。民政、卫生等部门及时调拨发放救灾物资，派出医疗队伍。国土部门组织在册地质灾害隐患点人员安全转移，排查新增地质灾害隐患点423处，落实巡查责任人和防控措施。海洋渔业部门将南海休渔开捕期推迟至8月17日12时，组织汕尾以西11个沿海市免休渔船和渔排人员避险。宣传部门全力做好宣传报道和舆论引导。住建、海事、旅游、保监等部门分别对城市内涝、水上交通、旅游防灾、灾险理赔等工作逐一抓落实。通信管理、广东电网等单位出动保障人员9074人，抢险车辆2808辆，应急发电机、油机1682台次。

受影响地区严阵以待，将灾害损失降到最低。汕尾以西11个沿海市组织免休渔船回港避风1400艘，渔排作业人员上岸避险8721名，开放应急避护场所2700个；湛江、茂名、江门、阳江、珠海等市关停滨海旅游、山地景区共31家，紧急转移安置游客9761人。琼州海峡停航，上下川岛海域、大（小）放鸡岛等旅游点实施船舶停航。加强水利工程安全监管和科学调度，充分发挥大中型骨干水库削峰调洪作用，拦蓄洪水3.6亿立方米，确保库区和灾区中小河流安全。

4. 防御8月27日—9月1日暴雨

8月下旬至9月初，广东省大部分地区出现持续强降水过程，其中粤东、珠三角南部地区出现持续性特大暴雨。国家防总十分关心广东省防汛工作，派出督导组深入防汛一线检查指导。省委、省政府高度重视“18·8”暴雨洪水防御工作，先后召开会议认真传达学习中共中央总书记、国家主席、中央军委主席习近平，中共中央政治局常委、国务院总理李克强的批示要求，并作具体部署。省长马兴瑞、常务副省长林少春到省三防指挥部视频连线指挥，副省长、省防总总指挥叶贞琴坚守省防总值班室指挥，并赶赴汕头、揭阳等受灾一线指导救灾工作，有力有序组织防御工作。

面对历史罕见的特大暴雨洪涝灾害，加强值守，加密会商，组织落实针对性防御措施，指导协调各地做好防御工作。省防总于29日12时启动防汛Ⅳ级应急响应，并于30日13时提升至Ⅲ级应急响应。各地各部门积极落实各项防御工作，组织各方力量参与抢险救援工作，实行“专业队伍出动，三防部门协调保障、社会力量共同参与”抢险救灾模式，及时转移群众，全力处置突发险情灾情，全力保障人民群众生命安全，努力将灾害损失降到最低程度。据不完全统计，全省共派出工作组2134个，组织转移群众24.25万人，开放应急避护场所2370个，妥善安置10.26万人，发送应急类公益预警短信6184.6万人次。省军区、74集团军、武警、消防部队出动兵力22181人次、舟（艇）5225艘次、车辆2085台次，全力支援抗灾救灾。省防总先后从佛山、梅州、惠州等地调派省防汛民兵轻舟队员100多名、橡皮艇、冲锋舟、摩托艇80多艘参与抗洪抢险，并协调广州、深圳、珠海、佛山等地三防部门、省消防总队和省三防物资储备中心共调集12辆排水抢险车、5台大型移动泵站、4台抽水车组参与排涝。

5. **防御超强台风“山竹”**

9月16日16时50分，超强台风“山竹”在江门台山市海宴镇沿海地区以强台风级别登陆。党中央、国务院高度重视防灾减灾救灾工作。中共中央总书记、国家主席、中央军委主席习近平先后作出一系列指示，要求牢固树立以人民为中心的思想，全力组织开展抢险救灾工作，全力保障人民群众生命财产安全和社会稳定。中共中央政治局常委、国务院总理李克强等中央领导就防御“山竹”相继作出批示。面对严峻的防风形势，中共中央政治局委员、省委书记李希，省长马兴瑞立即作出批示，要求全省认真贯彻落实习近平批示（指示）精神，落实李克强等中央领导批示要求，立足最不利的情况，用最严的标准，做最充足的准备，进行最细致的防范，发扬连续作战精神，全力确保人民群众生命安全。15日上午，省委、省政府召开防御台风“山竹”战前动员会，对进一步做好台风防御工作进行再研究再部署。

一是领导重视，指挥有力。中共中央政治局委员、省委书记李希3次作出批示，提前结束出访，主持召开全省防御台风战前动员会，随后赶赴阳江防台风一线，深入大型项目工地、避风渔港、旅游景区等重点区域督导检查防御工作。省长马兴瑞在省防总全程指挥，发布全省防御紧急动员令，多次组织会商研判，逐市逐行业分类指导，直接协调解决具体问题。中央宣传部、国家防总、水利部、应急管理部等给予及时指导和大力支持，国家防总秘书长、水利部副部长兼应急管理部副部长叶建春率国家防总工作组到抗灾一线检查指导工作。中央电视台新闻频道全程报道，有效引导舆论。任学锋、王伟中、林少春、叶贞琴、陈良贤等省领导分别到广州、深圳、珠海、江门、阳江、湛江、茂名等市和省三防办、广东海事局、省通信管理局、省交通集团等单位，督导防御“山竹”工作。省防总协调调度，及时启动防风Ⅰ级应急响应，与21个地级以上市逐市视频连线，组织各地各部门落实好防御工作。

二是准备充分，措施得力。11日17时，省防总提前启动防风Ⅲ级应急响应并适时提升响应级别，并派出督导组，组织成员单位参与联合值守调度，集中会商和处置突发情况。在严格落实防台风“五个百分之百”的基础上，按照“该撤离的要撤离，该转移的要转移，可转移可不转移的也要转移”的原则，从防风险出发，最大范围组织海上和陆地大转移。海上船只防风方面，组织3.63万艘渔船、1.16万名渔排人员全部回港避风。预置救援力量，在港珠澳大桥等重要海上设施附近部署大马力救援拖轮，防止船只失控冲撞重要设施。陆上人员转移方面，细致排查危险区域群众，将海上作业人员、近海渔排养殖人员、低洼易涝地带人员、危房和简易工棚人员彻底转移到陆上安全地带。针对粤西沿海部分地区风暴增水可能超百年一遇、部分堤防标准较低的情况，提前组织堤防附近低洼地区群众安全转移。全省共转移危险区域、在建工地、景区、渔排等人员311万多人次。

三是精准施策，科学防御。根据台风自东向西影响广东省的特点，采取“一市一策”，分别对粤东沿海、珠江口两岸和粤西地区作了针对性的部署，组织各市查清找准风险源，有的放矢加强抗击台风的精准度，点对点把各项防御措施落细落小落实落具体，确保所有处于危险地带的群众得到安全转移和妥善安置。气象、海洋、水文专家和省有关部门及各市对台风“山竹”最新形势作出研判，逐一有针对性地落实船只避风、防风暴潮、保路桥安全、防范地质灾害、危化品生产及存储企业等重大危险源监管、在建工地安全和转移安置措施。特别是沿海地区党委和政府密切配合海事部门，对商船采取分类管理，及时引导商船驶离受影响海域或在锚地进行有序避风，清空港珠澳大桥两侧各5海里的船舶，划定风险区域，对历史上发生过险情的重点海域采取清空措施，将船只转移至内河避风，全省海域未发生重大商船险情，确保了重大跨海桥梁工程安全。

四是齐心协力，众志成城。全省各地各部门和广大党员干部尤其是领导干部主动扛起政治责任，迎难而上、连续作战，全力打赢这场硬仗。各级党组织充分发挥战斗堡垒作用和党员干部先锋模范作用，各级党委和政府主要负责人亲自部署、靠前指挥，省市县镇村五级书记深入一线抓防风，各级政府主要负责人全程指挥。落实“县领导联系镇、镇领导联系村、村干部联系户”制度，组织干部提前下沉到镇村组织群众转移。省军区组织3.6万人做好抢险准备，在重点地区预置民兵11820人备勤待命，深圳、珠海共出动637人参加抢险行动。武警广东省总队动用800名兵力，车辆21台，各类抢险救灾装备器材1090件（套），参与抢险救灾。省消防总队集结救援力量1.8万多人、冲锋舟艇450艘、无人机113架、器材3.4万多件套，出动救援人员4235人次。省委宣传部牵头组织各媒体单位滚动播报台风动态和防御指引，引导公众主动防风避险。省纪委监委加强防台风监督执纪问责，严肃防台风工作纪律。公安部门全员出警，水利、国土、住建、民政、安监、海事、通信、电力等部门派出专业抢险队伍参与抢险救援，全力支援抗灾救灾。

广东省应急管理厅

【自然灾害】

2018 年，广东省先后受强降雨、洪涝、风雹、台风、山体滑坡等自然灾害影响。其中，8 月洪涝和热带气旋“艾云尼”“贝碧嘉”“山竹”等造成严重灾情。经综合分析，2018 年总体灾情偏重，与上年相比，除损坏房屋、直接经济损失有所减少，其余指标均增加。据省应急管理厅统计，全省累计受灾人口达 675.77 万人次，因灾死亡 26 人，失踪 5 人，转移安置 161.03 万人次；倒塌房屋 0.36 万间，严重损坏房屋 0.28 万间，一般损坏房屋 0.42 万间；累计农作物受灾面积 54.9 万公顷，其中绝收面积 2.72 万公顷；直接经济损失 258.52 亿元。

【减灾救灾】

1. 以人为本，扎实做好灾害应急救助

一是及时启动应急响应。全年共启动省级救灾应急预警响应 9 次、救灾应急响应 8 次。强化应急值守，及时收集、统计和上报灾情、救灾情况。国家减灾委、应急管理部针对广东省灾情启动Ⅳ级救灾应急响应 2 次。二是深入一线指导救灾。全年组织派出 47 个工作组赴灾区一线指导开展灾害救助。三是及时下拨救灾款物。全年下拨中央和省级自然灾害生活救助资金 4.2 亿元（其中，中央资金 2.3 亿元，省级资金 1.9 亿元），向灾区紧急调拨衣被等省级救灾物资一批（价值约 1400 万元），帮助受灾地区及时开展灾害救助。

2. 强化指导，全力推进因灾倒损住房恢复重建

一是及早组织开展查灾核灾。专门下发通知，组织各地开展查灾核灾、因灾倒损住房恢复重建、冬春生活救助等。二是实行重建进度通报制度。下发重建进度通报 2 期，督促地方落实主体责任。常务副省长林少春 2 次在通报上作出批示，要求加大督办力度，确保受灾群众 2019 年春节前住上新房。承办省政府因灾倒塌住房恢复重建工作督办会议，对重建进度较慢的地市进行督导。三是开展实地督导。先后于 2018 年 11 月中旬、2019 年 1 月上旬共派出 4 个工作组分赴有关市实地检查重建情况。据统计，至 2019 年 1 月 25 日，帮助 1331 户因灾“全倒户”和 1987 户因灾“严损户”重建家园。

3. 发动社会力量，深入推进综合防灾减灾工作

一是完善政府与社会力量协调救灾联动机制。推动成立广东省减灾救灾应急协会，落实政府购买服务等支持措施，发动社会力量参与防灾减灾宣传教育、灾害救援救助、理论研究等。二是开展防灾减灾宣传教育。省减灾委联合广州市减灾委举办“5·12”防灾减灾日主题宣传活动。省减灾委办公室联合公安消防、地震、气象、科协、红十字会等单位，在全省开展防灾减灾知识巡回宣传活动，以提升公众防灾避险意识和自救互救技能。三是开展全国综合减灾示范社区创建。联合地震、气象部门，组织各地开展全国综合减灾示范社区创建活动，经严格评审，向国家减灾委、应急管理部推荐97个社区（不含深圳市）为2018年全国综合减灾示范社区候选单位。四是举办专题活动。推动开展全省社会力量参与防灾减灾救灾“十大行动”评选，举办广东省综合防灾减灾与可持续发展论坛，举办全省防灾减灾救灾业务培训班一期和广东省社会力量参与救灾工作培训班2期，进一步提升全省民政系统救灾干部和社会力量一线救灾工作整体水平，营造全社会合力抗灾的良好氛围。

【森林防火减灾】

2018年，全省林业、应急管理等部门坚决贯彻落实中共中央总书记、国家主席、中央军委主席习近平关于森林防灭火和防灾减灾救灾重要批示（指示）精神，切实提高政治站位，增强“四个意识”，坚定“四个自信”，坚决做到“两个维护”。同时，按照国家森林草原防灭火指挥部和省委、省政府决策部署，坚持预防为主、防灭结合、高效扑救的方针，层层压实各方责任，全面提升森林火灾综合防控能力，在森林防灭火工作中取得明显成效。

1. **狠抓责任落实**

省委、省政府领导高度重视森林防灭火工作。中共中央政治局委员、省委书记李希对做好森林防灭火工作作出批示；省长马兴瑞、常务副省长林少春召开省政府常务会议，研究部署火灾防控工作；副省长叶贞琴两次动员部署森林防灭火工作。省委办公厅、省政府办公厅三次发出通知，强调抓好森林防灭火工作。省森防指、省应急管理厅、原省林业局始终把森林防灭火当作头等大事，精心谋划，多次发出文件，周密部署各阶段森林防灭火工作。省应急管理厅主要领导分别主持召开形势研判会、全省视频会议，并主持举办森林消防实战演习。同时，各地强化森林防灭火工作的组织领导，全省有7个地级市市委书记、11个地级市政府一把手和40个县（市、区）委书记、60个县（市、区）政府一把手亲自部署或检查森林防火工作。

2. **狠抓宣传教育**

各地通过广播、电视、报刊、网站、微信公众号和手机平台等媒介，深入开展以“严防森林火灾，共筑美丽乡村”为主题的森林防火宣传教育活动，不断增强人民群众的防火责任和安全意识。据不完全统计，全年全省共张贴宣传标语、倡议书、公开信共80万多份，悬挂横额3.6万多条，出动宣传车1.5万多辆次，翻新固定宣传牌2.3万多块，印发宣传资料500多万份，利用电台、电视台媒体播放宣传公告2.4万多次。

3. **狠抓火源管控**

一是强化巡山护林。清明前夕，全省70多个森林防火重点县（市、区）政府发布了森林防火禁火命令，严禁一切野外用火。在春节、清明、重阳节等重点时期，各地采取分片包干、分兵把守的网格化战术，切实做到“封住山、巡好山、管住坟、守住林”。二是强化督导检查和隐患大排查。省森防指在春节、清明节期间派出工作组赴重点地区督导森林防灭火工作。11月，省应急管理厅部署开展全省森林火灾隐患大排查大整改工作，督促落实整改措施。各地级以上市、县（市、区）森防指均组织工作组，深入到镇、村督促做好森林防灭火工作。

4. **狠抓能力建设**

一是抓好森林消防队伍建设。省应急管理厅厅长王中丙主持召开省应急救援队伍建设调研座谈会，深入清远连州市调研队伍建设情况，推动打造“特别讲政治、特别讲纪律、特别讲科学、特别讲认真、特别讲精神”的专业应急救援队伍。各地积极推动队伍标准化、规范化建设。二是抓好演练演习。在广州市花都区成功举行森林消防“双盲”实战演习，演习由厅长王中丙担任演习总指挥，副厅长杨胜强担任副总指挥。全省大部分市、县（区）相继举办处置森林火灾演练。三是继续抓好省级林火远程视频监控系统项目建设。至年底，全省共有林火远程视频监控1490个。四是抓好航空护林体系建设。抓好省航空护林站、省级森林防火物资储备库项目工程收尾和验收。积极推动惠州市惠东县、清远市森林航空消防中心基地建设。五是抓好森林防火项目建设。抓好重点火险区综合治理、通信系统等项目建设，不断提升防扑火能力。六是抓好护林员网格化系统建设。在总结试点工作基础上，启动建设护林员巡护网格化管理系统。

5. 狠抓应急处置

全省各地严格实行全天24小时防火值班和领导带班制度。森林航空消防直升机和消防队伍靠前驻防，严阵以待，充分做好扑火救灾各项准备。10月30日，省应急管理厅首次跨市指挥调度直升机、专业队伍，成功协助珠海市扑灭板嶂山森林火灾。各地能够按照规定及时赶赴现场处置山火，严密组织、科学扑救，减少损失。年内全省扑救森林火灾41起，租用的直升机8架共飞行277架次、571小时43分，其中吊桶灭火飞行85架次、157小时9分。

广东省气象局

2018年，广东省气象灾害极端性显著的一年，开汛晚，台风多，降水猛，超强台风“山竹”强势登陆粤港澳大湾区。全省气象部门全面学习贯彻落实党的十九大精神和中共中央总书记、国家主席、中央军委主席习近平对广东工作系列批示（指示）精神，落实中国气象局党组和省委、省政府的工作部署，统筹做好各项工作任务。省长马兴瑞肯定“省气象局坚持以人民为中心的发展思想，强化监测预警预报，做好抢险服务保障，成效明显”。全年气象灾害及其衍生次生灾害造成的死亡人数、经济损失较过去5年同期平均值分别下降60%、19%。气象服务满意度进入40项政府公共服务前三名，连续九年位居前列。“台风监测预报系统关键技术”获得国家科技进步奖二等奖，“依法实施重点单位制度，由气象防灾减灾服务向气象安全管理拓展”获全国气象部门创新奖。

【灾害性、关键性天气预报服务】

1. 重大气象专项服务

在春节、“五一”、端午、中秋及国庆等假期天气预报服务过程中，预报准确，服务主动。提前对节日期间的逐日天气做出具体预报，通过重大气象信息快报、电子政务系统、决策服务短信等形式发送给各级党政部门和有关服务单位。圆满完成高考、中考等重大活动专项服务，服务单位包括省委、省政府、省应急办及公安、教育、农业、体育等20多个部门。省气象局全年累计向省委、省政府等部门发布《重大气象信息快报》72期、《重大气象信息专报》11期、《天气报告》370期、《最新气象信息》337期，并派出领导和首席专家到省防总参与会商超过20次；提供专项服务129份。此外，累计对外召开新闻发布会6次（其中台风3次），及时向公众发布有关天气的最新信息和灾害影响。

春运期间（2月1日至3月12日）历时40天，天气复杂多变，气象服务任务艰巨。省气象局制定《广东省气象局2018年春运气象服务实施方案》，省气象台制定《广东省气象台2018年春运气象保障服务实施方案》。从组织安排、技术力量和网络通信保障等做足充分的准备，将各项服务任务细分，并具体落实到各科室和业务岗位。主动为公众出行提供优质服务，为“平安、有序、幸福、优质”的春运出行提供强有力的气象保障。2月13日，省气象局举行春节天气新闻发布会，针对春节期间就全省的春运天气作详细解读，并通过媒体及时向社会发布。春运期间，省气象局除每天制作《天气报告》外，还逐日滚动制作《春运气象保障服务专报》，内容包括全省天气实况、未来3日天气预报、4—5日天气趋势展望、对春运可能产生的影响及相关应对措施和服务建议等，并根据实际情况增加京珠北高速交通气象预报、琼州海峡及湖南、江西、福建等省天气信息。春运期间，发布强风警报、消息共124份，发布低温消息53份；首席预报员接受新闻媒体（气象频道除外）采访42次；向政府等职能部门和中国气象局汇报《重大气象信息专报》1期、《重大气象信息快报》4期、《春运气象保障服务专报》40期。

2. **汛期灾害天气服务**

2018 年，开汛晚，旱涝急转快。汛期共出现 14 次大范围强降水过程，有 5 个热带气旋登陆或严重影响广东省。

初台“艾云尼”的服务过程中，省气象局在汛期天气气候预测中提出“台风‘来得早、走得晚、台风多、影响重’”；在 5 月 8 日《重大气象信息专报》预计“初台出现在 6 月上中旬，较常年（6 月 27 日）偏早”；成功预报“艾云尼”在粤西近海的回旋和海口、阳江的再次登陆，以及对广东省的降水影响。当时正值高考，各级部门高度重视此次台风过程，省局共制作《重大气象信息快报》11 期、《每日天气报告》10 期、《最新台风信息》20 份；多次派员到省防总参与台风汇报会议。超强台风“山竹”服务过程中，提前 10 天发布可能受热带气旋影响，将给广东省带来明显风雨过程；“山竹”远在菲律宾以东西太平洋尚未进入南海时，明确指出登陆点及风雨影响预报；在全球各家主流数值天气预报模式对“山竹”路径预报不稳定及各家模式客观预报路径出现摆动的情况下，省气象局提前成功预报台风路径和风雨影响。

汛期期间，省气象局派出预报员和业务技术骨干先后到省防总参与灾害天气应急值班，加强预报服务联动，为政府决策部门提供更及时、细致和准确的预报服务。局领导、总师和首席等专家多次赴三防作关于广东气候特点、暴雨预报和台风预报技术专题汇报，向省领导介绍广东气象部门的预报服务情况，获得了各级政府部门的肯定和支持；同时，为应对恶劣天气，进一步做好突发灾害性天气预报预警和服务，省气象台领导带头加强值守，决策服务岗、首席岗和其他预报岗位在暴雨、台风影响期间均安排加密值守班和夜班，为各级领导提供最及时的决策气象服务。

3. **灾害性天气预警信号发布**

年内全省各级台站共发布灾害性天气预警信号 13394 次，其中台风 1034 次（白色 335 次、蓝色 340 次、黄色 196 次、橙色 118 次、红色 45 次），暴雨 4238 次（黄色 2982 次、橙色 1024 次、红色 232 次），雷雨大风 3402 次（蓝色 2903 次、黄色 481 次、橙色 17 次、红色 1 次），高温 1166 次（黄色 1044 次、橙色 122 次），灰霾 76 次（均为黄色），大雾 929 次（黄色 664 次、橙色 259 次，红色 6 次），寒冷 1135 次（黄色 727 次、橙色 382 次、红色 26 次），冰雹 50 次（均为橙色），道路结冰 45 次（黄色 43 次、橙色 2 次），森林火险 1319 次（黄色 836 次、橙色 429 次，红色 54 次）。其中，广州市各级气象台站发布的预警信号包括台风 143 次、暴雨 595 次、雷雨大风 377 次、高温 141 次、灰霾 16 次、大雾 48 次、寒冷 124 次、森林火险 130 次，共计 1574 次。

【气象业务与现代化建设】

1. **圆满完成防灾减灾救灾和重大活动气象保障**

省委、省政府和中国气象局高度肯定“山竹”气象防御工作，中共中央政治局委员、省委书记李希，中国气象局局长刘雅鸣赴台山气象局慰问并调研指导防灾减灾工作。省防总专函感谢“18·8”特大暴雨洪涝灾害气象服务。全年气象服务主动、及时和广泛。全年做好 8 次冷空气过程、18 场强降水过程、5 个登陆或严重影响广东省台风过程的气象保障服务，做好港珠澳大桥开通仪式、省（残）运会、世界警察手枪射击比赛、珠海航展等气象保障服务，提供决策服务材料超 1.5 万份。升级突发事件预警信息发布系统，全省全年共发布各类信息近 9.5 万次，其中非气象类信息 1803 次，发布预警短信约 28 亿条。社会联动快速高效。在“山竹”影响期间，省Ⅰ级台风应急响应持续42小时，台风预警信号历史首次同时覆盖全省、市、县（区）。全年多部门联合召开9次新闻发布会，广东卫视和新媒体首次全程直播“山竹”新闻发布会。首次与地方政府联合在珠海举办大湾区台风防御研讨会。认真履行安全生产监督管理Ⅰ类单位职责，多部门联合开展重点单位气象灾害防御专项检查。气象科普宣传推动全民防灾。广东省气象微信微博账号在全国气象系统百强榜上占20多席，为最多省份。组织防御“山竹”大型网络直播，收视累计超过500万人次。组织全省气象科普讲解大赛，参加全国科普讲解大赛获二等奖。连续两年被中国科协评为“全国科普日特色活动优秀单位”。

2. 服务和保障国家重大战略实施举措到位

积极融入粤港澳大湾区建设。在中国气象局组织下联合港澳编写《粤港澳大湾区气象发展规划（2019—2035年）》，启动“粤港澳大湾区气象监测预警预报中心”建设，粤港澳气象合作不断深入。保障生态文明建设。开展华南区域未来气候变化和灾害风险预估，启动《第二次华南区域气候变化评估报告》编制。服务大气污染防治，共建气象环保超级站，开展污染源解析预报与30天空气质量预报。建设生态气象服务系统，发布《植被生态监测评估报告》《生态气象监测公报》等。建立人工影响天气标准化业务体系，因地制宜实施人工增雨防雹作业，全年飞机作业12架次，地面火箭作业172次，发射火箭弹784枚，人工增雨量达17.8亿吨。稳步推进“中国天然氧吧”申报和气候标志认证的流程与标准体系建设。服务乡村振兴和精准扶贫。出台《乡村振兴 美丽广东——气象行动计划（2019—2020年）》。推进政策性农业保险实施。在18个县（市、区）开展中央三农气象服务专项实施，完成12个现代农业示范区气象综合监测站建设。全省派出扶贫干部203名驻村106个，省局帮扶村贫困户脱贫率达98.7%。推进军民融合深度发展。签订并落实军地合作相关协议，健全军地联合气象保障制度。

3. 更高水平气象现代化建设扎实推进

落实省部合作备忘录。编制《广东省全面推进气象现代化行动计划（2019—2025年）》。省政府继续组织开展现代化考核，全省综合指数逐年提升。推动落实“十三五”规划重点工程，落实地方财政项目资金12.09亿元。业务现代化水平不断提升。完成全省S波段天气雷达双偏振技术升级和业务组网，启动X波段相控阵天气雷达试验网建设。推进广州卫星站建设，完成卫星站FY—3和FY—4直收站建设，提升气象卫星接收处理能力。推进地面气象观测自动化，完成17个观测场标准化改造和建设，全省探测环境评估达89.6分。开展超大城市冠层综合观测试验，扩建气象云平台，建成广东气象数据（深圳）备份中心。推进区域GRAPES模式体系建设，研发台风区域模式集合预报系统。开展数字网格预报技术众创，发展检验评估技术，升级网格预报编辑系统。建立全省延伸期25千米分辨率网格预测业务，实现气温、降水45天逐日滚动预测和检验。智能网格预报质量稳中有升，全省24小时晴雨预报准确率达83%。气象预测预报预警能力稳步提高，强对流预警提前量达49分钟，3次提前30分钟以上准确预警龙卷风，建立龙卷风预警基本业务曙光已现。国际交流更加广泛。成功服务保障IPCC会议。接待美国、越南等气象部门来访交流，与韩国气象部门签署对口合作协议。年内共有38个团组、97人次出国（境）参加会议、培训和交流。

4. 气象管理体制改革持续深化

广东省全面深化气象管理体制改革任务如期完成。巩固综合防灾减灾救灾机制。深化与三防、人防、民政、教育等部门合作，部门间数据共享与合作发挥重要作用。健全突发事件预警信息发布体系，完善高影响级别预警信号下的停工停课机制，建立以气象灾害等级为触发机制的“一市一策”巨灾指数保险模式。建设现代公共气象服务体系。推进专业气象服务能力抱团新模式发展，在推进全链条生态旅游服务、开展基于港口运营的减灾增益服务、针对重点单位开展安全体系服务等重点领域取得新成效。打造“粤天气”统一品牌，推进全省统一气象服务品牌影响力行动计划，创新开展气象信息服务质量评价，确保公众放心享用气象服务。完善防雷减灾管理机制。“放管服”改革落实到位，有序开展防雷检测资质认定，开展防雷检测从业企业检测质量考核。优化线上线下相结合防雷监管模式，开展规范防雷装置检测行为专项检查。

5. 气象法治与标准化建设有成效

省政府修订《广东省气象灾害预警信号发布规定》，实施《广东省气象灾害防御重点单位气象安全管理办法》，推动各级政府确定气象灾害防御重点单位3328家。承担编制的4项行业标准获中国气象局发布，牵头编制的5项地方标准通过审定，出台全国首个省级《广东省突发事件预警信息发布标准体系规划与路线图（2018—2022年）》。完成全国防雷减灾综合管理服务平台二期建设任务。

6. 气象科技创新能力不断提升

稳步推进热带所升级研究院改革，引进国外专家，继续推进区域数值预报重点实验室建设，新版华南区域数值预报模式（3千米）获得中国局业务评审准入。推进科技基础平台建设，广东省气象大数据科技协同研究中心获省科技厅立项支持，仁化生态气象中心纳入广东省首批野外试验观测站，南海（博贺）海洋气象野外科学试验基地、从化雷电野外科学试验基地被列入首批中国局野外试验基地。全年争取科研资金4157万元，首次牵头承担国家科技部重大专项，省科技厅支持创下历史新高，数值模式研究、智能网格预报、龙卷风监测得到大力支持。年内全省发表科技论文393篇（SCI/IE等收录45篇），获得软件著作权57项，国家专利10项。

【农业气象服务】

1.“三农”气象服务新举措

一是加强省级的技术支撑。2018年，中国气象局在梅州市大埔县、汕尾陆丰市、韶关市仁化县、江门市新会区等18个县（市、区）开展“三农”服务专项建设。省级以省气候中心作为主要技术支撑单位，负责对实施县“三农“专项建设的指导。先后开展春耕春播、夏收夏种、秋收冬种等农事活动服务，发布农业气象周报51期、农业气象月报12期；发布早稻、晚稻、全年粮食产量预报6期；针对低温阴雨、暴雨、台风等农业气象灾害，及时发布农业气象灾害监测预警评估14期，在防灾减灾方面发挥重要作用。服务产品通过广东兴农网、电子显示屏等渠道发布。在广东应急气象频道制作播出“气象？农业”影视节目12期，节目本着“面向农村，针对农业，服务农民”宗旨，根据广东省农业产区需求，结合未来天气趋势及其影响，及时提出农事建议和具体应对措施，科学指导农民开展农业生产。

二是深化部门合作共同推进气象为农服务。省气象局与省农业农村厅、省林业局、省粮食局开展合作，共同建立联合会商、联合调查、信息共享等。各实施县与县农业、林业、水务等多个部门联合会商、联合开展农田调查、联合制作和发布气象为农服务产品，更好地为农业生产提供服务。

三是强化基层气象防灾减灾标准化建设。省气象局制定完成《广东省基层气象灾害预警服务能力建设实施方案（2018年）》《基层气象灾害预警服务基本规范》《广东省气象灾害分级防御服务规范》，汇总广东省现行的气象信息员管理办法和恶劣天气外呼服务启动标准等，并初步建立基层标准的气象防灾减灾业务流程规范。推进突发灾害性天气短时临近预警服务。各实施县按照“启动服务—滚动服务—灾情调查与上报—反馈评估—全业务流程留痕和监控”的工作流程开展突发灾害性天气预警服务。加强基层防灾减灾队伍建设。全省统一建设乡镇服务站业务平台，并采取多站合一的方式，推进乡镇气象服务站建设，各实施县、乡、镇均建有气象信息服务站。18个实施县均实现气象信息员行政村全覆盖并组织信息员参与培训；省气象局还在2018年气象公共服务竞赛中，组织全省气象信息员参与竞赛，并评选优秀气象信息员。完善预警信息发布传播“一张网”。气象部门已初步建成手机短信、12121应急气象电话、微博、微信、显示屏、气象大喇叭和传真等多种渠道的气象灾害预警信息发布网。

四是发展直通式智慧化农业气象服务。省气象局开发了广东省农业气象业务平台（AMSS，web版），主要包括农情监测、农用天气预报、农业气象灾害、资料统计、服务产品和知识智库等模块，系统应用智慧农业气象大数据及格点预报数据自动化生成并逐日定时推送气象为农服务产品，实现农业气象服务（监测预报预警评估等）、农业气候区划、农业气象灾害风险区划等产品“一张图”。开发了广东农气客户端“悦农气象”，实现后台管理与AMSS系统互联互通，并在三农专项实施县推广。各实施县面向新型农业经营主体开展直通式服务，英德“英红”茶场、饶平“凤凰”茶基地、罗定优质灿米基地、仁化沙田柚合作社和化州化橘红合作社等各地名优产品的新型农业经营主体，均成为各实施县直通式服务对象。

五是强化农业特色气象服务。各实施县根据各地种植特色，开展精细化农业气候区划和农业气象灾害风险区划，韶关南雄市完成双季稻和黄烟种植气候适宜性区划、清远英德市完成双季稻和茶叶种植气候适宜性区划、茂名化州市完成双季稻和化橘红种植气候适宜性区划。18个实施县共完成精细化农业气候区划36份和农业气象灾害风险区划18份。省气候中心对各实施县区划进行校正，并将各县农业气候区划和农业气象灾害风险区划纳入全省农业气候区划和农业气象灾害风险区划，形成“全省一张图”。此外，各实施县开展具地方特色的作物进行服务，潮州市饶平县利用当地浮滨镇在茶叶种植和茶产品加工方面具有独特的生态资源，初步探索茶叶气候品质评估服务；韶关市仁化县开展特色作物沙田柚气候品质评估服务工作；茂名化州市针对当地名优产品化橘红，开展开花、结果等关键生长发育季节开展专项气象服务；信宜、龙门等县（市）联合本地农业部门和保险公司，探索开展政策性农业保险。

2. 巨灾保险取得新进展

省气候中心采用“一市一方案”的方法，深入研究各地市自然环境及政府对保险方案的需求，参考和学习国内外先进巨灾保险方案，总结2016—2017年保险方案中存在的问题与不足，优化现有保险方案，达到收费降低、赔付升高的要求来提高财政资金的救灾效率。台风、强降水成灾指数已融入巨灾保险，初步实现保险理赔气象“说了算”。年内，省气候中心完成河源、韶关、清远、肇庆等14个参保地市方案的测算及优化并参与巨灾保险，合同总金额1.85亿元；出具报告33份，13个市获得巨灾赔付款共计4.93亿元，赔付率达266%。

3. 农业气象科研成果

省气象部门共有4项科研成果获2017年度广东省农业技术推广奖。其中，“省市县一体化农业气象业务系统推广应用”（广东省气候中心）获一等奖，“超级稻主要病虫害发生规律及绿色防控技术推广”（化州市气象局）获二等奖，“紫金县茶叶种植气候适应性分析及应用”（紫金县气象局）和“龙川县气温预报方法的研究与应用”（龙川县气象局）获三等奖。

广东省地震局

【防震减灾现代化试点省建设】

全省动员，大力推进现代化试点省建设。组织召开省防震抗震救灾工作联席会和全省地震局长会，部署全省防震减灾现代化建设；要求各成员单位以建设现代化试点省为重点，共同做好全省防震减灾工作；编制防震减灾现代化体系建设项目方案，落实省级财政支持12个项目2.2亿元资金，已到位启动资金3000万元，开工建设4个项目；积极推进防震减灾现代化建设指标体系研究，完成初稿编制工作；各市积极落实现代化试点省建设部署，肇庆、惠州2市分别印发建设实施方案和对接工作方案，佛山市的方案正在征求意见。

【监测预报】

初步建立观测系统标准化和测点测项准入退出机制。“地震台环境监控、视频监控和业务管理系统”正式投入使用，率先实现广东省监测台网运行管理集约化信息化。省台网在全国统评获编目第一名的好成绩。全力推进国家预警广东子项目建设，联合教育厅转发中国地震局 教育部《关于开展中小学校预警台站和预警信息服务系统试点建设的意见》，完成台址确认1172个，95%新建台站已落实用地协议，正在进行土建招标。组织汕头台、新丰江台等4个台站开展现代化示范台站建设。推进地震信息化建设，加强信息网络安全管理，信息网络连通率系统排名第一。开展广东省模拟地震观测资料抢救工作。做好重点监视防御区震情跟踪分析，GNSS观测资料在会商中得到充分应用。全面核实省内地震异常，于3月20日捕捉到星湖水库4.2级震前异常。

【震害防御】

开展“重构抗震设防监管制度研究”和“网格化管理模式下防震减灾安全社区建设”两个课题研究。积极推动改革后地震安全性评价项目实践，对湛江巴斯夫、惠州美孚石化项目等数十个项目进行地震安全性评价工作专题指导。广州、深圳2市开展区域地震安全性评价试点工作，其中广州区域地震安全性评价已纳入区域评估“多评合一”体系。推进佛山、惠州、江门等市创建安全城市，联合民政、气象等部门组织“全国综合减灾示范社区”创建，全省创建97个省级示范社区。西江、深圳市等活断层探测通过验收，佛山市7条活断层探测工作已在初可研阶段。深圳、珠海2市震害预测工作进入收尾阶段，完成深圳等3市、6区地震小区划，成果应用于当地经济建设。为惠州、中山等7市规划提供防震减灾建议。

【应急救援】

及时稳妥处置台湾6.2级、阳西3.7级和3.0级等影响广东省的显著地震事件。修订省地震局地震应急预案，建立并完善局领导带班、处级干部24小时在岗值班、关键部位应急人员24小时值班和节假日加强值班等制度。进一步完善“灾情快速收集系统”和基础数据库，提高应急处置效率。强化地震应急队伍建设，组织2支省级救援队73人6批次参加地震救援专业培训，每月联合地级以上市地震部门、每季度联合中南五省（区）局开展应急联动演练。举办全国首个面向指挥部的高仿真情景构建、贴近地震应急指挥处置实况的省抗震救灾指挥部2018年省、市联合应急演练，得到省领导的充分肯定。特殊环境（高温）地震应急救援专业训练基地建设已竣工。认定国家级地震安全示范学校3所，省级防震减灾科普教育基地6个、防震减灾示范学校10所。

【防震减灾宣传】

一是主动策划新闻宣传活动。举办纪念汶川地震10周年媒体开放日活动；在阳江地区的显著震群活动等特殊时段，组织专家接受新闻媒体采访；邀请主流媒体对省地震局承办的全国防震减灾知识大赛南部赛区竞赛进行现场采访报道等；采用线下图文展、新媒体推送长图等方式，庆祝省地震局改革开放40周年。二是贯彻落实加强新时代防震减灾科普宣教工作意见。积极筹备全省地震科普工作会议；与省科协签订《防震减灾社会宣教合作协议》；利用南澳地震100周年等有利时机开展防灾减灾科普讲座50多场；组织地震科普产品创作研讨会。此外，广东省科普大蓬车获全国科普作品创作大赛金奖；3名专家入选首批“广东省科普讲师团”成员。

【深化改革】

科技体制改革方面，推进中国地震局区域地震研究所组建和省防震减灾科技协同创新中心建设；与深研院紧密合作，促进科技成果转化；制定《广东省地震局科研项目管理办法（试行）》。业务体制改革方面，落实地震会商机制改革，邀请高校等参与全省地震趋势会商；建立和优化闽粤赣联合会商机制；探索开展社会力量参与地震预警和烈度速报服务试点。震灾预防体制改革方面，积极落实广东省抗震设防管理改革措施，指导广州、深圳2市开展区域地震安全性评价试点工作。行政管理体制改革方面，启动实施事业单位绩效工资改革；推进养老保险改革；重新申报事业单位分类改革意见；深化预算管理改革。

【法制建设】

加强法治建设：积极配合省人大开展《防震减灾法》执法检查和实地调研；落实“两法衔接”工作，与省人民检察院、省公安厅联合出台广东省地震部门行政执法移送涉嫌犯罪案件标准；研究制定法律顾问审查文件管理办法，完成重要文件、重大合同合法性审查共21项。继续推进重点领域立法：《广东省地震预警管理办法》列入2019年政府规章立法预备项目，已完成相关调研及征求意见工作。积极落实省政务服务事项“十统一”标准化工作，修订行政权力事项目录。举办首届华南片区防震减灾行政执法区域协同培训班。

【科研成果与科技合作】

科研成果：组建省防震减灾科技协同创新中心；完成中国地震局广州地震研究所组建方案和三定方案编报；完成“准实时地震灾情综合评估技术研究”等2项和“十二五”国家科技支撑计划项目课题子专题研究并通过验收；完成港珠澳大桥和中国散裂中子源地震安全监测与评

估系统建设。年内新增自主知识产权系统软件2套、APP软件2套和硬件设备2套。科技交流与合作：加强与省科技厅联系，联合中山大学等高校院所推进广东省地震科技的协同创新；联合东莞理工学院、香港城市大学等加大对有减灾实效的关键性技术的研发力度；牵头实施中国—东盟地震海啸监测预警系统项目，出访柬埔寨达成合作意向，协助推进与印尼、柬埔寨合作谅解备忘录的签订，完成印尼、泰国台站勘选，完成老挝、泰国、缅甸、马来西亚台网中心系统建设，完成第2期培训班和主要仪器设备的招标采购。全年共派出因公出国（境）团组9批29人次，来华接待6批68人次。

广东省自然资源厅

【地质防灾减灾措施】

1. 强化组织领导，切实落实地质灾害防治责任

省委、省政府高度重视地质灾害防治工作。中共中央政治局委员、省委书记李希，省长马兴瑞先后多次就做好汛期防灾和地质灾害防治工作作出批示。多次召开党组会议和厅务会议对地质灾害防御工作进行反复部署。厅主要领导和分管领导多次深入基层开展地质灾害防治调研和督导检查，并就各地防治工作中存在的突出问题提出指导意见。面对入汛以来地质灾害防御的严峻形势，原省国土资源厅成立地质灾害防治工作领导小组，印发《广东省2018年度地质灾害防治方案》。召开全省汛期地质灾害防治工作视频会议，并分别召开粤东、粤西和粤北三个片区的地质环境管理工作会议，深入部署各地强化地质灾害防治。

2. 坚持以人为本，最大限度减少人员伤亡

2018年，广东省先后遭受“艾云尼”“贝碧嘉”“百里嘉”“山竹”等台风和强降雨袭击，地质灾害防御形势严峻。针对强台风和强降水天气影响，及时下发通知，要求各地加强会商研判，做好隐患排查治理，加密监测预警，强化应急值守，提前组织做好人员避险，切实保障群众生命财产安全。及时召开地质灾害防治工作紧急视频会议，厅主要领导和分管领导到地质灾害预警中心指挥，并与有关地市会商，及时研判地质灾害防治形势。“艾云尼”影响期间，全省自然资源系统共出动巡查排查人员13117人次，共排查地质灾害隐患点3366处，处置地质灾害灾情险情240多宗，共转移受地质灾害威胁人员达11364人。“山竹”影响期间，全省自然资源系统共出动巡查排查人员48037人次，组织转移避险人员125031人，共排查地质灾害隐患点6607处。全省成功预报地质灾害34起，避免人员伤亡696人，防灾减灾成效显著。

3. 坚持预防为主，提高地质灾害监测预警水平

为有效解决全省地质灾害气象预警精细度不高、覆盖面不广等突出问题，加快推进地质灾害监测预警体系建设。至年底，全省21个地级以上市已全面实现市级地质灾害气象预警系统全覆盖，有效提升了地质灾害气象预警的精细化和准确性水平。在地质灾害预警信息发布方式上，除利用广播、电视、手机短信等方式外，还充分利用气象部门设置在沿海、山区等边远农村的气象大喇叭用于发布地质灾害预警信息，进一步提高地质灾害预警信息发布的时效性和覆盖面。年内，原省国土资源厅先后会同省气象局共发布3级以上地质灾害气象预警信息135次，同时要求接到地质灾害3级以上预警信息的市、县（市、区）立即启动相应的地质灾害预警响应，落实各项防范措施。

4. 深化群专结合，地质灾害群测群防体系建设成效显著

深入开展地质灾害防治高标准“十有县”创建活动，进一步强化基层地质灾害防治能力建设。年内全省共有37个县（市、区）完成高标准十有县”创建任务。同时，注重抓好基层群测

群防体系建设。至年底，全省共有地质灾害群测群防人员18807人，实现对现有地质灾害隐患点的防控全覆盖，有效缓解基层防灾和应急抢险压力，有力保障了人民群众生命财产安全。在专业支撑方面，全省自然资源系统已建立20个市级地环站或类似机构，有12个地级以上市设立市级地质灾害应急抢险技术中心。为进一步提高防灾减灾工作水平，推进全省国土资源系统与地质单位合作构建地质灾害防治技术支撑体系，进一步推进与地质部门密切合作，特别是通过联系地质队伍技术人员到自然资源部门挂职等方式，将专业技术力量下沉到县（市、区）驻守，切实推动解决基层自然资源部门地质灾害防治技术支撑问题。

5．坚持监督管理，加大地质灾害隐患排查和治理力度

一是部署开展地质灾害隐患排查专项行动。原省国土资源厅先后印发《关于开展2018年度地质灾害隐患点排查与整治工作的通知》《关于深入开展地质灾害隐患点排查专项行动的通知》等，要求各地重点加强对人群密集地区地质灾害隐患点进行拉网式排查。年内，全省共排查新增地质灾害隐患点446处。7—8月，原省国土资源厅派出6个督导组，对各市地质灾害隐患排查工作情况进行督导检查，并发出《关于地质灾害隐患排查督查情况的通报》，对各地开展地质灾害隐患排查情况和地质灾害防治工作中存在的问题进行通报。二是深入推进地质灾害隐患点综合治理。2018年，省级财政地质灾害防治专项资金安排2亿元，按照因素法下达到粤东西北地区和珠三角部分欠发达地区，重点支持其开展地质灾害隐患点工程治理或搬迁避让工作。建立地质灾害隐患分级治理机制，年内在河源市启动地质灾害分级治理试点，落实分级治理试点资金2000万元，争取通过试点，探索可复制、能推广的地质灾害分级治理经验。年内全省通过工程治理和搬迁避让，共消除地质灾害隐患点165处，减少受威胁人员11869人。7月下旬，自然资源部检查组到粤对云浮市地质灾害防治工作进行实地检查，对广东省开展地质灾害治理工作给予充分肯定。9月，原省国土资源厅会同省财政厅编制上报《广东省地质灾害综合防治体系建设方案（2018—2022年）》，明确全省地质灾害隐患点避险搬迁、工程治理和专业监测等综合治理方案，并在财政部、自然资源部召开的竞争性选拔会议上，广东省成功入选中央财政支持范围。

6．推进科学防灾，促进地质灾害防治信息化建设

省级地质灾害防治信息化系统已完成二期建设，建成地质灾害数据管理、预警分析、视频会商和决策支持等多项功能，进一步提升地质灾害防治工作水平。地质灾害应急指挥车完成改装，集成应急指挥系统，为全省地质灾害应急工作提供了重要支撑。为加强地质灾害隐患点数据采集与动态管理，在原有国土资源在线巡查系统基础上，搭载地质灾害隐患点在线巡查和网络直报系统，实现群测群防人员通过手机完成巡查排查信息报送，全面提升了地质灾害防治信息化管理水平。同时，首次将无人机应用于地质灾害应急调查和抢险工作，进一步提升了应急处置水平。

7．持续开展宣传教育活动，强化防灾减灾意识

全省各级自然资源部门深入开展以“进村入户、进学校上课堂”为主题的地质灾害防灾知识宣传教育活动。一是通过发放宣传册和专家培训等方式进行防灾知识普及。通过电视、广播、网站和报纸等新闻媒体，充分利用世界地球日、全国防灾减灾日和全国土地日，广泛开展地质灾害防治知识宣传活动，普及地质灾害防治知识。7月，召开全省地质灾害防治视频培训会议，对全省自然资源系统及地质灾害群测群防人员进行培训，提高广大干部群众的防灾避险能力。8月，在广东电视台黄金时段每天播放地质灾害防治公益广告，有效提高了广大干部群众对地质灾害防御意识。二是通过应急演练和宣传培训，不断提高基层干部群众的防灾和避险能力。8月，原省国土资源厅与广州国土规划委在广州市南沙区组织1次地质灾害应急演练，进一步提高省市地质灾害应急联动工作水平。

8. 推进行政审批制度改革，提高依法行政工作水平

一是依法恢复受理乙级地质灾害防治单位资质审批事项。按照《广东省行政许可事项通用目录（2018年版）》的要求，8月20日，原省国土资源厅发出《关于恢复受理乙级地质灾害防治单位资质审批事项的通告》，明确从10月1日起，恢复受理乙级地质灾害防治单位资质审批事项。二是进一步下放项目管理权限。原省国土资源厅制定印发《中央和省财政投资的500万元（含）以上1000万元以下地质灾害治理项目的设计（实施）方案审查等4个省级行政职权事项移交地级以上市实施工作方案》，将原属原省国土资源厅实施的中央和省财政投资的500万元（含）以上、1000万元以下地质灾害治理项目的设计（实施）方案审查和竣工验收等省级行政职权事项，下放给地级以上市国土资源主管部门实施。

【海洋预报减灾】

1. 完成省级海洋预警报能力升级改造二期建设

进一步提升广东省海洋预警报能力。年内组织实施以“三室、三平台、两中心、一张网”为主要建设内容的省级海洋预警报能力升级改造项目二期建设。“三室”指预报视频会商室、音视频多单元演播室、专家会商室；“三平台”指专题预警报综合服务平台、海洋灾害态势应急分析综合展示平台、海啸预警报接收平台；“两中心”指高性能计算机数据中心、海洋防灾减灾辅助决策中心；“一张网”指国家—海区—省—区—观测站点的数据传输网。

2. 完成警戒潮位标志物布设目标

为方便公众直观了解潮位警戒变化，便于管理部门及时发布戒备或撤离通告，全省在原有布设的警戒潮位标志物基础上，年内新增35个警戒潮位标志物，完成58个沿海县（区）布设一个警戒潮位标志物的目标。据统计，自2017年公布新一轮的警戒潮位值以来，省市两级海洋部门共设置90个警戒潮位标志物，为最大限度地预防和减少海洋灾害造成损失起到积极的作用。

3. 围绕“乡村振兴”战略，构建服务渔区、渔民、渔船生产安全海洋防灾减灾体系

作为为沿海地区经济社会发展提供海洋环境生产安全保障服务的部门，年内财政共投入6000万元，组织沿海地市开展《广东省渔业捕捞和养殖业防灾减灾体系建设与维护项目》。建设内容包括远海捕捞渔船自动气象设备配备、重要渔港观测预报系统建设、海洋灾害预警平台建设与维护、重要渔港及增养殖区的渔业风险排查和区划等。至年底，惠州、东莞2市海洋观测站点已建成，其中惠州海洋观测站已竣工，其他沿海地市项目也正按要求组织实施中。

4. 围绕“海洋强国”战略，做好“智慧海洋”建设

“智慧海洋”工程作为建设“海洋强国”、推动“21世纪海上丝绸之路”战略的重要抓手，于2016年3月列入国家“十三五”发展规划。根据国家“智慧海洋”工程建设要求，组织开展广东省对接国家“智慧海洋”工程建设方案的编制工作。

5. 开展海洋灾害调查与评估

为掌握海洋灾害影响情况，积极开展海洋灾害调查与评估工作。一是组织全省海洋部门开展海平面变化影响调查评估。收集堤防、海洋工程、地面沉降、洪涝灾害和海水倒灌等海平面变化影响信息。在重点区域开展海岸侵蚀、咸潮入侵等典型事件跟踪调查。编制《2018 年广东省海平面变化影响调查评估工作报告》。二是组织开展风暴潮灾害现场调查评估。会同自然资源部海洋减灾中心、自然资源部南海局等单位赴深圳、珠海、惠州、中山、江门 5 市开展“山竹”“百里嘉”等台风风暴潮灾害现场调查评估，为应对风暴潮灾害提供决策依据。

6. 积极开展防灾减灾宣传活动

以大事件、大行动为平台，向社会各界宣传海洋防灾减灾工作。一是结合“5·12”防灾减灾日，在全省沿海各市开展海洋防灾减灾宣传周活动。二是在“6·8”世界海洋日，召开《2017 年广东省海洋灾害公报》新闻发布会；在报刊、网络等媒体以全方位、大范围，多渠道和多形式开展海洋防灾减灾宣传，不断增强社会公众防灾减灾意识。

7. 做好海洋预报预警

一是做好海洋预报。年初，发布海洋灾害综合预测年报，对发生海洋灾害频率、时间节点、影响面和影响期进行预测；同时在预测年报的基础上，开展月预报、周预报和日预报。据统计，全年共发布预测年报 1 期、月预报 12 期、周预报 52 期、日预报每天发送。二是做好海洋灾害预警。全年向省三防指挥部、沿海海洋渔业等应急管理部门及社会公众共发送海浪警报 80 期，其中警报消息 26 期，蓝色 25 期，黄色 17 期，橙色 2 期，红色 5 期，解除通报 6 期；发送风暴潮警报 41 期，其中蓝色 27 期，黄色 3 期，红色 6 期，解除通报 5 期。三是参与三防联合值班，每次有台风过程影响华南，预报中心均安排专家到省三防指挥部参加 24 小时联合值班，为全省海洋防灾应急决策提供有力支撑。

8. 开展裂流灾害防御

根据国家海洋局印发的《2018 年全国海洋预报减灾工作方案》，与南海分局海洋环境预报中心共同开展裂流灾害排查，并依照《滨海旅游区裂流灾害防御业务工作方案》要求，完成裂流灾害警示牌制作。

广东省农业农村厅

2018年，全省农业部门按照省委、省政府总体工作部署，全力抓好农业防灾减灾工作，成功防御汛期暴雨洪涝、“艾云尼”“贝碧嘉”“山竹”等多个热带气旋，在作物救灾复产、生物灾害防治、畜禽防疫免疫、渔业灾害防治等方面均取得显著成效。

【作物救灾复产措施】

1. 政策性农业保险

2018年，全省继续增加政策性农业保险品种，扩大保险覆盖范围，建立政策性农业保险品种目录库，分类进行管理，实行目录清单适时动态调整机制。中央财政补贴（同时享受省级财政补贴）保持险种（种植类）在水稻、玉米、花生、马铃薯、甘蔗的基础上新增水稻（制种）。省级财政补贴的保持险种（种植类）在荔枝、龙眼、香蕉、木瓜的基础上新增柑桔橙柚种植险、农业设施险。同时，从2018年开始，每个地级以上市可自行选择、新增设立1个申请省级财政补贴的地方特色险种。根据近年农业生产成本不断上涨的实际情况，全面提高保额。其中，花生保额从300元/亩/造提高至800元/亩/造，增幅达166%。全年种植业投保面积4066.66万亩（扣除林木，下同），参保农户942.61万户，已决赔款5.38亿元，受益农户124.2万户次。

2. 作物补种改种

年内，调拨省级粮食应急储备种子162.31吨支援江门、阳江、茂名、云浮、汕尾、惠州、揭阳等市救灾复产。其中，常规水稻种子117.49吨，杂交水稻种子9.97吨，甜糯玉米种子24.96吨，普通杂交玉米种子9.9吨。全省农业因灾需补种改种农作物面积38.26万亩，完成补种改种19.11万亩，其中粮食作物6.96万亩，挽回粮食产量3.76万吨。

3. 做好灾后复产示范

9月20日，原省农业厅在江门台山市海宴镇（台风“山竹”登陆地点）召开全省抗御台风“山竹”农业救灾复产现场会，总结推广当地农业救灾复产经验，全力推进全省救灾复产有序高效开展，努力确保灾区农民全年收入不因灾而减少、不因灾而致贫。江门、阳江、汕尾等市农业部门举办灾后复产技术培训班；江门、阳江等市统筹整合资金，结合冬种生产创建灾后复产示范基地。

4. 及时下拨农业生产救灾资金

全年省财政下拨中央财政农业生产救灾资金（农业补助）7500万元，省级农业生产救灾资金500万元，中央和省级农业生产救灾资金实现灾区全覆盖。用于农业救灾购置种子、种苗、农膜等生产资料，灾毁基础设施修复，以及应急种子储备、调用及救助物资采购等，重点支持受灾严重的农业龙头企业、农民专业合作社等新型农业经营主体开展救灾复产工作。

【生物灾害防治措施】

2018年，全省各级植保部门以农药使用量零（负）增长行动为抓手，扎实推进病虫害监测预警、重大病虫应急防控、病虫绿色防控、专业化统防统治和农药科学减量使用等，及时有效控制农业有害生物暴发为害，确保农业生产安全。全省农作物病虫草鼠螺害防治面积2291.52万公顷次，挽回作物损失包括粮食346.07万吨、水果162.28万吨、蔬菜298.76万吨、茶树0.97万吨、油料20.28万吨、其他经济作物72.79万吨。

1. 狠抓重大病虫害监测预警，全面提升预报预警能力

科学布设病虫监测站点。全省共设置53个省级监测站、128个监测点，17个南亚热作监测站、57个监测点，5个鼠情监测站，监测点数量达190个。组织全省植保部门坚持系统调查，全面监测主要农作物重大病虫害发生动态。强化病虫大数据综合分析利用。全面启用广东农业有害生物数字平台和“广东病虫情报”微信公众号，全年通过部省级信息平台采集数据3.82万条，比上年增加0.85万条。积极做好病虫发生趋势会商，充分利用短信、微信、电视和网站等新媒体，及时发布长、中、短期病虫预报预警信息，保障病虫信息走进千家万户，科学有效指导病虫防控。全年全省共发布病虫情报869期，预报准确率91.2%。

2. 加强重大病虫防控，推进绿色防控和统防统治融合发展

组织专家科学制订并印发水稻、蔬菜、果树等重大病虫及鼠害防控技术方案及主要农作物病虫绿色防控技术方案、早晚稻中后期重大病虫防控通知和抓好台风暴雨灾后病虫防控紧急通知。强化病虫防控督导与突发情况处置，在病虫关键时期和突发期，省级专家督导组及时开展巡回督导和技术指导，确保防控技术措施落实到位。进一步强化突发病虫应急处置能力，抓好“贝碧嘉”“百里嘉”“山竹”等台风暴雨造成局部地区水稻细菌性病害流行的紧急防控。发挥病虫绿色防控和统防统治示范带动作用。利用2018年中央财政农作物病虫害防治补助资金，在雷州、台山、龙川、罗定、廉江、博罗、高州、梅县区等8个县（市、区）建立绿色防控示范区，推广应用农作物病虫害全程绿色防控生产技术；依托新型生产经营主体组建和培育统防统治组织，引导专业化统防统治组织不断规范自身管理、创新服务方式和优化作业模式，提升统防统治服务能力。全年全省共建立部、省级农作物病虫绿色防控与农药减量示范区42个，市、县级病虫绿色防控示范区300个，核心示范面积110万亩，带动全省实现病虫绿色防控应用面积2061.6万亩以上，专业化统防统治组织达685个，比上年增加150个。

3. 抓好农药使用量零增长行动，推进农药减量控害

组织全省开展农药零增长行动，印发《到2020年农药使用量零增长行动宣传月活动的通知》。召开主要农作物农药使用量专家分析会，组织19个县（市、区）对广东省主要农作物用药和植保机械保有情况进行调查，采集农药使用量零增长行动效果评价基础数据。推广农药减量控害技术，建设病虫绿色防控与农药减量控害示范区336个。创新开展水稻病虫害、柑橘、荔枝等作物病虫害全程解决方案试验示范，示范区年农药使用量减少10%以上；建立试验示范培训基地5个，重点示范推广种衣剂、农用助剂、新农药（药械）及其使用技术。全年开展新农药（药械）试验示范32项，推广高效低风险农药775万亩次，比上年增加10.7%；全年农药使用量5.6万吨，农药利用率39.47%。强化农药安全使用风险防范，持续开展稻飞虱、蔬菜小菜蛾和甜菜夜蛾等害虫对常用农药品种抗药性监测。编发《2017年广东省主要农业有害生物抗药性风险评估报告》，指导农民科学使用农药，降低农药抗性水平；深入田间地头指导农民科学使用农药，纠正各类违规用药行为。

4. 加强宣传培训，提高病虫预警防控水平

举办全省农作物病虫测报技术、绿色防控技术、植保统计和农药安全科学使用技术等培训班，全年全省共举办培训班1594期，培训11.67万人次，培养了一批植保技术骨干。印发绿色防控小册子、农药安全使用与减量控害技术资料等宣传资料共53万份，借助《南方农村报》等媒体，宣传农药使用量零增长行动，推进农药减量控害。

【畜禽防疫免疫措施】

1. 高度重视，狠抓部署落实

省委、省政府高度重视重大动物疫病防控工作。省领导多次就重大动物疫病防控作出批示（指示）。全省认真贯彻农业农村部全国重大动物疫病防控工作视频会议精神，通过召开视频会议、下发文件等方式，对重大动物疫病防控进行全面部署。为加强组织领导，省农业农村厅实行重大动物疫病防控定点联系制度，由相关处室单位处级干部任组长，分片包干，督促、检查、指导各地防控工作扎实有效开展。

2. 保障有力，经费物资落实到位

省财政大力支持动物防疫工作。2018年，省级财政投入动物防疫体系建设、追溯体系、疫苗和防控工作经费等约1.57亿元，全省投入经费约3.84亿元。全省各级均按要求100%全额配套强制免疫疫苗经费，并落实强制免疫疫苗组织发放、管理经费。

3. 全力以赴，抓好非洲猪瘟防控

8月初，中国发生首例非洲猪瘟疫情，中共中央政治局委员、省委书记李希，省长马兴瑞就防控工作多次批示并专题调研部署。省农业农村厅积极履职尽责，高效有序推动各项措施落地落实。全省建立快速反应和应急排查机制，发动62.95万人次，排查场点101.46万个次，排查生猪2.67亿头次，监测样品6549份。强化生猪检疫和调运监管，率先依托31个省际公路公安检查站开展动物卫生监督检查，组成121个联合检查组，严查严堵。累计检查生猪及其产品运输车辆7302车次，无害化处理违规调运生猪5973头、生猪产品68.7吨，备案登记生猪运输车辆近2700辆。强化餐厨剩余物监管，全面禁止泔水喂猪，摸排出7995家泔水喂猪场（户），取缔598家，转饲料养殖7397家。强化规模化猪场（种猪场）生物安全隔离带建设，打造“动物防疫命运共同体”。加强正面宣传和技术培训，下发防控资料近325.7万份。强化联防联控和应急准备，形成全方位立体化的防控工作体系，协调省财政下拨6500万元应急经费，以县为单位选定无害化处理点225个。第一时间按相关规范有效处置珠海、广州、惠州3市非洲猪瘟疫情，未发生次生疫情，保障了疫情发生后港澳生猪及产品供给稳定和安全。

4. 突出重点，狠抓防控落实

狠抓强制免疫，确保全覆盖。广东省推行散养畜禽“巡查免疫、报告免疫”和规模养殖畜禽“按程序免疫”，整村逐户推进强制免疫注射、标识佩戴、档案记录等工作，确保免疫注射全覆盖。规定每月第一周为补免周，对新补栏、监测免疫抗体未达标及达到应免要求的畜禽进行补免，确保“应免尽免，不留空当”。2018年，全省重大动物疫病免疫密度继续保持在较高水平。高致病性禽流感免疫密度为99.51%，口蹄疫94.66%，高致病性猪蓝耳病97.71%，猪瘟97.81%，新城疫98.69%。

加强监测预警，确保免疫效果。全省按照监测方案要求，认真开展重点场所、重点环节疫情监测与流行病学调查。2018年，全省累计检测样品84.64万份。从监测结果看，广东省主要动物疫病的免疫抗体水平维持在较高水平，达到抵抗相应疫病效果。

持续聚焦狂犬病防控。各地坚持不懈，连续多年狠抓狂犬病防控，取得显著成效：2018年，广东报告狂犬病人间病例 18 例，较 2011 年 202 例下降 91.1%，是近十年人间病例最少的一年。一是保障经费，全面免疫。自 2008 年开始，省农业农村厅逐年增加狂犬病防控经费，专门用于购置狂犬病疫苗和免疫注射补助，2017 年、2018 年连续两年近 800 万元。二是健全网络，强化监测。省、市、县（市、区）构建狂犬病监测网络，并在春秋大防疫期间组织对农村犬只集中免疫和定点采样监测。三是加强宣传，联防联控。发放“狂犬病防控”挂图 1 万多份、《广东省狂犬病防控知识手册》8000 多册；组织媒体宣传 10 次以上，专题宣传活动、培训讲座 30 次以上。四是加强管理，法制保障。广州、深圳等市出台相应法规，强化犬只饲养管理。新施行的《广东省动物防疫条例》明确规定了犬只饲养者的免疫义务。

5. 狠抓基础，应急管理到位

强化应急储备。省、市、县（市、区）三级落实应急储备制度，储备应急防疫物资。省农业农村厅专门设置省动物防疫物资储备中心，负责应急防疫物资储备、调拨和管理。常态应急储备消毒药 200 多吨，防护服 1 万多套，以及动物扑杀器械、消毒设备和无害化处理袋等应急物资一批。

疑似重大动物疫情核查情况。强化应急值守，省级设立疫情举报电话 24 小时值班制度，各地各级在网络或媒体公布动物疫情举报电话。对每一次举报的疫情，做好疫情举报记录，立即上报值班领导并派人进行核实，确保不漏掉一起疫情。

规范疫情处置。及时有效处置广州市天河区发生的输入性口蹄疫疫情、中山市监测排查发现的口蹄疫疫情、河源市龙川县监测发现的奶牛布鲁氏菌病疫情；对从茂名化州市运输到重庆检查出口蹄疫和广州市白云区人感染 H5N6 的情况，开展进行全面排查、紧急监测和应急处置。12 月中下旬，珠海、广州、惠州 3 市相继发生非洲猪瘟疫情。省农业农村厅高度重视，第一时间派专家组赴疫情发生地指导，采取隔离封锁、消毒、扑杀、排查和无害化处理等应急措施，均得到及时有效控制。每起疫情均按程序及时将病料送国家参考实验室，并上报农业农村部和省政府。

6. 创新模式，监督执法到位

加强生猪产地检疫。积极推进产地检疫申报点建设，全省累计建设检疫申报点达 2273 个。全年产地检疫生猪 5947.84 万头（检疫出证系统统计），出栏生猪 3757.4 万头，全省生猪产地检疫百分比为 158.29%。

规范动物检疫证明出证。广东是最早开展动物检疫证明电子出证工作的省份之一，2015 年 1 月 1 日开始已实行所有（A 证和 B 证）检疫证明电子出证。至年底，全省 121 个有开展动物检疫县（市、区）均已实现电子出证。

建成动物防疫和卫生监督信息化系统。完成省级平台与农业部中央平台对接，实现跨省调运畜禽检疫证明关键信息互联互通，强化动物及动物产品追踪溯源能力。2018 年，据中国动物疫病预防控制中心通报，广东省生猪耳标佩戴信息上传率一直居全国首位。

强化从化无疫区管理。一是完善制度，规范管理。省政府颁布《广东省从化马属动物疫病区域化管理办法》，省农业农村厅和相关农牧部门制定《广东省从化无疫区动物疫病控制计划》《广东省从化无疫区动物疫病控制计划实施方案》《广东省农业厅关于易感动物输入广东省从化无疫区动物卫生标准的规定》等。二是落实措施，切实履职。省农业农村厅下发文件对本年度维护工作进行部署，对上年度工作进行总结通报，并在年中召开联席工作会议，通报交流维护管理工作信息和动态。各地各级切实落实各项管理维护措施，严格开展免疫监测、虫媒治理、野生动物净化、检疫监督和动物移动控制等措施。至年底，从化无疫区未发现14种规定动物疫病临床病例，成功保持无疫状态。三是创新机制，积极试运。省农业农村厅积极主动同香港渔农自然护理署、香港赛马会探讨快速通关、检疫监管等事宜。在农业农村部对香港开展动物卫生水平等效性评估的基础上，制定针对香港赛马会马匹进入无疫区的输入和移动标准，使马匹在严格监管下能快速往返。2016年2月以后，开展多次马匹试运工作，为马匹快速往返香港—从化摸索出成功经验。

7. 大力推进，无害化处理体系建设初见成效

制定《广东省农业资源循环利用工程中心（畜禽无害化处理厂）项目实施时间计划表》《2018年度月工作细化进度表》，倒逼各地按时间节点推进项目建设。召开工作现场会，督促其他项目建设。4月，省农业农村厅会同省政府督查室组织原省国土资源厅和省生态环境厅、林业局、监狱管理局对全省10个病死畜禽无害化处理中心示范项目建设情况进行专项督查。厅负责同志先后带队赴10个项目所在地进行实地督导指导超20次。建立“示范项目建设交流”微信群和示范项目定点联系制度，落实“一周一报，一月一督”，约谈各项目中标单位，督促其加快施工建设进度。至年底，茂名高州项目已建设试运营；阳春、惠城、遂溪、乐昌、怀集及饶平等县（市、区）6个项目已开展实体工程建设，其中阳春、惠城和乐昌市（区）3个项目土建工程均已完成80%以上；河源市灯塔盆地项目变更选址后正在抓紧推进；云浮新兴项目逐步开展施工前期准备工作；肇庆四会项目也在有序推进中。

8. 加强建设，防疫能力得到提升

大力推进兽医实验室能力建设。通过培训、比对试验、考核等方式，切实提升兽医实验室能力。省、21个地级以上市和20个县级兽医实验室（占18.52%比例）具备禽流感、口蹄疫等重大动物疫病病原学（PCR）检测能力，全部县级兽医实验室具备动物疫病常规鉴别诊断能力，为防控动物疫病提供了强有力技术支撑。一是加强各级兽医实验室检测能力培训。举办全省动物疫病检测技术与流行病学调查培训班，对21个地级以上市检测技术骨干进行集中培训，并以“走下去”到各地开展专题培训和“请上来”跟班培训相结合的方式进行针对性培训，逐步提高各地兽医实验室检测能力。二是组织开展全省市、县级兽医实验室检测能力比对工作。全省21个地级以上市和60多个县（市、区）参加比对，市、县（市、区）级实验室比对总符合率均达90%以上，其中21个地级以上市、38个县（市、区）级实验室符合率达100%。三是加强兽医实验室考核。全省共有21家市级、98家县（市、区）级兽医实验室通过考核。省动物疫病预防控制中心实验室通过农业农村部专家组现场复考核。

加强兽医实验室生物安全管理。通过省、市、县（市、区）和实验室层层签订安全责任书，开展生物安全专项检查等方式，切实加强兽医实验室生物安全工作，防止兽医实验室动物病原微生物泄露、扩散引发重大动物疫情或生物安全事故。

继续推进种畜禽动物疫病净化工程。通过举办全省动物疫病净化培训班、成立专家组、印发净化验收指南、委托第三方实验室开展检测复核等，进一步推进疫病净化工作。至年底，全省共有39个种畜禽场（占全省40%）通过省级动物疫病净化评估验收，10个种畜禽场通过国家级动物疫病净化场、示范场评估，有力促进种畜禽企业转型升级。

【渔业防灾减灾】

1. **应对台风灾害**

台风“山竹”于9月16日登陆江门台山市，对广东渔业生产造成重大影响，养殖户损失惨重。原省海洋与渔业厅及时安排渔业救灾复产资金500万元支持江门市开展灾后复产工作；同时迅速成立工作组，深入灾区一线，指导各地灾后复产。中国水产科学研究院南海水产研究所及时派出专家组，联合珠海市现代农业发展中心高级工程师赶赴珠海市斗门的乾务强竞、嘉宜、金湾年丰等海鲈、黄鳍鲷主要养殖基地，针对受灾情况从病害、水质调控、养殖等多方面提供灾后复产技术指导，减少灾后损失。南海所专家组与各养殖企业技术员、养殖户进行深入交流，为养殖企业问诊把脉，对症下药，为受灾企业解决灾后渔病防治的养殖难题。专家成员为了更准确诊断鱼病，还现场解剖病鱼，向养殖户介绍鱼病特点和诊状，传授治疗方法与防御措施。另外，针对遭“山竹”水产养殖业重创，人保财险7小时完成南沙水产养殖的大宗赔案初勘，解决受灾企业短期资金困难，助力受灾企业尽快恢复生产。

2. **渔船安全生产**

坚决完成渔业防台应急任务。全年承担防台应急任务7次，参与渔业海难事故救助41起（其中三无船9起），救助渔民104人，救助渔船35艘，挽回经济损失超2320万元。加强对渔民安全生产宣传教育，杜绝渔船在危险天气出海生产，有效减少事故发生。据统计，全年共发送相关预警信息348多次。在防御“百里嘉”和“山竹”双台风的过程中，省总队周密研究、加强部署、全力以赴，切实抓好台风预警信息接续发布、行业系统应急响应紧跟联动、上岸避风措施持续用力和防台形势分析研判，以及突发险情协调处置，督促各地贯彻执行、落实到位，取得了“全省渔业生产领域渔民人员实现零伤亡”的重大战绩。

渔船安全监督力度不断加大。印发《“亮剑2018—7”海洋渔船规范管理专项执法行动方案》，组织开展海洋渔船规范管理专项行动，集中整治异地挂靠渔船、渔船“脱检”、“船证不符”和渔船标识不符合规定等问题。全面开展安全隐患排查整治，督促各地对渔港、码头、停泊锚地、养殖渔排等防灾避险措施落实情况和渔船消防、救生、照明等应急设备配备情况开展安全检查。修订广东省《关于渔业船舶船名管理规定》，更新渔船电子身份识别标签2.5万张。完善渔业船员管理制度，出台《关于实施〈渔业船员管理办法〉细则》。

渔船检验监管扎实有效。抓好船检机构改革职能划转工作。狠抓渔船及船用产品检验监管。组织开展全省海洋渔船安全技术状况监督检查整治行动、船用产品质量整治专项行动。完成国内渔船营运检验3.4万多艘，新建造海洋渔船检验发证540多艘，船用产品检验发证7.5万多台（件），船用产品型式（工厂）认可初审企业12家。加强验船师队伍能力建设，完成829名验船师适任证书换发，培训船检人员120多名。开展渔船船型标准化和船厂技术评价，完成60套渔船标准化船型和75家船厂评价公布。

3. **水生动物疫病及养殖病害防治**

一是做好水产养殖病害测报预报。年内，水产养殖病害监测数据全部实行网上填报，利用专用软件，可实现自动、准确生成统计信息。全省共设立常规监测点295个，监测养殖面积达8747公顷，其中淡水养殖7801公顷，海水养殖949公顷。监测养殖种类30种，发布预测预报信息235条。二是加强水生动物疫病监测预警。年内组织全省采样检测鱼虾样本7830份，发布预警预测信息116次。三是做好水产苗种产地检疫。全省检疫水产苗种2064批次，签发检疫合格证 2059 张，检疫水产苗种 404 多亿尾，其中鱼苗 323 亿尾，虾苗 81.6 亿尾，贝类 52.3 万粒。四是加强检疫检测能力建设。全省有 1 个省级、10 个市级、7 个县级实验室通过农业部能力测试，获得 2019 年国家水生动物疫病监测计划和省级水生动物疫病监测计划相应疫病检测实验室备选资格。五是加强规范用药指导。在吴川、遂溪、雷州、高州等 4 个县（市、区）建立 4 个安全用药示范区，面积达 133 公顷，引导、带动规范用药面积达 1333 公顷以上，印发安全用药资料 1 万份。建立 2 个草鱼免疫防病示范区，面积达 133 公顷，推广应用辐射面积 1333 公顷以上。六是加强技术服务培训指导。全省共举办病害防治技术培训班 173 期，培训 1.17 万人次，发放宣传资料 8.43 万份；下场指导服务 5625 人次，开展电话咨询 4310 次；发送手机防病短信 40 多万条，在网上发布防病信息 700 多条。七是确保灾后无疫病暴发流行。做好年初寒潮及台风“艾云尼”“贝碧嘉”“山竹”等救灾复产，共下拨应急消毒药物 34.26 吨，参与救灾应急处置人员 560 多人次。

4. 水产品质量安全管理

积极主动，狠抓监管措施落实。一是加强质量安全监测，全面排查风险隐患。制定并组织实施省水产品质量安全监控计划，加强对重点时段、重点区域、重点品种的抽检。全年全省开展类别监控 16 个，共完成省级水产样品抽检 1.78 万个，其中产地水产品抽检合格率 98.7%。对抽检不合格样品发出执法通知书并组织进行无害化处理，及时在厅网站公布产地水产品监督抽查不合格样品情况及处理结果。二是推广活鱼冷链运输模式，开展“产销对接”试点。召开广东省水产品质量安全保障技术推介会，集中观摩和推广何氏水产的活鱼冷链运输模式，取得了非常好的效果。至年底，全省已有何氏水产、八达水产、勇记水产、香良水产、鱼兴港水产等产销联合体率先与北京市开展“产销对接”试点，建立集活鱼从养殖、检测、采购、暂养、运输和溯源于一体的全程可追溯供应链管理平台，实现全程可追溯。

坚持多方合作，构建共同监管合力。一是加强部门联动，开展“一月一会商”。建立“一月一主题”联合会商机制，定期开展水产品安全状况综合分析和风险研判，确定重点风险隐患，制定工作预案防患于未然。二是开展“一月一行动”及专项整治执法行动。印发《关于开展 2018 年度水产品质量安全监管专项执法每月一行动的通知》，相继在湛江、阳江、茂名、广州、惠州、汕尾等地组织开展“一月一行动”。组织开展水产品“三鱼两药”专项整治行动。至年底，全省共出动执法人员 10274 人次，车辆 3026 辆次，检查场地 6395 个，抽样 5720 个，查处违规案件 42 宗，教育警告 10 宗，移送其它部门 4 宗，作出行政处罚 28 宗，罚款 11.85 万元。

加强宣传教育，夯实质量安全基础。大力宣贯《广东省水产品质量安全条例》，增强全民质量安全法制观念和法制意识，联合有关部门开展《条例》调研和执法督导。出台《关于开展“农业质量年”行动实施方案》《关于开展“2018 年质量兴农万里行活动”实施方案》和《关于加强水产品质量安全管理 促进水产养殖绿色发展的若干意见》。在惠州市举办以“放心农资进万村千乡，质量兴农保消费安全”为主题的“渔资打假”下乡活动暨水产品质量安全专项整治行动。

5. 渔业资源及环境保护

打击电鱼行动强力推进。迅速贯彻落实农业农村部办公厅《关于开展打击电鱼活动专项执法行动的通知》精神，专题研究部署打击电鱼专项执法，并将其作为推进水域生态文明建设和乡村振兴战略实施的重要内容，精心谋划、周密部署、强力推进。部署开展为期一年的“亮剑 2018－9”打击电、炸、毒鱼专项执法行动，全省共查获电鱼案件 320 宗，移送司法机关案件

48 宗。

清理整治违规渔具行动扎实有效。以打击严重违反国家规定渔具网目尺寸标准，地拉网、滩边罟、迷魂阵等禁用渔具为重点，组织开展“清网”专项行动，坚决做到发现一起、拆除一网、巩固一地。在“亮剑 2018—3”专项执法行动中，一举查获违反网目尺寸的渔船 44 艘；闸坡大队创新整治方式，雇请专业起网船清除海中定置网，取得较好的效果。

统筹优化养殖布局。以环境承载力和养殖容量为基础，省、市、县三级同时开展养殖水域滩涂规划编制发布工作，划定养殖区、禁养区和限养区。大力推进养殖方式转变，推广标准化健康清洁养殖模式，创建农业部水产健康养殖示范场 327 个。

6. 渔业互助保险

2018 年，全省共计有 10.74 万名渔民参加人身平安互保，人保会费收入 7637.26 万元，渔民人身互保人均保额达 33.17 万元；8885 艘渔船参加渔船财产互保，船保会费收入 4130.14 万元，合计会费收入 1.17 亿元，承担渔业风险保障金额 398.62 亿元。理赔服务方面，共办理结案理赔案件 830 宗，给付互助补偿款 3685.85 万元；慰问补偿 23 宗，给予慰问金 58.70 万元；未决理赔案件 158 宗，预估应付互助补偿款 350 万元。全年已决及预估互助补偿、慰问三项合计 4094.55 万元，简单理赔率 35%，有效助力渔民群众减灾减损、恢复生产。

一是完成南沙渔业涉外互助保险中央财政保费补贴的给付。9 月下旬，受原省海洋与渔业厅委托，互保协会在广东省实施南沙渔业涉外互助保险保费补贴工作。全年共计承保南沙生产渔船 339 艘、渔民 2723 人，给付补贴 1576.39 万（其中，财政补贴 498 万元，互保协会补贴 1078.39 万元）。

二是全力推动政策性渔业保险实施方案出台。11 月下旬，《广东省政策性渔业保险实施方案》和《广东省水产养殖保险实施方案（试行）》获得省政府批复同意。2019 年 1 月中旬，省农业农村厅、省财政厅和中国保险监督管理委员会广东监管局联合印发《关于联合印发〈广东省政策性渔业保险实施方案〉和〈广东省水产养殖保险实施方案（试行）〉的通知》，标志着广东省渔业保险工作实施进入倒计时，渔民参加渔业保险将获得更大实惠，在渔业防灾减灾工作中将产生积极的作用。

三是切实做好理赔服务，为渔民群众保驾护航。9 月中旬，超强台风“山竹”袭击广东，给沿海渔民的生活生产造成重大损失。台风过后，互保协会迅速启动大灾应急理赔机制，制订勘查定损、打捞救助和预付赔款等方案；安排工作人员主动致电渔民会员询问受灾情况，并指导帮助出险渔民会员准备理赔资料；派遣工作组赶赴灾区，克服停水停电、通讯不便等困难，为受灾渔民会员提供现场理赔服务。同时开通绿色理赔通道，及时将互保补偿款交付给出险会员，共计为该次台风受损会员赔付超过 500 万元。此外，全年慰问补偿未达到理赔标准的渔民 23 宗次，给予慰问金共 58.7 万元，解决了经济困难渔民的燃眉之急。

四是做好渔民服务工作，提高渔民防灾减灾技能。组织渔民安全生产培训。5 月下旬，互保协会联合阳江市港澳流动渔民协会、闸坡港澳流动渔民协会在阳江市东平镇举办港澳流动渔船安全生产培训班，近 200 名渔民参训；6 月，在河源市东源县举办渔民互助保险暨渔船安全生产培训班，近 100 名内陆地区渔民参训；7 月，在潮州市饶平县多个渔港举办渔船安全生产培训活动，近 600 名渔民参加。向渔民群众赠送救生衣等水上救生设备。8 月，配合渔业主管部门做好安全生产管理，出资采购救生衣等水上救生设备共计 1000 多件，分别在汕尾、茂名滨海、阳江闸坡等地免费赠送渔民群众，为出海捕捞生产作业提供坚实的安全保障。

国家海洋局南海分局

【海洋灾害防御】

2018 年，国家海洋局南海分局认真贯彻落实《2018 年全国海洋观测预报减灾工作方案》要求，积极开展海洋观测、监测和预警报等海洋灾害防御减灾工作。

1. 海洋观测

观测业务规范化管理制度编制。完成《国家海洋局南海分局海洋站点观测工作规范》编写并通过评审。选择北海中心站作为试点进行试行，试行完成后将全面推行至各海洋站。《国家海洋局南海分局海洋站点观测工作规范》作为南海局海洋观测质量管理体系的重要组成部分，进一步提高观测工作标准化水平。

观测站（点）建设。完成珠海站验潮井迁建和湛江站验潮井复建。动工建设中心站 1 个、海洋站 5 个、测点 4 个及临时验潮站 13 个。

海洋站基准潮位核定。按照国家海洋局预报减灾司《全国海洋站基准潮位核定方案》要求，完成 35 个海洋站（点）基准潮位核定。

浮标和石油平台运维。年内完成更换汕尾南部、西沙、东沙和珠江口海域 4 套业务化浮标，回收、布放各 4 套浮标。开展浮标应急事故处置 4 个航次，浮标维护检修 6 个航次。完成更换 2 个石油平台观测系统。至年底，有 5 套 10 米浮标和 4 套 6 米浮标在海上正常工作，数据接收率达 89%。

开展汛前检查。按照国家海洋局《海洋站（点）观测业务检查考核办法》要求，完成五个业务中心、六个中心站汛前准备和观测业务开展情况的交叉检查，完成 35 个海洋站（点）自动化观测系统的现场检定、校准和检测；约 500 台（套）观测仪器设备和备品备件的检定、校准，确保汛期观测仪器、通信线路和供电防雷等设备处于良好运行状态。开展《压力式海啸浮标系统技术要求》《潜标观测技术规程》《海啸浮标作业规范》等多项行业标准起草制定，并通过相关专业机构审查进入报批程序。

加强设备管理及网络运维。做好潮位观测、GPS 观测、地波雷达、海况视频、应急备用电源等仪器设备和 11 套志愿船观测设备的运行维护，老化设备及时更换和维修。做好海洋观测数据传输专网运行维护，建立联动互动机制，搭建微信短信告警平台；采用远程巡检方式，及时发现故障、快速处置。完善应急期间值班保障制度，确保网络及数据传输稳定。

断面调查。完成南海北部冬季、春季、夏季和秋季 4 个航次的断面调查和资料处理、归档。开展南海中南部冬季和夏季 2 航次断面调查，冬季航次由于外事等原因，完成一半工作量后终止调查；夏季航次圆满完成调查任务外，还完成 8 套水下滑翔机的海上组网观测试验。

南极中山站海洋站建站调研。编写《中国第 34 次南极考察中山站海洋站调研报告》，完成汇交南极考察成果 34 次，并组织开展 2019 年第 35 次南极考察相关准备工作。

南海区观测数据传输网建设。新建观测数据传输网并替代原网络接入国家海洋信息通信地面网，包括新增链路专线、观测数据传输网重构、新旧网网络割接等。新增线路24条，建设站点23个。构建观测数据传输地面网整体安全体系、新建站点的基础网络及观测传输体系。

2. 海洋预报

做好常规及专项海洋预报。完成高性能机群扩容，提升了高性能计算和保障能力。数值预报产品以季为单位开展风、浪、海温要素预报检验。升级南沙三大岛礁海洋环境预报服务产品，增加潮汐要素预报，并通过广州海岸电台发布南海及岛礁预报信息，实现预报产品对南海海域船只和沿岸用户全覆盖。6月8日起，新增播报英文版南海海况预报，通过甚高频无线电话（VHF）等22个频道向海上船舶播发南海区海况预报和海洋灾害预警报，实现南海、印度洋及西北太平洋全覆盖，为外籍商船提供英文预报服务。

汛期海洋灾害应急防御及预报。细化完善工作方案和值班制度，理顺应急会商、海洋灾害预警报产品制作发布等流程，将责任落实到个人。年内完成南海海洋环境周预报52期，其中发布周预报单南海大面、茂名石化、江门、广海湾、黄岩岛和每周海况预报各52份，南海航空27份，大亚湾26份，珠江口海域赤潮发生条件预测5份；月预报12期，其中发布月预报单南海大面、茂名石化、江门、广海湾、黄岩岛和每月海况预报各12份，南海航空8份；完成国家法定节假日海况专题预报7期。

开展沿海重点保障目标精细化预报服务。继续做好大亚湾海域、广州港出海航道、台山香港惰性废料处置区3个重点保障目标的精细化数值预报工作，发布精细化预报329份，完成季度精细化预报检验评估报告。

海上搜救预报服务。年内处理海上搜救事件26起，提供搜救应急专报39期，参与“洋浦海事2018年搜救演习”并取得较好效果。全国海上搜救保障平台南海区节点运行正常。

积极为地方政府、三防机构提供决策服务。多次派员参加省防总、广州市三防办等沿海地方政府三防应急会商，积极为地方三防工作提供海洋预警报产品，与地方三防机构联合值守，实时提供预警报服务。年内发布海浪警报94期，风暴潮警报8期。

海洋预报行业标准编制。编写《滨海旅游度假区海洋环境预报标准》工作已完成调研、专家咨询、上报、专家评审、使用部门咨询意见等环节，并被作为技术标准正式下发国家海洋局各单位使用。在此基础上编写《滨海旅游度假区海洋环境预报规范》。

3. 海洋减灾研究

海洋灾害调查和评估。完成深圳、雷州和徐闻县（市）风暴潮风险评估和区划。开展惠州、汕尾、江门等地海洋灾害风险评估。完成雷州市、徐闻县和海南文昌县风暴潮灾害脆弱性评价。编制并发布《2017年南海区海洋灾害公报》。

首次开展裂流风险排查，成效显著。配合国家海洋局海洋减灾中心开展《滨海旅游区裂流灾害防御业务工作方案》《滨海旅游区裂流灾害风险排查技术规程》编制，完成13个重点滨海旅游景区海水浴场裂流风险排查；在南海分局微信公众号、中国海洋报、广州日报、南方都市报等媒体开展裂流知识宣传和相关工作报道；在裂流灾害风险比较高的三亚市、陵水县、万宁市和琼海市选取沙滩设立科普警示牌7个，发放宣传册200多册，宣传效果良好。

海洋灾害承灾体调查成果审查。完成广东、广西、海南、深圳海洋灾害承灾体调查成果汇总上交。

海洋防灾减灾宣传。通过短信客户端、网上海洋科普馆、微博、微信等平台宣传海洋灾害科普知识。在5·12防灾减灾日和6·8海洋宣传日期间，发放海洋宣传手册及举办海洋讲座，向广大人民群众和青少年宣传海洋知识、海洋环境保护、海洋法规和海洋资源利用与保护等基本知识。

广东省生态环境厅

【环境保护措施】

1. 领导重视，推动生态文明建设

全省环保系统深入学习贯彻中共中央总书记、国家主席、中央军委主席习近平生态文明思想，切实增强做好生态环境保护工作的责任感，全力推动生态文明建设。2018 年，是广东省生态文明建设和生态环境保护事业发展史上具有重要里程碑意义的一年。6 月 19 日，中共中央政治局委员、省委书记李希出席会议并讲话，省长马兴瑞主持会议召开全省生态环境保护大会暨污染防治攻坚战工作推进会，要求认真落实全国生态环境保护大会精神，进一步加强生态环境保护工作，坚决打好打赢污染防治攻坚战，抓好中央环境督察整改落实，推动广东生态文明建设迈上新台阶。同时把生态文明建设作为新时代广东改革发展重大任务抓紧抓实，并纳入省委“1 +1 +9”重点工作进行部署推动。年内，省委书记李希主持召开省委常委会会议、书记专题会议 16 次，书记、省长分别挂点督办茅洲河、练江等两条重污染河流的整治工作，全力推动解决“硬骨头”问题。省长马兴瑞主持召开省政府常务会议、工作会议 15 次，专题学习贯彻习近平生态文明思想，研究部署推动广东省生态环保工作。省领导相关负责人员结合分管工作或挂点安排，多次深入基层一线调研了解重点环境问题整治工作。各地各部门把生态环境放在更加突出的位置，领导带头抓、带头干，“党政同责、一岗双责、权责明晰、齐抓共管”的生态环境保护工作格局不断强化，全省形成打好污染防治攻坚战的良好氛围。

2. 高标准推进环保督察整改，生态环境保护党政同责、一岗双责进一步压实

一是大力推动第一轮中央环保督察整改落实。整改方案明确的 43 项任务全部按计划推进，其中 13 项整改任务整体完成，256 项具体措施中有 106 项整体完成。中央督察组交办的 4403 件案件已基本办结。

二是全力配合中央环保督察组顺利完成整改“回头看”和固体废物环境问题专项督察。倾全省生态环境系统之力配合做好中央环保督察组开展工作，推进督察发现问题边督边改、立行立改，督察组交办案件办结率达 99. 34%。“回头看”反馈意见后，积极沟通对接，科学合理制定《广东省贯彻落实中央环境保护督察“回头看”及固体废物环境问题专项督察反馈意见整改方案》，省委、省政府及时审定并报送国务院。就中央环保督察整改工作，广东省被认为是第一批“回头看”10 个省（市、区）中“好中最好的”。

三是大力推进省级环保督察。将中央环保督察反馈问题整改情况及国家部署的集中式饮用水水源地、城市黑臭水体整治、“绿盾 2018”等专项行动整治任务纳入省级督察内容，完成对全省 21 个地级以上市的首轮省级环保督察，累计向地市交办案件 6877 件，已办结 6461 件，生态环境保护主体责任进一步压实。

3．着力强化蓝天保卫，持续改善环境质量

一是大力压减燃煤。全省城市建成区基本完成燃煤锅炉清洁能源改造，实施生物质锅炉排查和治理1592项，按照最严要求管理的高污染燃料禁燃区面积达210万公顷。优化整合燃煤电厂，陆续关停瑞明电厂、汕特燃机和坪石发电厂等合计156.5万千瓦燃机机组。

二是加强工业污染整治。全省排查“散乱污”工业企业（场所）10.7万家，完成整治约5.6万家。在钢铁、石化、水泥行业大气污染物排放实施特别排放限值。组织专家技术团队指导重点地市强化臭氧污染防治和挥发性有机物（VOCs）减排，完成工业挥发性有机物治理952项，油气回收项目整治206个。

三是积极推进电动公交车及其他新能源汽车。全省新增纯电动公交车17456辆，较上年增加260%，电动化率达81%，其中深圳、广州、珠海3市实现100%电动化。开展清洁油品行动，提前供应符合广东蒸气压要求的国VI车用燃油，深圳市成为国内最早对轻型汽油车实施国VI排放标准的城市。

四是加强污染天气应对。定期开展空气质量会商分析，全年共启动重污染天气应急响应11次，Ⅱ级13城次，Ⅲ级47城次。圆满完成2018年博鳌亚洲论坛会议、第十五届运动会暨第八届残疾人运动会期间空气质量保障工作。中山市建设“片警＋巡警＋特警”大气环境质量预警应对管理体系。云浮市强化重要节假日空气质量保障，除夕夜间至年初一早上实现城区“零炮声”，春节期间空气质量优良率100%。

4．全面深化碧水攻坚，挂图作战、系统治水取得新突破

一是大力推进全流域系统治污。在珠三角水污染防治协作小组的领导和统筹协调下，协同推进上下游、左右岸、干支流的全流域治理。强化茅洲河、练江、广佛跨界河流等重点流域和重点国考断面水质达标攻坚，各有关市分别制定实施攻坚方案，省生态环境厅组成7个督导组每月驻点督导，以国考地表水断面水质达标全面带动流域水环境质量改善。大力推动污水处理设施建设，全省新增生活污水处理能力159.2万吨，新建成配套管网近8000公里，推动新增完成185个黑臭水体整治。

二是强化饮用水源保护。强力推进集中式饮用水水源保护区“划、立、治”工作，协调指导各地级以上市对划定不符合法律法规的饮用水水源地保护区进行系统优化调整，完成全省县级及以上城市集中式饮用水水源环境状况评估，加强饮用水水源地规范化建设。全省累计投入资金84亿多元，全面完成列入今年考核要求的925个饮用水源地环境问题清理整治，拆除取缔关闭工业企业377家、旅游餐饮191家，拆除无关建筑110.6万平方米，搬迁居民住户754户。

三是扎实推进海洋污染防治。组织开展入海污染源和排污口排查，向存在入海排污口超标排放的东莞、茂名、汕头和珠海等市政府发出督促整改函，各有关市按要求均开展整改。推进惠州大亚湾海域入海污染物总量控制制度试点，在深圳、惠州、湛江3市及汕头市南澳县、茂名市电白区等地启动“湾长制”试点。

5．扎实推进净土防御，加快补齐环境治理短板

一是扎实推进土壤污染防治。全力推进土壤污染状况详查，完成近3.8万个土壤样品、6198个水稻样品采集检测，并制定农用地土壤污染面积与分布“一张图”“一张表”，成果集成工作走在全国前列。稳步推进重点行业企业用地调查，全省基础信息调查完成比例达93%。强化土壤环境风险管控，推动韶关大宝山矿区、汕头贵屿等重金属污染整治取得实际成效，区域环境面貌显著改善。

二是全面推进固体废物污染防治。印发广东省固体废物污染防治三年行动计划，发挥国有企业优势，加快推进固废处置设施建设，全省新增危险废物利用处置能力28.12万吨/年。开展固体废物企业“三个一”专项工作，14281家固体废物相关企业签署《企业固体废物规范管理承诺书》。制定禁止“洋垃圾”入境，推进固体废物进口管理制度改革2018—2020年工作方案，完成国家下达任务。建立粤桂跨省非法转移危险废物联防联控合作工作机制，妥善应对多起固体废物跨省非法转移倾倒案件。

三是深入推进农村环境保护。组织编制农业农村污染治理攻坚战行动计划实施方案。加强农村饮用水水源地保护，开展乡镇及以下水源保护地信息调查。全省有121个县（市、区）均划定畜禽禁养区，禁养区内共关闭和搬迁养殖场4.98万个。

6. 严格环境执法和风险防控，有效保障环境安全

一是加大环境执法力度。组织开展狮子洋周边区域大气污染防治督查、重点流域专项督查，积极运用无人机、无人船辅助环境执法，在重点区域探索使用区域气体全自动航测、水环境监测溯源等技术，环境执法监管精准性和实效性明显提升。全省出动执法人员21万多人次，检查企业8万多家，发现环境风险隐患604项，关闭取缔企业398家。全省立案查处环境违法案件近2.2万宗，罚没款金额17.23亿元，实施按日计罚案件88宗，查封扣押案件2138宗，限产停产案件392宗，移送行政拘留案件671宗，移送涉嫌环境犯罪案件564宗，行政处罚案件数量在全国位居第一，执行配套办法案件数量和作出行政处罚罚没款金额在全国位居第二。

二是加强核与辐射安全监管。成功举办广东省第十次核事故应急演习。推动新建核电建设，做好应对超强台风“山竹”核应急措施，有效保障核电安全和涉核舆情平稳。组织开展伴生放射性矿开发利用企业和高风险放射源专项检查，全年未发生辐射安全事故。

三是扎实做好信访维稳。牵头组织做好涉环保项目“邻避”问题防范与化解，各地排查上报的57个存在环境社会风险项目均未发生群体性事件，一批重大环境社会风险项目平稳落地。全省生态环境系统共办理信访举报案件30.4万多件，厅领导包案督办重点环境信访案件13宗，落实属地领导包案66宗，有效解决一批群众反映强烈的环境突出问题。解决群众信访诉求考核为100分。

四是加强环境应急管理。组织开展环境安全专项检查，全国第一批化工园区南沙小虎岛、惠州大亚湾有毒有害气体预警体系全部建成并投入试运行。承办全国环境应急管理工作暨化工园区有毒有害气体环境风险预警体系建设试点工作推进会。妥善处置37起突发环境事件。

7. 优化环保引导调控，推动经济高质量发展水平不断提升

一是强化生态环境分区管控。完成珠三角战略环评，省政府联合生态环境部印发实施《关于促进广东省经济社会与生态环境保护协调发展的指导意见》。稳步推进编制“三线一单”，生态保护红线划定方案已通过国家审核，形成全省生态保护红线“一张图”。

二是全力服务重大项目建设。加快推进重大石化、交通基础设施等项目环评审批，完成新建汕头至汕尾铁路、沈海高速公路改扩建工程、揭阳潮汕机场扩建工程等一批重大项目环评审批，中委广东石化2000万吨/年炼油、惠州埃克森—美孚、湛江巴斯夫等项目环评工作有序推进。

三是深化区域联防联治。深入推进粤港澳区域大气污染联防联治，签署《粤港澳珠江三角洲区域空气监测网络数据管理及发布平台合作协议书》。深化流域横向生态保护补偿，根据水质考核结果分别向福建和江西两省拨付生态补偿资金1亿元和2亿元，签订新一轮汀江—韩江流域及九洲江流域上下游横向生态补偿协议。

四是积极开展生态文明示范区创建。深圳市大鹏新区、坪山区、罗湖区和惠州市龙门县及佛山市顺德区5个县区被授予为第二批国家生态文明建设示范市县；珠海市横琴新区、湛江市徐闻县、汕头市南澳县、惠州市和深圳大鹏新区等5个国家级海洋生态文明示范区建设取得明显成效。韶关市成功入选全国山水林田湖草生态保护修复工程项目试点省市。

8. 深化环保领域改革创新，生态环境管理体制机制持续优化

一是扎实推进生态环境机构改革。按时完成省生态环境厅挂牌等相关工作。省生态环境机构监测监察执法垂直管理改革方案通过生态环境部备案，筹备设立省生态环境保护监察办公室和派驻督察机构。

二是持续深化生态环境保护目标责任制。修订完善《广东省环境保护责任考核办法》和指标体系，制定《2018年度广东省环境保护责任暨污染防治攻坚战考核实施方案》，围绕水、气、土、固废4大重点领域攻坚目标任务，针对国考省考断面中“最难啃的骨头”加大考核权重，增设环境质量加分扣分项，强化“奖优惩劣”激励机制。

三是积极探索生态环境市场化机制。出台生态环境损害赔偿制度改革实施方案和相关制度。深化碳排放权交易试点，连续四年实现100%履约率，全省碳排放交易市场累计成交配额9374万吨，成交金额18.60亿元，成为国内首个配额现货交易额突破15亿元试点碳市场。

9. 深化生态环境基础性工作，污染治理支撑保障能力明显增强

一是全面开展污染源普查及入海污染源摸查。完成全省64.7万家企业和单位污染源普查前期准备、清查和入户调查阶段工作。开展入海排污口核查，加大入海污染源、入海河口等监测力度，监测排污口从73个增加到141个。

二是优化生态环境监测网络。初步建成华南区域空气质量预测预报中心、环境监测质控中心和土壤样品制备与流转中心，国家环境保护区域空气质量监测重点实验室通过生态环境部验收。积极配合国家推进地表水环境质量监测事权上收工作，完成70个国家地表水考核断面水质自动监测站建设。建设全省水环境信息管理与应用集成系统，实现全省水环境信息“一张图，一张表”。印发实施《关于深化环境监测改革提高环境监测数据质量的实施方案》，开展环境监测机构监测数据质量专项检查。

三是深入开展生态环境宣传教育。充分利用微信、报刊等平台以及通过新闻发布会等形式，对中央环保督察、茅洲河治理、练江整治、饮用水源保护和“清废”行动等进行专题报道。开设“一图一故事”栏目，真实、自然、有感情地讲述环保人自己的故事。成功举办第三届广州·世界青少年环保交流大会、首届绿色生态（花都）论坛、“南粤绿色大讲堂”等活动，培育了一批具有广东特色的“绿色社区”和“环境教育基地”。潮州市开展韩江市区段“一江两岸”四堤综合整治工程，举办“万人巡河”等系列活动，推动全民参与韩江保护。

广东省林业局

【林业有害生物防治】

2018年，林业有害生物防治工作紧紧围绕绿色发展总体布局，全面落实国家林业局和省委、省政府决策部署，服务乡村振兴战略和全省林业生态建设。及时处置松材线虫病疫情，进一步落实防治责任。全省各级林业行政主管部门严密疫情监测，及时灾害预警，测报准确率90.18%；严格植物检疫，大力查处违规调运行为，阻截疫情传播，种苗产地检疫率100%；推进绿色灾害处置，减轻灾害损失，全省实施林业有害生物防治作业面积38.36万公顷次，无公害防治作业面积34.18万公顷次，防治率89.09%，全面完成了国家林业局下达的防治目标任务。

1. 压实目标任务

推动各地以《2015—2017年重大林业有害生物防治目标责任书》履责存在问题整改为契机，将林业有害生物成灾率、防治目标完成情况纳入森林资源保护和发展目标责任考核评价体系，建立健全防控工作挂钩联系、第三方评价、督查通报和约谈等工作机制；落实松材线虫病督查督办制度，督促相关单位开展应急除治和检疫等，下达疑似疫情核查通知，确保疫情及时发现。广州落实部门协作机制，实行防治进度通报，严格防治成效验收；深圳推行薇甘菊防治成效三年承包，委托第三方评价机制；东莞、中山探索产地踏查、灾情监测向社会购买服务；各地积极争取本级财政投入防治资金，大力推行专业化统防统治，确保年度目标任务如期完成。

2. 加强疫情监测

建立健全林业有害生物监测预报体系，推行疫情监测网格化管理，监测责任落实到护林员。调整优化国家级中心测报点，健全规章制度，加强业务指导。全省43个国家级测报点共上报虫情动态260次，上报短期预报151次。制定印发松材线虫病疫情集中普查方案，组织开展松材线虫病疫情春季集中普查和秋季普查。安排专业技术人员挂点联系市、县，及时对各地新发现疫情进行复核，委托广东生态工程职业学院鉴定各地采集样品。各地采用空中无人机，地面护林员，开展全面监测调查，及时发现枯死松树并采集样本，增强监测覆盖度，确保全面排查疫情。全省共实施普查238.22万公顷，占全省松林面积的99.39%，发现枯死松树36.02万株，取样检测鉴定近9000株。在广东卫视天气预报栏目中播发林业有害生物灾害预警；肇庆市广宁县于4月初发布黄脊竹蝗卵孵化期预报信息；雷州市于6月和9月分别发出薇甘菊发生防治通知；茂名市电白区发布广州小斑螟和榕树食叶害虫监测警示，为基层和林农提供生产性防治预报。

3. 严格检疫监管

完善林业有害生物防治权责清单，完成政务服务事项实施清单“十统一”标准化梳理，修改、补充和完善实施清单要素，推进林业防治检疫“互联网+政务服务”标准化、规范化。严格国外引种检疫审批，健全风险评估和检疫追溯体系，完成普及型隔离试种苗圃资格认定2家和进境新品种风险评估6个，检疫审批进口林木种子42.71万千克、花卉443.63万株。加强行政许可事项事前、事中、事后监管，新认定疫木变性安全利用企业8家。组织开展松材线虫病安全利用定点企业全面清理检查，强化隔离试种苗圃和疫木安全加工企业跟踪服务。在佛山市顺德区、南海区实行引进苗木检疫追溯，健全许可事项巡查监管记录，发现问题及时责令整改。进一步规范《植物检疫证书》核发管理，做好新版证书启用宣传和旧版证书回收销毁。推动市县全面开展产地检疫，调运检疫和检疫复检。严格检疫案件跟踪查办，借助网络版林业植物检疫管理信息系统，综合分析调入本辖区的松木及其制品数量和来源。积极开展检疫复检和查处违规调运，阻隔有害生物传播扩散，严防疫情入侵与扩散。广州、佛山、惠州、湛江等市多次组织开展检疫执法行动，雷州、封开、翁源、英德等市及时开展检疫复检，广州、中山等市试点推行产地检疫社会化，湛江市、茂名市联合开展检疫执法。全省实施产地检疫面积1.20万公顷，种苗产地检疫率100%。调运检疫苗木5.95亿株、木材701.34万立方米、花卉1154万株；检疫复检苗木1491.51万株、木材27.86万立方米，处理违章案件51宗，有力打击了违法违规调运行为。

4. 及时处置灾害

省松材线虫病防治指挥部及时向19个新发疫区下达紧急除治通知，编制印发国家林业和草原局松材线虫病防治工作督办意见的整改方案。省林业局向各地下达松材线虫病、薇甘菊等防治任务，无偿调拨应急防治药剂30多吨、疫木粉碎机5台和先进防治装备一批，督促指导各地抓紧防治关键时机，提高防治时效性和有效性。各地科学编制防治方案，以松材线虫病、薇甘菊防治为重点，以区域化联防联治、专业化统防统治为抓手，抓住春、秋季防治关键时机，规范除治措施，科学开展防治工作。各地结合本地实际开展病死树清理除害、飞机防治、挂放诱捕器和树干注药等措施防治松材线虫病，防治作业面积15.28万公顷次；采用寄生蜂、生物制剂和仿生物农药等绿色环保措施防治薇甘菊、松突圆蚧、松毛虫、竹蝗和尺蛾等，防治作业面积23.09万公顷，主要林业有害生物灾害控制在损害水平以下。

5. 推进联防联治

完善区域联防，继续参与粤桂琼防治协作，参加联防联治工作会议。组织开展粤赣联防协作，在江西召开粤赣联防协作会议，交流防治工作情况；协调防治行动、全面推进粤桂琼、粤赣边界松材线虫病防治与预防、林业植物检疫等。与上海、浙江协作编制《普及型国外引种试种苗圃建圃规范》国家林业行业标准，规范进境植物隔离防疫基础设施建设。强化部门协作，会同广东出入境检验检疫局开展“国家安全日”国门安全宣传，联合加强进境植物检疫监管，开展“林安”行动等；协同广东气象部门在广东卫视天气预报栏目开展林业有害生物预报预警信息。推动省内区域联防，广州市与企业签订疫木检疫监管承诺书。河源、惠州2市实施边界飞机防治松材线虫病，湛江、茂名2市联合开展茂湛交通沿线薇甘菊防治，江门市各县（市、区）统一时间开展薇甘菊防治行动，防治合力初步形成。

6. 强化防治督导

核查、通报各地级以上市《2015—2017年重大林业有害生物防治目标责任书》履责情况。4月，结合国家林草局督导新发疫区县松材线虫病除治开展专项督导，推动各地进一步加强防治工作。5—10月，认真落实国家林草局督导发现问题持续整改，制定印发工作方案，组织华南农业大学、省林业科学研究院专家和相关工作人员，不定期深入基层和防治现场进行专项督导，督促指导各地全面贯彻落实督办意见，实现科学防治。11月，组织开展专项督查，由分管局领导带队，全面检查、推进防治工作。广州、韶关等地及时通报各地防治工作进展，严格按照时间节点推进防治工作，确保防治任务完成。各地进一步落实防治责任、强化疫情监测、优化防治措施和严格检疫监管，不断提升防治成效。

7. 积极开展宣传和培训工作

借助林业政务和森防专业信息网、森防工作简报等平台，及时报导各地好的经验和做法、森防先进典型。配合重大有害生物除治和林业检疫执法专项行动，拍摄防治专题片，充分利用电视、广播、报刊等新闻媒体开展广泛宣传。组织开展疫木粉碎处理和树干注药防治松材线虫病等新技术示范与推广，并在广州、河源等地举办疫木粉碎技术培训班 3 期和树干注药培训班 1 期，增强基层防治工作的科学性。组织开展林业植物检疫执法培训班，通过现场情景式演练，提高植物检疫执法水平。协助国家林业局举办全国森防宣传工作会议暨培训班和全国森防行业站长培训班。进一步强化技术研发，组织华南农业大学、广东省林科院等单位研究疫木山场处理技术，委托专业防治公司开展松材线虫病综合防治示范等。

广东省水利厅

【水土保持措施】

1. 根据规划开展水土流失治理

2018 年，广东省共治理水土流失面积 1191.97 平方千米，其中坡改梯 80.99 平方千米，种植水保林 349.26 平方千米，种植经果林 4.57 平方千米，种草 221.63 平方千米，封禁治理 484.05 平方千米，其他措施治理 51.48 平方千米。有效改善了治理区人民群众的生产生活环境。

2. 依法依规开展水土保持监督管理

1 月，《广东省人民政府关于将一批省级行政职权事项调整由各地级以上市实施的决定》（粤府令第 248 号）发布，将省级实施的"市辖区内不涉及跨市级行政区划的生产建设项目水土保持方案审批"事项（不包含水利部下放后由水利厅承接的事项）下放由各地级以上市水行政主管部门实施。2018 年，全省生产建设项目水土保持方案审批共计 2405 宗，其中省批项目 38 宗，市批项目 641 宗，县（市、区）批项目 1726 宗。组织各级水行政主管部门对 2 万多个生产建设项目的图斑进行全面现场复核检查。对在建生产建设项目开展水土保持监督检查 11094 次，其中现场检查 10354 次、书面检查 740 次，有效控制了生产建设项目人为水土流失。

广东省卫生健康委员会

【突发急性传染病防控】

一是继续做好禽流感疫情防控。推动 H7N9 源头防控工作，联合原省农业厅印发《广东省活禽经营市场临时性休市指导意见》，明确“发生 H7N9 病例”等 4 种强制性休市情形时全县休市 21 天。广州、珠海等 7 个地级以上市均扩大活禽经营限制区范围；佛山、东莞等 7 个地级以上市将流行季节休市时间延长为 3 天及以上。全年排查流感样、重症肺炎和不明原因肺炎病例 30587 例，发现报告 H7N9、H5N6 病例各 1 例，H9N2 病例 4 例，病例均治愈，疫情得到及时、有效控制。

二是继续做好新发传染病技术储备和排查工作。针对世卫组织公布的 2018 年度传染病优先级研究的评估列表，完善拉沙热等 9 种新发传染病病原检测试剂储备，提升检验检测能力。联合海关等部门，排查来自疫区的埃博拉出血热、尼帕病毒病等可疑病例 19 例，发现处置输入性寨卡病例 1 例。湛江、汕尾等 5 个地级以上市开展现场鼠疫监测工作，未检测出鼠疫阳性标本，鼠防成果继续得到巩固。

三是有序有效处置突发公共卫生事件。2018 年，全省 16 个地级以上市共计报告一般及以上级别的突发公共卫生事件 30 起，发现并报告发病 2560 例，死亡 11 例。

【灾害事件应对】

1. 台风等自然灾害应对

8—9 月，先后遭受强降雨和台风“百里嘉”“山竹”等接连登陆袭击广东省。面对严峻的防灾形势，全省卫生健康系统坚决贯彻落实中共中央总书记、国家主席、中央军委主席习近平关于防灾减灾重要批示（指示）精神和中共中央政治局常委、国务院总理李克强批示要求，发挥连续作战的精神，认真做好各项紧急医学救援和灾后防病工作，未发生因洪涝灾害导致传染病聚集性疫情和突发公共卫生相关事件，确保灾后无大疫。省卫生健康委于 7 月 26 日和 9 月 13 日先后印发《进一步做好防汛抢险防台风卫生应急工作的通知》，并多次召开防汛防台风防疫视频会商会议，对灾后防疫工作进行再部署。台风影响期间，全省卫生健康系统共派出医疗、防疫和监督队伍 1558 支共计 15131 人次，救治受伤人员 2243 人（轻伤为主，18 人为重伤），消杀面积 3736 万平方米；开展饮用水监测 916 份，监督水厂 329 间，二次供水点 200 个，学校 220 间，发放救灾防病宣传资料 117 万份。省卫生健康委组织 6 个督导组，由委领导带队分赴灾情最严重的阳江、江门等 12 个地级以上市开展督导。先后共调拨 4 批价值约 310 万元的应急救灾物资，组织安排发送到受灾较严重的地区，包括消毒药物 3400 箱、杀虫药物 429 箱、消毒器械 65 台、应急携行装备 50 件。

2. 突发事件紧急医学救援

2018年，先后发生宝武钢铁集团韶关钢铁厂煤气泄漏中毒、佛山市地面坍塌事故、清远市清城区石角镇火灾事故、汕尾陆丰市交通事故等多起突发事件。根据省委、省政府领导批示，省卫生健康委及时组派中山大学附属相关医院、省人民医院等医疗单位专家赶赴现场，积极协助当地开展紧急医学救援，有力保障了人民群众生命安全。汕头市依托市第二人民医院挂牌成立"汕头市应急医院"，与省应急医院（省第二人民医院）签订协议并建立医联体关系。先后共举办演练培训10多场，培训人员达1200多人次。

3. 开展卫生应急"五进"活动

省卫生健康委根据国家卫生健康委统一部署，国家（广东）紧急医学救援应急队分赴珠海市高新区人民医院和清远市阳山县杜步卫生院开展"服务百姓健康行动"大型义诊活动。共为528名当地群众提供诊疗活动，累计免费发放药品2万多元，进行心电图、B超等检查97人次。国家（广东）突发急性传染病防控队先后派出11批次、61人次深入汕头、阳江和湛江等灾（疫）区开展历时1个多月公共卫生风险评估和驻点救援。

广东省海上搜救中心

【海上人命救助简况】

2018年，省海上搜救中心共接报有关海难事故375宗，2996人遇险；协调组织派出参与救助船舶1172艘次、飞机55架次；救起遇险生还者2905人，搜救成功率为96.96%。

【搜救措施】

1. 加强“一案三制”建设

1月，省海上搜救中心跟进落实省政府办公厅签报“关于进一步提升海上防热带气旋应急能力会议”具体任务的部署，研究提出广东省海上应急救助力量配备方案，按省政府要求征求各地市政府和各搜救分中心的意见。

2月6日，省海上搜救中心常务副主任、广东海事局局长陈毕伍率督导组到琼州海峡北海岸督查客滚运输船舶春运安全工作。

4月10日，省海上搜救中心常务副主任、广东海事局局长陈毕伍主持召开广东省船舶防台应急锚地规划建设方案专题研讨会。

4月17日，由交通运输部安全总监成平带队来粤检查督导防台风工作，在湛江召开防汛防台风检查工作汇报会。

5月14日，国家行政学院应急管理培训中心副主任刘钊一行到省海上搜救中心和广东海事局调研广东省海上应急管理体制及防台风应急工作。

5月23日，交通运输部应急办主任智广路带队到广东海事局调研2018年防汛防台风工作。

6月7日，省海上搜救中心派员参加省地震局举办的地震应急演练，按要求参与演练方案的制定和演练预演。

7月3日，由交通运输部海事局主办，广东海事局承办的澜沧江——湄公河海事与搜救培训班在广州开课。来自柬埔寨、老挝、缅甸、泰国和越南等东盟五国40名学员参加为期22天的培训，这是中国首次为澜沧江——湄公河流域国家举行海事与搜救业务培训。

7月15—27日，省海上搜救中心在武汉理工大学举办2018年广东省海上搜救协调员培训班。

7月18日，2018年省海上搜救中心成员会议暨海上船舶海港防热带气旋工作会议在广东海事局召开。副省长、省海上搜救中心主任陈良贤出席会议并讲话。

8月7—29日，省海上搜救中心副主任、广东海事局副局长黄斯深率队深入汕尾、揭阳、汕头、潮州、珠海、阳江和湛江等地，开展防台风防汛暨安全大巡查“隐患清零”行动督查。

8月23日，省政府办公厅印发《广东省人民政府办公厅关于调整省海上搜救中心成员的通知》。

9月5—7日，由国家发改委基础产业司副司长周小棋任组长，由国家发改委、交通运输部、生态环境部、中国海洋石油集团等单位组成的督导组，深入广州、惠州、湛江3市开展《国家重大海上溢油应急能力建设规划（2015—2020年）》落实情况专项督导。

9月26日，省海上搜救中心印发《广东省海上搜救中心关于加强重点区域船舶禁限航信息通报的通知》。

11月28—30日，中国海上搜救中心副主任李国平一行，到广东省开展海上搜救工作实地调研，调研组走访了省政府办公厅、南部战区联合参谋部、湛江海上搜救分中心，以及乘坐“海巡0930”实地调研珠江口、港珠澳大桥水域。

12月19日，广东海事局船舶交通服务流动工作站（广州站）在广州海事局正式挂牌成立。

2. 做好热带气旋预防预警

2018年，省海上搜救中心成功组织防抗“艾云尼”“贝碧嘉”“山竹”“百里嘉”等热带气旋。防台期间，各级海（水）上搜救中心共出动8032人次参与值班和一线执法及抢险，派出执法船艇1054艘次，出动车辆1286车次，组织和指挥船舶15259艘次进入安全水域避风，利用VTS系统（即船舶交通管理系统）、AIS系统（即船舶自动识别系统）、海事网站、海岸电台等途径发出预警信息25万多条；共处置险情10宗，109人遇险，成功救助108人。

3. 强化沟通合作机制

5月15日，国际海上救助联盟前主席迈克·乌拉斯托在交通运输部原安全总监宋家慧、交通运输部东海救助局副局长章荣军陪同下，到省海上搜救中心和广东海事局进行海事工作调研指导。

9月4日，澳大利亚海事局局长 Mick Kinley（米克金利）先生和澳驻华使馆交通运输参赞 Yin Qian（钱硷）博士一行到广东进行海事工作调研。省海上搜救中心常务副主任、广东海事局局长陈毕伍会见交流陪同。

9月16日 防御强台风“山竹”期间，副省长、省海上搜救中心主任陈良贤到广东海事局指挥中心（省海上搜救中心），检查督导并指挥广东省水上防台风工作。

9月17日上午，省委、省政府主要领导在省委应急指挥中心召开视频会议，听取防御台风“山竹”工作和受灾情况汇报。广东海事局局长陈毕伍汇报了广东省海上船舶防台工作情况。

【成功搜救典型案例】

1. 成功处置沉没的“博运868”自卸砂船

1月1日3时，“博运868”（船长59.5米、宽16.5米，总吨991吨，船员9人）与“振东628”（船长72.8米、宽15.2米，总吨1572吨，船员10人）两艘自卸砂船在东莞江水道河口1#灯浮水域发生碰撞。事故造成“博运868”船进水沉没，船上9人在沉没前乘坐救生筏安全离开；“振东628”船右舷首间舱受损严重，未造成人员伤亡及水域污染。“博运868”沉没后随潮水向下游（珠江主航道）漂移，威胁主航道航行安全。险情发生后，在省海上搜救中心指导下，东莞市水上搜救分中心与广州市海上搜救中心全力参与抢险救援。4日20时50分，“博运868”被整体打捞出水；5日11时10分，该船移至东莞齐沙水域停放，险情解除。由于沉船打捞处置工作快速有效，未造成次生事故发生。

2. 救助3·28东莞沙角附近水域落水人员

3月28日19时12分，“樱桃”滚装船（巴拿马籍，船长199.97米，总吨59525吨，装载砂石 3500 吨）与“辰昌 332”自卸砂船（惠州籍，船长 83.85 米，总吨 2746 吨，船员 12 人）在珠江口东莞沙角附近水域锚地发生碰撞，事故造成“辰昌 332”船翻沉，船体断裂，船首货舱部分倒扣在水面上，船尾部分沉没，船上 12 名船员全部落水。“樱桃”共有 21 名外籍船员，无人员伤亡，船体轻微擦损。19 时 30 分，广州市海上搜救中心接报后，立即协调广州船舶交通管理中心对事发水域实施临时交通管制，播发航行警告，防止发生次生事故；协调派出“海巡 09080”“海巡 09079”“海巡 09118”前往应急处置；协调南海救助局、广州打捞局、广州港股份有限公司、广东港航环保科技有限公司和东莞市航通打捞航务工程有限公司等单位派出救援力量前往现场处置。19 时 55 分，“海巡 09080”成功救起 1 名落水人员，随后附近船舶救起 8 名落水人员。4 月 2 日，3 名遇难者遗体在广州南沙龙穴岛附近水域被找到。

3. 救助钓鱼渔船上的落水人员

7 月 13 日 24 时 52 分，在揭阳靖海电厂外约 14 公里海域处，一艘钓鱼渔船翻沉，船上 5 人落水。揭阳市海（水）上搜救分中心接报后，立即启动应急响应，协调南海救助局、广东粤电航运有限公司分别派出“南海救 113”“粤电拖 8”赶赴现场参与救援，同时协调附近过往船舶开展搜救。7 时 56 分，救起 1 名落水人员；9 时 15 分，救起 2 名落水人员。18 日上午，在汕尾市陆丰县甲东镇附近海域找到 1 名落水人员尸体，另 1 人失踪。

4. 救助 2 艘木质船舶上 4 人

8 月 13 日早晨，茂名市电白区电城镇下村居委会下村 4 人乘 2 艘木质船舶（“粤茂滨渔 16022”和“粤茂滨渔 16043”）到博贺镇放鸡岛以南海域捕鱼，至 13 日 19 时 50 分未联系上，疑为失踪。茂名市海上搜救中心接报后，立即协调茂名市海洋与渔业局、茂名市公安边防支队、茂名海事局和中国海警三支队等单位派出力量赶往现场搜救，同时协调附近过往船舶搜救，并请求省海上搜救中心协调南海救助局派出“南海救 112”和直升机参与搜救。14 日 13 时 5 分，救助直升机从湛江机场起飞前往搜寻，在湛江市龙腾航道 5 号浮标南侧 4 海里处（东海岛正东 40 公里）发现目标，并指引过往船舶“德兴”联系渔船。随后在“德兴”轮护送下，最终两艘渔船安全到达湛江硇洲岛。

5. 救助“海洋石油 202”工程船

9 月 16 日 11 时，深圳海上搜救中心接到大亚湾海事局报告，工程船“海洋石油 202”（中国籍，船长 168.3 米、宽 46 米，型深 13.5 米，吃水 9 米，总吨 40529 吨，无动力起重、铺管船，主要从事海底管线铺设工作）在惠州大辣角岛以西水域锚泊，因受台风“山竹”影响开始走锚，漂移进入深圳辖区大亚湾 2 号锚地，船上共 73 人，急需救援。当时，深圳气象台发布台风红色预警信号生效中，深圳海事局已启动防台Ⅰ级应急响应；当地海域风力达 14 级以上，浪高 6 米以上。深圳海上搜救中心接报后，立即启动应急预案，协调华威公司、广州打捞局、中海油服和海洋石油工程公司等单位派出“海洋石油 681”（3.4 万马力）、“华虎”（1.5 万马力）和“德进”（1.5 万马力）等 3 艘大马力救援船前往援救；同时组织专家组对险情进行分析研判，制定处置方案，指导现场援救工作；并加强现场交管管制，播发航警，并对附近船舶进行提示警告。由于风浪过大，“海洋石油 681”“华虎”“德进”等均无法采取行动前去救援。12 时 30 分，“海洋石油 202”在核电站对开水域罗汉角附近岸边触底搁浅。17 日 3 时 2 分，台风已登陆，风力减小，由“华虎”拖带“海洋石油 202”成功脱浅，并拖往大亚湾 2 号锚地。最终人员安全，未发生油污染，未影响核电站运作。

广东省消防救援总队

【防灾减灾措施】

2018年，全省消防救援队伍严格落实应急管理部、消防救援局和省委、省政府决策部署，始终坚持上下同心、戮力攻坚，保持枕戈待旦、快速反应的备战状态。全年全省消防救援队伍共接警出动近11万次，出动指战员107.3万人次，营救遇险被困人员1.8万人。完成抗击“8·30”暴雨汕头洪涝灾害、超强台风“山竹”等抢险救援任务；圆满完成改革开放40周年纪念活动、港珠澳大桥开通仪式、珠海国际航展等消防安保工作，树立了南粤消防铁军的良好形象，赢得了广泛的社会赞誉。

1. 全力争取党委政府重视

中共中央政治局委员、省委书记李希就消防工作作出批示（指示），省长马兴瑞听取6次消防工作汇报，常务副省长林少春、副省长李春生作工作部署，并深入一线调研检查，有力推进火灾防控措施落实。省政府召开常务会议，专题研究火灾防控工作，立项出台《广东省消防工作规定》，组织开展消防工作实地督查和年度消防工作考核，消防工作责任有效压实。各级党委、政府对标省委、省政府要求，13个地级以上市召开市委常委会、市政府常务会议研究部署消防工作，27名地市党政主要领导带队检查消防安全，有力推进消防工作落实落地。

2. 积极推动部门责任落实

有效发挥消防安全委员会统筹协调作用，先后召开会议4次，印发文件13个，发出督办32份，组织联合督导6次，协调推进各行业部门对消防安全主动抓、主动管。推动法院、教育、民政、文化和旅游、保险等部门深化行业系统消防安全标准化管理，开展达标创建活动。联合民政部门着力解决“老旧”养老服务机构消防安全问题，获新华社内参摘编推荐。联合省教育厅推动创建“消防安全学校”86所。协调省国资委制定消防安全管理办法，规范所属企业消防工作。协调省市场监管局建立产品流向管理机制，强化电气火灾消防安全综合治理，查处不合格产品5万多件。推动省住房城乡建设厅等16个部门印发消防安全治理方案，有效形成齐抓共管合力。

3. 扎实开展火灾隐患治理

按照“不发生火灾，发生火灾后不扩大、不亡人”的标准和“隐患就是事故”的原则，在按照国家部署深入推进电气火灾、电动自行车、大型商业综合体、博物馆和文物建筑消防安全治理的基础上，针对性开展“六类场所十项必查”“打通生命通道”专项行动。连续第10年提请省、市政府挂牌整治180个火灾高风险区域。对27起典型火灾开展延伸调查，通过火灾研判教训，通过教训防控火灾。制定落实电线套管、物理分隔等短平快的技术类和管理类措施，有效降低高危场所火灾风险。集中约谈11家大型连锁企业集团，发挥集团总部作用，推动下属企业认真落实消防安全主体责任。建立周调度、月通报、挂表推进和清单整改等制度机制，常态化开展执法数据监测和暗访督查。全年共检查单位 133.6 万家，整改火灾隐患 44.9 万处，有效优化了消防安全环境。

4. **大力夯实火灾防范基础**

巩固深化基层镇街消防安全网格化管理工作。大力推广东莞厚街大综管和中山网格管理社会化工作经验，印发《关于进一步规范乡镇街道消防安全网格化管理的意见》，有效强化了对“小火亡人”多发场所的巡查管控。提前以省公安厅名义下发通知，进一步强化派出所消防工作，确保转制过渡期间防火工作平稳。制定微型消防站建设标准，升级微型消防站3.9 万个，建强织密了火灾防控最小单元。结合粤港澳大湾区建设和乡村振兴战略，新建乡镇政府专职消防队 89 支，新招队员 1585 人，补齐消火栓欠账 1.6 万个，有效提升城乡抗御火灾的整体能力。打造覆盖全省城乡居民的“广东消防公益宣传平台”。全年累计刊播、推送消防安全提示信息 3000 多万条，公益广告 1200 多万条。在全国率先构建消防科普教育基地网络，承办全国消防科普教育基地建设现场会，高标准建成县级以上消防科普教育基地269 处并定期开放。创新组建省至镇四级消防讲师团，聘请消防讲师 3213 名，“面对面”培训 100 多万人次，有效提升了群众消防安全素质。

5. **全面锤炼过硬技能本领**

按照“人员实装实训、装备实测实练、战法实操实演”理念，开展全员普训、岗位培训、基地轮训和尖兵特训，实施常态化体能技能达标训练、特种装备操作应用、班组技能及合成操法训练。固化周例操、月会操、季度抽查和阶段考核等机制，开展总队级比武竞赛 3 次。联合港、澳消防部门开展港珠澳大桥应急救援实战演练，采取“1 +4”模式分战区开展洪涝灾害应急救援演练。修订完善类型灾害事故处置规程及响应指南，深入推进高层建筑和大型城市综合体灭火救援课题研究，全面提升打硬仗、打快攻和初战控火能力。着力打造“一专多能、专常兼备”的力量体系，全面推开空勤救援队和地震救援队两个国家专业队建设工作，在全国率先完成地震救援国家队建设。分片区组建省级特种灾害救援队，筹建空勤、高层、石化、水域、山岳专业队和重型工程机械队。依托香港消防及救护学院、国家地震紧急救援训练基地和国家（兰州）陆地搜寻与救护等基地，开展各类专业技术培训。其中，取得 HART（高空救援）资质 25 人，取得建筑坍塌（地震）救援技术初、中、高级和教练资质 57 人，考取民用无人机驾驶航空器系统驾驶员合格证 120 人，取得 IRATA（国际绳索救援技术）认证 172 人，通过灭火救援职业技能鉴定 7694 人。专业救援骨干队伍不断充实，逐步实现从常规“灭火救援”向“综合性应急救援”的转型升级。

6. **充分发挥应急保障效能**

加强应急保障“现代化、标准化、模块化、专业化”建设。率先出台《广东省消防大数据建设应用指导意见》。完成消防大数据平台社会管理、实战指挥和公众服务三大系统顶层设计并投入使用；完成应急通信保障人员装备配备。建立健全粤港澳三地通信协同响应机制，打造“上下一致、立体协同、反应迅速和运行有序”的应急指挥通信体系。加快“现代化”装备建设步伐，实行“标准化”配置，打造“模块化”保障。举办全省首届装备技能比武，建立跨区域应急保障演练机制，推动实现“精准调度、精准投送、精准救援、精准保障”。全年共投入装备建设经费 15.9 亿元。训练基地建设全面提速，国家陆地搜寻与救护基地广东基地基本完工，省灾害救援模拟训练设施项目完成可研方案编制。3 个区域模拟训练设施、12 个支队级训练基地建设顺利完工；11 个支队按照 100 亩标准落实建设用地。全省共争取训练基地建设用地 1751

亩，同比增长124%。坚持“岭南特色、现代气息、职业功能、国际一流”建设理念，全力推动“精品队站”建设，全年共投入资金24.2亿元，新建城市消防站114个，改造消防队站31个。

中国人民解放军广东省军区

【防灾减灾工作】

2018年，省军区坚决贯彻中共中央、中央军委一系列指示精神，按照战区统一部署，组织部队和民兵预备役积极支援地方防灾减灾，先后参与18场强降水、7个台风、8起森林火灾等防御行动，累计出动现役官兵452人次、民兵40611人次，动用车辆机械396台次、冲锋舟（橡皮艇）396艘次，共解救转移群众33487人，抢运物资49多吨，挖运土石423立方，抢修道路305.5千米，加固堤坝7680米，扑灭山火257亩，有力支援了地方救援行动。

1. 认真筹划，周密部署任务

年初，省军区召开党委扩大会议，对以抢险救灾为重点的非战争军事行动任务进行部署，要求全区部队和民兵预备役认真做好应急抢险各项准备，确保一声令下，能迅即行动。针对防汛工作形势严峻的实际，紧跟汛情发展动态，先后5次专题下发通知，对台风、强降水及可能产生的山洪、滑坡、泥石流等次生灾害防御和抢险救灾提出了具体要求。

6月，省军区首长机关以抗洪抢险为课题，组织战备拉动演练和现地勘察；7月，组织省水利厅、74集团军等军地单位召开支援北江大堤抗洪抢险工作会议，现地对接任务、勘察任务地段、协调保障事项。第三季度，结合省军区应急行动实践，省军区党委常委专题研究梳理应急抢险存在的7个方面、16个具体问题，制定36条对策措施，按责任分工和规定时限组织问题整改。各单位根据省军区统一部署，认真组织宣传发动和专题教育，分析形势，研究对策，明确行动方法和具体措施，确保一有突发情况，能立即出动并圆满完成任务。

2. 紧贴任务，严格落实准备

一是修订完善方案。汛前，省军区组织力量2轮修订完善《参加广东省抗洪抢险方案》《支援北江大堤抗洪抢险方案》，并组织相关人员认真学习，明确任务，熟悉方案。9月，根据战区《非战争军事行动方案》，及时修订完善省军区本级16个子案。二是补充物资器材。年内，省军区各级先后采取请领、自购和协议储备等方式，落实抗洪抢险、森林防火等救灾物资器材3000多件（套）。9月，针对部分地区城市内涝抢险器材紧缺情况，每个民兵应急连增配2艘橡皮艇，5个抗洪机动救援营各增配6艘橡皮艇，确保遂行任务需要。三是开展专攻精练。结合民兵整组，编实建强包括5个抗洪机动救援营在内的应急力量，严格按照大纲要求进行军事训练，把防台风、防汛、森林防火作为训练重点，突出快速收拢、快速机动、快速处置演练，全面提高抢险救灾能力。各级首长机关重点抓好组织指挥、军地协同、综合保障等应急指挥训练，并掌握防汛救灾的程序、方法和内容，有效提高指挥协调能力。

3. 密切协同，全力投入抢险救灾

省军区加强与省应急管理厅的联系，及时掌握灾情动态，构建以省军区作战值班室为中心、21个军分区（警备区）作战值班室为节点，联通省防总的视频指挥体系，提高反应时间。机关指定人员参加地方抢险救灾指挥机构，建立统一指挥、分工合作、密切协同、高效运转的联动机制。各级领导靠前指挥，率先垂范，身先士卒，既当指挥员又当战斗员，自始至终指挥在一线，抢险在一线。各有关单位密切配合、协同作战，积极组织所属力量参加抢险救灾，做到快速反应、快速到位、快速救援，发挥突击队作用。在应对台风“山竹”行动中，省军区动员民兵3.6万人，预置1.18万人在重要地段备勤，共出动22109人支援地方抢险救灾，并协调74集团军工化旅100人、特种作战学院300人、驻港部队深圳基地200人参加应急抢险行动，共转移群众25534人，加固堤坝95米，始终保持高昂的斗志和旺盛的士气，表现出特别能吃苦、特别能战斗的精神风貌和过硬的军事素质，受到地方党委、政府和群众高度赞誉。

深圳警备区组织民兵全力抗击超强台风“山竹”，积极开展灾后复建。9月16日，“山竹”肆虐深圳市，致全市共70多处发生内涝。深圳警备区迅速启动抗灾救灾紧急预案，提前行动、积极备战，对抗台风进行任务部署，组织9个人武部、50多支抗灾救灾应急分队、近5000名部队官兵职工和民兵预备役人员等抢险力量，集结各类抢险物资器材3万多件（套），积极备战抗击“山竹”。全力支援地方防抗台风，先后出动民兵近1.03万多人次，转移安置群众近8万人，解救被困群众365人，运送各类物资142吨。

汕尾军分区组织官兵和民兵预备役人员奋力抵御特大暴雨袭击。8月30日6时至31日15时，汕尾市受强降雨影响，导致陆河县和海丰县部分城镇村民被水围困、严重内涝、山体滑坡、河堤水毁等灾情。汕尾军分区及时启动应急抢险预案，军分区各级与地方三防指挥部及时联系并掌握雨情灾情，紧急出动官兵、民兵预备役人员和协调驻军开展抢险救灾，军分区累计派出民兵920人，车辆18台，冲锋舟8艘，协助转移群众1181多人，其中涉水转移群众37人，安置群众781人。

云浮军分区组织民兵及时转移受困群众。9月16日，受台风“山竹”影响，云浮市云安区高村镇佛洞、官桥村内涝严重。当晚23时，区人武部政委李荣接到命令立即带领官兵和民兵30多人赶赴高村镇转移群众，连续奋战3个多小时，共转移80多名被困群众。

各地级以上市灾情
与防灾减灾工作

各地级以上市灾情

【广州市】

2018年，广州市暴雨、台风等极端天气频发。全市受到40多次强降水袭击，其中“4·24”强降水、“5·7”大暴雨、“6·8”特大暴雨和“8·27”持续暴雨等造成各区多处受淹；超强台风“山竹”也给广州市带来较大的风、雨、潮影响，造成各区均不同程度受灾。

至12月14日，全市平均雨量为1880毫米，较常年同期偏多4%。主要特点有：一是入汛晚，初春出现旱情。5月7日开讯，较常年偏晚31天，入汛偏晚加上1月10日以来持续少雨导致初春出现气象干旱。二是暴雨集中度高、强度大。汛期雨量累计达1415.9毫米，较常年同期偏多15%。三是台风影响严重。6月台风“艾云尼”致广州出现严重的城市内涝灾害；台风“贝碧嘉”2次登陆广东省，致8月10—15日广州出现持续大风降雨天气；9月16日，超强台风“山竹”登陆台山市，为1951年以来对广州风力影响最大、暴潮增水最强的台风，全市最大阵风录得45.9米/秒（14级），南沙站、黄埔站和中大站最高潮位均超300年一遇。另外，6月上旬出现1次较大规模的典型洪水过程，干流和支流共计9条河流出现5至20年一遇洪水。

受暴雨洪涝和台风等灾害影响，全市共有9个区、86个乡镇、46.81万人受灾，死亡4人，倒塌房屋113间，转移人口41.11万人，农作物受灾面积4.04万公顷，公路中断62条次，供电中断256条次，损坏堤防246处计44.21千米，损坏水闸9座，直接经济损失22.41亿元。全市出动部队官兵7526人次、地方人员72413人次、防汛机动抢险队员20893人次，调用编织袋39.18万条、编织布3.38万平方米、救生衣3069件，投入抢险舟（船）153次、机械设备4339台班，解救洪水围困群众315.79万人，防御山洪灾害转移5037人，防御台风灾害转移40.49万人，减灾经济效益6954万元。此外，受台风“艾云尼”“山竹”影响，全市受浸涵隧（洞）27个，受浸车库达96个。

【深圳市】

2018年，深圳市于4月14日入汛，10月17日汛期结束。全年呈现降水集中且分布不均、旱涝急转的特点，总体灾情影响较往年偏重。全年受到68场强降水袭击，较往年严重偏多(2016年49场，2017年27场)；平均雨量为2047.3毫米，较上年同期偏多8%，比近五年同期基本持平。受异常天气影响，前汛期降雨严重偏少，至5月底，全市平均雨量仅为290毫米，较近五年同期偏少60%，导致大鹏新区以及深汕特别合作区出现不同程度的旱情；6月初台风“艾云尼”带来连续强降水，全市出现旱涝急转。强降雨主要集中在6—9月。6月6日，受台风和季风叠加影响当日最大雨量达124.8毫米（盐田港站）；8月29—31日，受季风影响全市连续3天局地特大暴雨。8月28日12时至30日18时，全市平均雨量269毫米，最大1小时降雨量

97 毫米，最大 24 小时降雨量 413 毫米，导致全市出现 150 处内涝积水，其中较为严重的有罗湖东门商业街、龙岗南湾街道下李朗村等区域。深汕特别合作区下径水库主坝发生坝体滑坡险情。

年内共有 8 个热带气旋进入深圳市 500 公里范围内，其中“艾云尼”“山神”“贝碧嘉”“山竹”共 4 个台风对深圳市造成明显或严重风雨影响。其中，“艾云尼”给深圳市带来大范围、持续性的大暴雨，全市平均雨量 291.4 毫米，最大累计雨量 540.7 毫米，全市共出现 39 处内涝积水。超强台风“山竹”影响期间，全市发布最高级别的台风红色预警、暴雨红色预警以及风暴潮红色预警、海浪红色预警，市三防指挥部启动防风、防汛Ⅰ级应急响应，在全市范围实行“四停”。全市多个区域出现停水、停电和片区供气中断，大量树木倒伏、车辆受损，宝安、坪山等地发生内涝积水，盐田区、大鹏新区出现海水倒灌等灾情，东部沿海设施受损严重。全市全年共有 10 个县（市、区）、75 个乡镇、22.66 万人受灾，转移人口 47.31 万人，失踪 2 人，直接经济损失 2.12 亿元。

【珠海市】

2018 年，受超强台风“山竹”影响，全市供电线路停电 49 条、跳闸 126 条，影响用户 51867 户；因爆管和停电影响用水用户 10749 户；2 个无线通信汇聚机房、517 个 3G/4G 基站发生故障；树木倒伏、折断 94685 棵，部分路段、片区出现水浸 59 处，部分道路通行受阻。项目建设受到不同程度影响，临时工棚、脚手架、安全网等房屋市政工程项目设施损毁约 64.5 万平方米。

受暴雨洪涝和台风等灾害影响，全市共有 8 个县（市、区）、24 个乡镇、9.25 万人受灾，转移人口 17.32 万人，农作物受灾面积 6473 公顷，水产养殖受灾面积 1667 公顷，直接经济损失 5.78 亿元，其中水利设施损失 4408 万元，农林牧渔业损失 1.46 亿元。全市出动部队官兵 1249 人次、地方人员 18440 人次、防汛机动抢险队员 2693 人次，投入抢险舟（船）150 次、机械设备 1208 台班，调用编织袋 25.32 万条、救生衣 1429 件，共减少受灾人口 15.05 万人，减灾经济效益 3.31 亿元。

【汕头市】

2018 年，汕头市于 5 月 7 日进入汛期，较常年偏晚 31 天。降雨量总体偏少，汛期旱涝急转特点明显，入汛前（1—4 月）全市平均降水偏少 52%，入汛后（5 月 7 日至 10 月 15 日）全市平均雨量 1126.3 毫米，较常年同期偏多 1.8%。至 8 月，出现中度干旱天气，造成部分地区供水紧张。“龙舟水”期间全市平均降水量 173.5 毫米，较常年同期偏少 33.3%，降雨量呈前弱后强，前期（5 月 21 日至 6 月 4 日）平均降雨量 3.6 毫米，较常年同期偏少 96.8%；后期（6 月 5—20 日）平均降雨量 170.0 毫米，较常年同期偏多 14.1%。汛期共出现 9 次强降水过程，其中 8 月 27 日至 31 日，出现持续强降水过程，平均雨量达 345 毫米，潮南区仙城镇录得最大过程雨量 583 毫米，导致潮阳、潮南区出现严重内涝灾情。至 10 月 31 日，各地累计雨量：市区 1262.4 毫米，澄海区 1096.8 毫米，潮阳区 1450.6 毫米，南澳县 1202.6 毫米，分别比历年同期偏少 18.7%、26.7%、11.5%、11.0%。年内影响明显的热带气旋有 3 个，即“贝碧嘉”“百里嘉”“山竹”，其中“山竹”给汕头市带来严重风雨影响，汕头沿海 10 级大风持续时间达 16 小时。

全年江河水位基本处于较低水位运行，总体较为平稳。“18·8”强降雨期间，练江铜盂水闸最高水位 16.11 米（练基），超警戒水位 1.31 米，为历史最高实测水位；台风“山竹”影响期间，东溪口和海门潮位站出现短时略超警戒潮位。至8月，江河水位偏低，全市蓄水量严重偏少。至10月28日，全市水库蓄水量1.48亿立方米，占正常蓄水量的55.7%，比去年同期减少6.5%。其中，8宗中型水库库容为9748万立方米，占正常库容的64.9%，与上年同期基本持平。

受暴雨洪涝和台风等灾害影响，全市共有7个区、69个乡镇、106.55万人受灾，倒塌房屋99间，转移人口19.92万人，农作物受灾面积2.33万公顷，直接经济损失45.98亿元。其中，“18·8”强降雨给汕头市造成重大经济损失，特别是潮阳、潮南两区灾情尤为严重，全市7个区（县）、93.65万人受灾，倒塌房屋79间，直接经济损失41.62亿元（其中潮阳区18.82亿元、潮南区21.89亿元）；台风“山竹”造成直接经济损失1.91亿元。

【佛山市】

2018年，佛山市汛期气候较为复杂，呈现“入汛偏晚、降水偏多、气温偏高、初台偏早”特征。雷雨大风强对流天气较常年弱，台风“艾云尼”“贝碧嘉”“山竹”等带来明显风雨影响。5月7日入汛，较常年偏晚31天。汛期期间降水量1578.0毫米，较常年同期偏多40%，经历12次较为明显的强对流、强降水天气过程，降雨强度大，降雨时空分布集中。6月上旬受西南季风及台风的共同影响，降雨量达420.7毫米，较常年异常偏多3.1倍，为历史同期最大值。年内江河来水量及龙舟水属偏旱年份。受“艾云尼”影响，高明杨梅河杨和站出现洪峰水位6.34米；高明河尼教站出现洪峰水位6.64米；高明河明城段最高水位7.89米，超警戒水位1.89米。汾江河汾江站出现洪峰水位2.94米，超预警水位0.94米。

6月上旬，受台风“艾云尼”影响，全市水浸点共573处，车辆受浸843辆，农作物受灾面积5554公顷，中小型水库超汛限水位14宗，房屋受浸受损3765间、倒塌20间，树木倒伏或折断1427棵，广告牌受损84块，发生地质灾害55处，住建工地基坑局部塌方3处，道路塌方98处，供电线路中断22处，基站通讯中断98个，受停电影响7402户，3.51万人受灾，直接经济损失4.98亿元。

9月中旬，台风“山竹”严重影响佛山市，全市房屋倒塌26间、受浸211间、受损955间，车辆受损650辆，树木倒伏或折断2.1万棵，广告牌受损1433块，道路中断103处，供电线路中断315处，受停电影响13.8万户，通讯线路中断72处，基站中断247个，直接经济损失1.61亿元，无人员伤亡。

【韶关市】

2018年，韶关市降雨量总体较常年偏少，至12月31日，全市平均雨量为1571.6毫米，比常年同期偏少6%，且极不均衡。2—5月，全市平均降雨量偏少60%，降水主要集中在1月、6月、8月和9月，四个月平均雨量约占全年总降雨量的60%。

1月25日夜间到29日，受强冷空气影响，京珠北乐昌市云岩到梅花段、乳源县洛阳和大桥镇、始兴县罗坝镇等出现降雪、道路结冰和冻雨，新丰县黄磜镇、南雄市百顺镇等出现冻雨和道路结冰，广乐高速梅花北路段出现道路结冰，造成道路受阻。其中，乐昌市梅花镇录得最低气温零下5.1℃，京珠北云岩零下5.0℃。受低温冰冻影响，全市有6个县（市、区）、29个乡镇、5.75万人受灾，农作物受灾面积2341公顷，直接经济损失6382.61万元，其中农林牧渔业损失6089.8万元，工业、交通运输业损失80.4万元，水利设施损失177.4万元。其乐昌市灾情较为严重，直接经济损失达3121.3万元（其中农业损失3060.9万元）。

受暴雨洪涝和台风等灾害影响，全市共有7个县（市、区）、35个乡镇、7925人受灾，转移人口1.06万人，倒塌房屋39间，直接经济损失1295万元，其中水利设施损失407万元。全市共投入抗洪抢险资金9.42万元，参与抢险救灾987人次，出动抢险舟（船）2次、运输设备5班次、机械设备144台班，消耗纺织袋、木材等防汛物资1.28万元，减灾经济效益474万元。

【河源市】

2018年，河源市开汛偏晚，降雨量总体较常年偏少，且时空分布不均，阶段性明显，局部地区强降雨量大。入汛后，台风影响早，“龙舟水”降水明显，出现旱涝急转的态势；后汛期，先后受到“8·29”特大暴雨和台风“山竹”袭击。全市洪涝、旱灾总体较常年偏轻，汛情态势基本平稳。

至10月，全市平均雨量为1328.7毫米，较常年同期偏少21%。其中，5月7日至10月16日，全市累计平均雨量1021毫米，较常年同期均值偏少11%。8月29日至31日，强降水主要集中在河源市南部的紫金南岭、苏区、龙窝等一带乡镇，出现特大暴雨，过程最大时段雨量为紫金南岭565毫米，其中日最大降雨493毫米，刷新当地有气象记录以来的历史极值。受台风“艾云尼”影响，6月6—9日，全市各大中小河流水位不同程度上涨，其中5条河流接近或超预警水位；受“18·8”特大暴雨影响，全市有28座小型水库超汛限水位。

年内，4月中旬和5月下旬出现不同程度旱情，其中5月下旬，全市共5.33万公顷农作物受旱，近6万多人饮水临时受影响。受台风“艾云尼”“山竹”和“18·8”特大暴雨影响，全市共有6个县（市、区）、53个乡镇、1.83万人受灾，转移人口1.98万人，倒塌房屋55间，直接经济损失4846万元。

【梅州市】

2018年，梅州市先后受低温冰冻、干旱、强降雨和台风等极端天气影响，部分地区不同程度受灾。全市降水明显偏少，平均雨量1317.4毫米，比多年同期偏少19%。降水时空分布不均，1月平均雨量是多年同期的3.64倍；2—5月雨量显著偏少，其中4—5月雨量仅127.6毫米，占多年同期的31%，为2002年以来同期最小值。年内共出现2轮强降水过程，6月5日至9日，受台风“艾云尼”影响，全市普降暴雨、局部大暴雨，平均雨量159.5毫米，其中最大雨量出现在五华县龙村镇黄畲村351毫米；8月28日至31日，受季风低压影响，大部分地区出现持续降水过程，平均雨量92.6毫米，最大雨量点为黄畲村299.5毫米。影响梅州市的台风有2个，即“艾云尼”和“山竹”，五华、丰顺2县均不同程度受灾。

年内出现2次寒潮天气过程，其中最低气温出现在平远县中行镇零下3.4℃。市三防指挥部分别于1月8日、30日两次启动防冻Ⅳ级应急响应。1—5月，全市大部分地区出现轻度气象干旱，其中北部和丰顺地区中旱；平远、蕉岭局部地区重旱。出现2次较明显的洪水过程，均发生在梅江上游琴江河段。6月6日22时，琴江洞口水文站洪峰水位156.26米（超警戒2.26米）；8月31日1时，水文站洪峰水位156.87米（超警戒2.87米）。至11月底，全市水库蓄水总量5.85亿立方米，较常年同期偏少13.6%。

受1月上旬寒潮影响，兴宁市1057人受灾，农作物受灾面积869公顷，直接经济损失1530万元。第二季度持续干旱造成全市8个县（市、区）不同程度出现旱情，其中梅县、五华、蕉岭等地旱情较为严重。全市农作物受旱面积3.46万公顷，因旱造成11.77万人临时饮水困难，直接经济损失1.16亿元。受台风“艾云尼”和“山竹”灾害影响，造成五华、丰顺2个县（市、区）、12个乡镇、2.03万人受灾，转移人口2.65万人，农作物受灾面积1323公顷，公路中断22条次，供电中断148条次，通讯中断22条次，直接经济损失3369万元，其中水利设施损失1270万元。

【惠州市】

2018年，惠州市主要强降水过程有4次，期间全市普遍出现暴雨到大暴雨、局部特大暴雨，部分地区出现城乡内涝严重。其中，8月下旬出现6天持续强降水，惠东县高潭累计降雨1394.6毫米，刷新广东省过程雨量极值；高潭最大24小时雨量1056.7毫米（8月30日05时至31日05时），刷新广东省最大24小时雨量极值，创下中国大陆非台风降水最大24小时雨量极值。市三防指挥部先后启动防汛Ⅳ级应急响应2次、Ⅲ级1次。受其影响，造成6座大中型水库（白盆珠水库、黄坑水库、大坑水库、风田水库、沙田水库、花树下水库）超过汛限水位，3条河流（淡水河、白花河、西枝江）超过警戒水位。

年内，台风“艾云尼”“贝碧嘉”“百里嘉”“山竹”给惠州市带来较为严重的风雨影响，特别是“山竹”影响期间，全市出现大风时间长、降雨范围广、致灾程度高。9月15日20时至17日20时，全市普遍出现10—13级大风，局部瞬时大风17级，12级以上阵风持续10个小时，10级以上阵风持续17个小时，其中大亚湾三门岛风力达62.8米/秒（17级以上）。市三防指挥部先后启动防风Ⅳ级应急响应3次、Ⅲ级1次、Ⅱ级1次。

受暴雨洪涝和台风等灾害影响，全市共有7个县（市、区）、76个乡镇，66.47万人受灾，倒塌房屋22间，农作物受灾面积3.27万公顷，公路中断57条次，供电中断563条次，直接经济损失22.02亿元，其中水利设施损失2.56亿元。

【汕尾市】

2018年，汕尾市天气灾害频繁，呈现先旱后涝，旱涝急转的特点。经历了年初寒冷冰冻、上半年近5个月干旱少雨、汛期4次强降雨及4个台风等灾害天气过程，其中“8·30”强降雨、超强台风“山竹”致灾严重。全年全市因灾死亡2人，直接经济损失18.83亿元。

年内低温冰冻天气过程有2次，出现在1月8—10日、30—31日，造成全市4个县（市、区）、17个镇受灾，农作物受灾面积1393公顷，水产养殖受灾面积1067公顷合计306.5吨，直接经济损失约3900万元。

1—4月，全市雨量严重偏少，同比常年减少近80%。5月初，全市20宗大中型水库总蓄水量最低时仅占总库容的28.6%，城乡供水受到威胁，其中陆丰甲子、甲东、甲西、碣石、湖东等地出现农业生产用水不足，农作物生长受到影响，旱情较为严重。至5月初，抗旱形势依然严峻。持续的旱情导致农作物受灾面积达2.77万公顷（其中成灾面积2.07万公顷），约13.26万人临时饮水困难，直接经济损失约5800万元。至6月8日，全市出现大范围强降水，旱情终解除。

汛期先后受“5·7”“6·8”“6·22”“8·30”等4次强降水袭击，造成汕尾市城区、海丰、陆丰、陆河等地一定程度的城乡内涝和地质灾害。其中，“8·30”持续强降水引发的灾害最为严重。8月27日至31日上午8时，全市33个镇（69个测站）过程雨量超过300毫米，其中最大过程累积雨量出现在陆河县河口镇新田工业区达1062毫米。8月30日8时至31日8时，陆河县河田、河口、新田、上护4镇雨量均超500毫米，其中河口镇录得全市最大单日雨量620毫米。此次持续强降水造成汕尾市陆河县新田、上护、河田、河口及海丰县公平、赤石、黄羌等地严重洪涝灾害。此次强降水造成12.6万人受灾，死亡2人，上水村庄263个，倒塌房屋59间，直接经济损失8.52亿元。

年内影响汕尾市的台风有“贝碧嘉”“百里嘉”“山竹”“玉兔”。其中，“山竹”影响最为严重。期间全市普遍出现12—16级大风，12级以上阵风持续近14小时，陆丰县金厢镇录得全市最大阵风16级（51.3米/秒）；同时也带来大范围的降雨和一定程度的风暴潮灾害，导致20宗大中型水库和10条中小河流均接近警戒水位，其中海洋站测得最大增水202厘米、最高潮位345厘米（红色警戒潮位343厘米）。“山竹”造成6个县（市、区）、61个乡镇、16.02万人受灾，转移人口5.95万人，农作物受灾面积7.31万公顷，直接经济损失9.34亿元。

【东莞市】

2018年，受暴雨洪涝和台风等灾害影响，全市共有29个乡镇、6.79万人受灾，转移人口35.01万人，死亡1人，农作物受灾面积5076公顷，损坏护岸4处，公路中断19条次，供电中断416条次，通讯中断2793条次，停产工矿企业3312个，直接经济损失4.8亿元，其中水利设施损失1482万元。全市出动部队官兵5002人次、地方人员7.28万人次、防汛机动抢险队员3.87万人次，投入抢险舟（船）173次，调用编织袋33.64万条、编织布8.12万平方米、救生衣5157件，防御台风灾害转移34.57万人，解救被洪水围困的群众153.07万人，减灾经济效益2193万元。

【中山市】

2018年，中山市于5月8日入汛，至11月底，全市平均雨量为2264.9毫米，与多年同期偏多20%。降水主要集中在5—10月，累计降水量达2010.1毫米，占全年雨量的88.8%。其中，6月上旬和8月下旬带来两次持续性强降水，其暴雨过程持续时间长，累积雨量大。受台风“艾云妮”影响，6月5—9日，全市共21个指标站录得300毫米以上降水，最大雨量为三角镇485毫米，紫马岭467毫米；8月28—30日，三乡镇录得全市最大过程累积雨量485.7毫米，最大日雨量达356.9毫米，日雨量和累积雨量均刷新三乡镇有气象观测记录以来最大值，同时刷新中山全市有自动气象观测以来最大值，为50年一遇特大暴雨。

年内先后受“艾云妮”“百里嘉”“山竹”等台风袭击，其中“山竹”造成严重风雨潮影响，全市普遍出现10—14级阵风，其中神湾站录得最大阵风42.7米/秒（14级）。沿海地区潮位站均超出警戒潮位，部分站点超出历史最高水位，其中民众镇堤段增水达3米，省水文观测站横门站录得水位达3.29米，超百年一遇。

受6月上旬、8月下旬两次强降水及台风“山竹”影响，全市共有25个乡镇、14.27万人受灾，农作物受灾面积1.5万公顷，直接经济损失16.46亿元，其中水利设施损失1.17亿元。全市出动部队官兵301人次、地方人员5.09万人次、防汛机动抢险队员2.59万人次，投入抢险舟（船）400次，防御台风灾害转移10.44万人。全年未造成人员伤亡。

【江门市】

2018 年，全市年平均雨量为 2353.8 毫米，较上年同期偏多 20%，与常年同期偏多 19%。汛前降水偏少，入汛后降水相对集中。其中，2—5 月降水显著偏少，6 月“龙舟水”扭转前期少雨干旱的局面。全市主要江河及水库工程水情平稳，台风生成频率高、强度大，特别是台风“艾云尼”和“山竹”对江门市造成灾害损失较为严重。

年内共出现 20 次较明显的强降水过程，其中新会区东方红水库录得全市最大累积雨量 3397.1 毫米。汛前 1—4 月，平均雨量 213.5 毫米，较常年同期偏少 43%。5 月 7 日开汛，较常年偏晚 31 天。入汛后旱涝急转，前汛期平均雨量为 909.6 毫米，与常年基本持平；后汛期平均雨量为 1257.4 毫米，与常年同期偏多 49%。受台风“艾云尼”影响期间（6 月 4 日至 8 日 19 时），最大过程累积雨量为新会区崖门镇 805 毫米，其中扫管塘站最大 6 小时雨量 330.5 毫米（7 日 22 时至 8 日 4 时），超 50 年一遇。

潭江共出现 5 次洪水，分别发生在 5 月上旬，6 月上旬，8 月中旬、下旬，9 月中旬。其中，6 月上旬发生的洪水和 9 月中旬发生的风暴潮影响严重。6 月上旬，受“艾云尼”影响，多地出现大暴雨、局部特大暴雨，潢步头、赤水、沙湖、沙坪、长沙站水位均超警戒水位。其中，潭江干流潢步头站 8 日 12 时洪峰水位 8.49 米（超汛限水位 0.99 米）；白沙水赤水站 8 日 6 时 10 分洪峰水位 8.11 米（超汛限水位 0.61 米）。9 月中旬，受台风“山竹”影响，沿海出现最大 250 厘米风暴潮增水，官冲、西炮台、三江口、石咀、长沙等主要潮位站出现超警戒潮位，部分潮位站录得超历史实测高潮位。其中，新会西炮台站 16 日最大增水 2.42 米，最高潮位 2.38 米（超警戒 0.58 米）；新会官冲站 16 日最高潮位 2.44 米（超警戒 0.64 米），排历史第 5 位（历史第 4 高潮位 2.51 米）。全年全市水库蓄水量 13.99 亿立方米，比常年同期增加 24.98%。

年内影响江门市的热带气旋有 6 个，即是“艾云尼”“山神”“贝碧嘉”“山竹”“百里嘉”“玉兔”。其中，受“艾云尼”影响，全市出现不同程度的险情和灾情，主要是城区内涝、农作物受灾、公路中断，供电线路、水利工程受损等。受“贝碧嘉”影响，潭江流域有 5 个水位站超警戒，其中长沙站超警戒水位 0.57 米，潭江沿线包括两个县城区在内的 18 个镇（街）出现严重水浸。全市有 9 座大中型水库、149 座小型水库超防限水位。9 月 16 日，超强台风“山竹”正面袭击江门台山市，受其影响，全市普遍出现 11—13 级阵风，沿海及高地达 16 级；普降暴雨到大暴雨、局部特大暴雨。开平、台山两地沿江部分地区出现堤围险情及内涝。

受暴雨洪涝和台风等灾害影响，全市共有 7 个县（市、区）、73 个乡镇、59.94 万人受灾，转移人口 16.68 万人，死亡 1 人，倒塌房屋 41 间，农作物受灾面积 7.88 万公顷，水产养殖受灾面积 1.11 万公顷，损坏水库 17 座、堤防 228 处计 30.75 千米，损坏水闸 144 座，直接经济损失 42.33 亿元，其中水利设施损失 5.25 亿元。

【阳江市】

2018 年，受暴雨洪涝和台风等灾害影响，全市共有 6 个县（市、区）、48 个乡镇、31.5 万人受灾，转移人口 11.53 万人，死亡 1 人，失踪 1 人，倒塌房屋 1018 间，农作物受灾面积 4.8 万公顷，公路中断 367 条次，供电中断 783 条次，损坏护岸 239 处，损坏灌溉设施 1285 处，直接经济损失 29.33 亿元，其中水利设施损失 7.46 亿元，农林牧渔业损失 11.32 亿元。全市出动部队官兵 2191 人次、地方人员 1.74 万人次、防汛机动抢险队员 1.02 万人次，投入抢险舟（船）

752次、机械设备995台班，调用编织袋27.05万条、救生衣6186件，防御台风灾害转移9.83万人，防御山洪灾害转移9314人，共减少受灾人口4.63万人，减灾经济效益7.14亿元。

【湛江市】

2018年，湛江市气候异常，极端天气频发，共经历了6次热带气旋（含热带低压）及10次强降水天气过程。其中，6—9月出现4次热带气旋正面袭击雷州半岛，导致湛江市出现不同程度灾情。热带风暴“艾云尼”6月6日在徐闻县新寮镇沿海登陆；北部湾热带低压7月23日登陆徐闻县迈陈镇沿海地区；强热带风暴“贝碧嘉”8月15日以热带风暴级别在雷州市东里镇沿海地区登陆；强热带风暴“百里嘉”9月13日在坡头区沿海地区正面登陆。

受暴雨洪涝和台风等灾害影响，全市共有10个县（市、区）、100个乡镇、36.74万人受灾，转移人口41.83万人，死亡1人，倒塌房屋31间，农作物受灾面积15.5万公顷，公路中断45条次，供电中断159条次，损坏护岸45处、堤防119处计22.08千米、灌溉设施93处，停产工矿企业129个，直接经济损失8.17亿元，其中农林牧渔业损失5.3亿元，水利设施损失1.88亿元。

【茂名市】

2018年，茂名市先后受8次持续性强降水、5个台风影响和25次超警洪水袭击，给茂名市带来明显的灾害损失。8月上旬至9月中旬，先后受“8·11”特大暴雨洪涝、台风“贝碧嘉”“百里嘉”“山竹”等相继袭击影响茂名市。其中8·11”暴雨影响严重，8月11—12日，出现特大暴雨天气过程，信宜市思贺、镇大两站录得超历史极值日雨量429.5毫米，7条河流先后出现超警戒洪水，导致信宜市暴发严重洪涝和地质灾害，造成全市直接经济损失达11.14亿元。特别是风王“山竹”在江门台山市登陆后横穿茂名，带来狂风、巨浪、暴潮、暴雨、洪水“五碰头”。

受暴雨洪涝和台风等灾害影响，全市共有7个县（市、区）、90个乡镇、40.82万人受灾，转移人口13.94万人，死亡3人，失踪2人，倒塌房屋1259间，农作物受灾面积2.86万公顷，公路中断341条次，供电中断188条次，损坏护岸834处、堤防1171处计185.72千米、灌溉设施1547处，停产工矿企业3061个，直接经济损失16.71亿元，其中农林牧渔业损失3.8亿元，水利设施损失6.7亿元。全市出动部队官兵792人次、地方人员1.39万人次、防汛机动抢险队员1652人次，投入抢险舟（船）79次，调用编织袋15.05万条、救生衣1665件，防御台风灾害转移11.76万人，防御山洪灾害转移8635人，减灾经济效益1.94亿元。

【肇庆市】

2018年，汛期天气气候呈现“暴雨洪涝灾害重，登陆台风影响大”的特点，共出现22次强降水和强对流天气过程，6月初台风“艾云尼”和9月中旬台风“山竹”对肇庆市造成严重风雨影响。其中，“山竹”为刷新当地有气象记录以来影响最强的台风，市三防指挥部首次启动防风Ⅰ级应急响应。

受暴雨洪涝和台风等灾害影响，全市共有9个县（市、区）、91个乡镇、10.45万人受灾，转移人口7.42万人，倒塌房屋63间，农作物受灾面积1.65万公顷，公路中断181条次，供电中断337条次，直接经济损失9.68亿元，其中水利设施损失9792万元。全市出动部队官兵1042

人次、地方人员 4.38 万人次、防汛机动抢险队员 2.17 万人次，投入抢险舟（船）111 次、机械设备 866 台班，调用编织袋 25.2 万条、救生衣 713 件，防御山洪灾害转移 4371 人，防御台风灾害转移 6.08 万人，减灾经济效益 2.07 亿元。

【清远市】

2018 年，清远市降水持续偏少，至 8 月 31 日全市平均雨量为 1299.6 毫米，较常年同期偏少 20%。其中，1 月 10 日—5 月 31 日降水显著偏少，全市平均雨量仅为 455.8 毫米，较历史同期偏少 47%（为历史第二少，最少值出现在 1963 年）。1—8 月，清远市辖区内河流流量整体偏小，北江控制站—石角站平均流量为 921 立方米/秒，比多年平均偏少 43.8%。其中，1 月同期偏多 89.6%，4 月（严重）偏少 68.9%，其余月份均偏少。至 8 月 31 日，全市 21 宗大中型水库（16 宗中型，5 宗大型水库）总蓄水量为 9.43 亿立方米，比上年同期偏少 10%。

受暴雨洪涝和台风等灾害影响，全市共有 6 个县（市、区）、50 个乡镇、3.56 万人受灾，转移人口 5.88 万人，倒塌房屋 33 间，农作物受灾面积 3185 公顷，公路中断 92 条次，直接经济损失 6321 万元（其中因灾损失主要受“6·8”“6·22”两次强降水直接经济损失 5669 万元）。全市出动部队官兵 300 人次、地方人员 372 人次、防汛机动抢险队员 1906 人次，投入抢险舟（船）131 次、机械设备 111 台班，调用编织袋 6.32 万条，防御山洪灾害转移 2428 人，防御台风灾害转移 5.64 万人。

【潮州市】

20018 年，受暴雨洪涝和台风等灾害影响，全市共有 5 个县（市、区）、40 个乡镇、25.83 万人受灾，转移人口 1.48 万人，倒塌房屋 17 间，农作物受灾面积 5083 公顷，供电中断 57 条次，停产工矿企业 4708 个，损坏堤围 89 处，计 3.56 千米，损坏护岸 30 处、灌溉设施 113 处，直接经济损失 2.51 亿元，其中水利设施损失 3660 万元。全市出动地方人员 1.38 万人次、防汛机动抢险队员 750 人次，防御台风灾害转移 1.48 万人，减灾经济效益 6.25 亿元。

年内，受持续高温少雨天气影响，山塘水库蓄水量锐减及江河来水大幅减少，导致潮州市出现干旱和人蓄饮水困难影响严重。至 6 月初，全市山塘水库蓄水量仅 0.91 亿立方米，比多年同期减少 62%，农业灌溉可用水量 0.41 亿立方米，韩江来水流量比多年同期减少约 90%，出现部分河道沟渠断流、田头水井水堀断水。全市大部分小型水库水位低至死水位，其中有 34 座小型水库出现干涸。严重的干旱导致全市农作物受旱面积 3.75 万公顷，其中轻旱 2.09 万公顷，重旱 920 公顷，干枯 600 公顷，水田缺水 3300 公顷，因旱饮水困难 4.48 万人。旱情主要发生在饶平县山区及沿海地区，其中饶平县联饶、大埕、高堂 3 镇和潮安区等受影响较为严重。

【揭阳市】

2018 年，揭阳市总体气候特征是“降水偏少，气温偏高，极端强降水频发，台风影响程度偏重”。全市平均年雨量 1813 毫米，比常年同期少 6%，其中市区 1709 毫米，揭西县 2027 毫米，普宁市 2067 毫米，惠来县 1451 毫米。全年主要受“8·27”特大暴雨和 超强台风“山竹”袭击影响，灾情损失严重，未造成人员伤亡。

受季风低压影响，8 月 27 日至 9 月 1 日，全市大部分地区出现持续性暴雨过程，平均雨量 365 毫米，累计雨量超 500 毫米的有 17 站，其中普宁鲘溪 746.4 毫米、黄沙 660.2 毫米，揭西龙潭623.1毫米。强降水造成普宁市和揭西县严重内涝，其中普宁市麒麟、南径2镇因外江高水位导致严重内涝水浸，22.08万人受灾，转移被困人员1.41万人；揭西县坪上、龙潭、南山、灰寨4镇出现严重内涝水浸，部分山区乡镇道路出现山体滑坡。此次强降水造成全市34.9万人受灾（其中普宁22.6万人），转移人口1.89万人，倒塌房屋42间，农作物受灾面积1.78万公顷，公路中断12条次，供电中断20条次，通信中断55条次，损坏护岸38处、灌溉设施143处，直接经济损失2.66亿元，其中水利设施损失3900万元。

受台风“山竹”影响，惠来县大部分乡镇出现9级以上阵风，全市有33个测站录得10级以上阵风，其中12级以上有3个。16日榕江北河水位达1.84米，市区榕城、空港等部分地区出现内涝积水。“山竹”造成全市35.04万人受灾，转移人口2.87万人，倒塌房屋4间，农作物受灾面积6407公顷，供电中断29条次，通信中断239条次，损坏堤防36处计3.59千米，损坏护岸42处、灌溉设施88处，直接经济损失4.6亿元，其中水利设施损失6900万元。

受暴雨洪涝和台风等灾害影响，全年全市共有9个县（市、区）、94个乡镇、70.34万人受灾，转移人口4.35万人，倒塌房屋51间，农作物受灾面积3.53万公顷，公路中断14条次，供电中断49条次，通信中断294条次，损坏堤防49处计4.96千米，损坏护岸85处、水闸38座、灌溉设施256处，直接经济损失7.64亿元，其中水利设施损失1.26亿元。

【云浮市】

2018年，云浮市平均降水1701.5毫米，较常同期偏多12.2%，共出现5次较大洪涝灾害。主要受台风“艾云尼”“贝碧嘉”“山竹”及6月中旬、8月中旬强降水袭击，其中“艾云尼”以484.3毫米刷新24小时降雨量历史纪录；“山竹”以14级风速刷新最高台风风速纪录，期间全市普遍出现10—12级大风，93个站录得8级及以上大风，42个站出现10级及以上大风，4个站录得12级及以上大风，最大风速为罗定市苹塘镇43.5米/秒（14级）。

年内出现3次较明显的洪水过程：一是受台风“艾云尼”和强降水影响，全市多条中小河流水位暴涨，部分中小型水库超汛限水位，其中新兴江簕竹水文站于6月8日10时出现洪峰水位36.08米（超警3.08米）；腰古水文站相应流量1520立方米/秒，超10年一遇。二是受台风“贝碧嘉”影响，罗定江上游出现超20年一遇洪水，太平水文站于8月11日21时出现洪峰水位95.52米（超警2.02米）；罗定江下游出现10年一遇洪水，官良水文站于12日16时出现洪峰水位32.65米（超警1.65米）；连滩水文站于12日19时出现洪峰水位24.14米（超警2.64米）。三是受台风“山竹”影响，罗定江出现超10年一遇洪水，其中官良水文站于9月17日18时出现洪峰水位32.80米（超警1.8米），连滩水文站于17日23时出现洪峰水位24.89米（超警3.39米）；新兴江上游簕竹河簕竹站于17日1时出现洪峰水位35.36米（超警2.36米），新兴江腰古站洪水接近十年一遇。

受暴雨洪涝和台风等灾害影响，全市共有5个县（市、区）、63个乡镇、40.78万人受灾，转移人口7.06万人，死亡6人，倒塌房屋211间，农作物受灾面积1.51万公顷，直接经济损失13.92亿元，其中农林牧渔业损失4.02亿元，工业交通运输业损失5.02亿元，水利设施损失4.18亿元。

各地级以上市防灾减灾工作

【广州市】

2018年，广州市坚持以人为本，组织做好防汛抢险救灾。成功抵御“4·24”“5·7”“6·8”强降水和超强台风“山竹”等灾害的袭击。

一是落实防汛责任。市三防督促各地、各单位严格落实以行政首长负责制为核心的各项防汛责任制，组织核定市、区和重点水利工程防汛责任人名单，调整完善三防指挥机构，层层落实责任制，并认真落实“三个联系”和“三个对接”制度。全市共签订各类防洪责任书2569宗，并于汛前在《广州日报》公布全市17宗大中型水库、28宗万亩以上堤围的防汛行政和技术责任人名单，接受社会监督。完成更新三防责任人管理系统信息采集入库40312个。

二是提前部署。充分发挥气象、水文和海洋部门的参谋支撑作用，在强降水、台风等极端天气苗头一经发现即开展部署，及时下发通知并组织防御力量，为有效开展抢险救灾提供有力保障。从预测预报到实地督查，从“拉网式”隐患排查到水务设施“预腾空”，从加密会商到联合值守，从宣布“三停”到转移隐患区人员不留真空，为最大限度减少人员伤亡和财产损失赢得先机。

三是治理内涝。实施提高排水标准改造工程，进一步完善广州市排水管网系统。制定《关于加快广州市中心城区内涝治理的工作意见》《广州市防洪排涝工程建设补短板行动方案(2017—2021年)》等内涝工程方案并实施一批内涝应急抢险项目，纳入计划内涝整治项目共74项。不断加强排水设施管理，积极推进中心城区排水设施一体化管理，提高排水防涝管理水平。至5月，成立市排水管理公司，现有专业技术团队965人，已接收中心城区排水管网约8488千米，完成首批（3500万元）排水抢险机械设备购置，完成第二批（4900万元）设备购置招标工作。

四是充实装备。组织对抢险救灾设备机具进行日常保养和应急保障，确保设备机具使用时能“拉得出、用得上”。

五是部门联动。各级三防指挥部门联合气象、水文、水务、交通、城管、公安等成员单位，密切协作，多方联动，协同形成强大合力，提高灾害防御能力。

【深圳市】

2018年，深圳市提前防汛备汛，严格落实责任，有序开展防汛抗洪各项工作。在“6·6”“8·29”强降水和台风“艾云尼”“山神”“贝碧嘉”“山竹”等灾害防御中取得明显成果。

做好抗旱水量调度。充分考虑极端天气常态化影响，统筹部署抗旱保供水，科学开展抗旱水量调度。入汛前，大鹏新区及深汕特别合作区出现不同程度旱情，在三防指挥部指挥协调下，当地区政府紧急采取库间联调等调水抗旱应急措施，有效解决了局部地区供水问题。

做好水毁修复。年内，“8·29”强降水和台风“山竹”造成洪涝灾害损失较重，其中水利工程设施损毁多、覆盖范围广、修复工程量大。在对各区进行排查梳理，建立水利工程设施水毁修复项目台账的基础上，督促各责任单位在2019年3月底前完成全部水利工程设施水毁修复任务，及时恢复防洪功能，确保度汛安全。

做好台风暴雨防御准备。分别从提升城市防洪排涝综合能力、提升易涝点监测和预警预报能力、加强三防信息化建设、强化防汛抗旱培训宣传教育着手，提高各级三防部门应对三防灾害的能力，全方位做好入汛准备。

【珠海市】

2018年，珠海市三防部门认真贯彻落实“两个坚持、三个转变”的防灾减灾新理念，统筹相关部门，以问题为导向，补齐防灾减灾短板，高效有序应对暴雨、台风“山竹”等灾害，有力保障了群众生命财产安全。

全年共启动防风、防暴雨应急响应58次，投入应急抢险人员2.4万人，转移人员18.8万人，出动部队官兵、志愿者等参与救灾复产达66643人次，投入吊车、铲车、运输车、移动泵车等机械设备15万台次，有效应对台风“艾云尼”“贝碧嘉”“山竹”和48场强降雨。特别是应对超强台风“山竹”，在市委、市政府的坚强领导下，坚持以人为本，超常规部署和防御，全面压实四级书记抓防台风工作责任，加密会商，科学研判，顶格应对。落实预警信息发布全覆盖，市民有力配合，举全市之力防抗强台风带来的风、雨、浪、潮等灾害，实现“零死亡、少伤人、少损失”的防风目标。防风工作得到省委、省政府的高度肯定，民意调查显示98%受访市民对防风救灾工作服务总体满意。

【汕头市】

2018年，汕头市各级各部门在市委、市政府领导下，认真贯彻“安全第一、常备不懈、以防为主、防抗结合、全力抢险”的工作方针，结合三防工作新形势，严格执行行政首长负责制为核心的三防工作责任制，狠抓落实三防各项工作，全力保障人民群众生命财产安全，最大限度地降低灾害损失。

完善指挥机制，明确三防工作责任。建立各级三防指挥部指挥长AB角补位制，完善市、县、镇、村四级领导干部和区（县）直部门挂钩联系三防工作机制；调整更新21693名各级各类防汛责任人，完善防台风“五个百分百”信息系统台账；调整完善三防专家库成员；市政府与各区县人民政府分别签订《防洪安全责任书》，逐级签订防汛安全责任书。同时，在汕头日报和市水务局政府网向社会公告全市8宗中型水库、35宗小（一）型水库、165宗小（二）型水库和42宗大中型水闸防汛责任人名单，接受社会监督。

提早谋划组织，开展防汛备汛检查。1月初，市三防指挥部要求各地各部门就汛前防汛安全发出开展大检查的通知。1月10日至2月10日，市水务局7个三防挂钩工作检查组，采取随机督导跟进度、专项检查抓落实相结合方式，深入各区（县）检查督查防汛备汛工作落实和进展情况。3月上旬，市三防指挥部派出7个由部分市三防成员单位负责人任组长的督导检查组，对全市汛前防汛备汛工作开展督察。同时，下拨市级汛前水利病险工程抢修资金、三防物资储备资金500万元，帮助各地及时做好工程除险加固和水毁修复。6—7月多次组织开展汛期防御工作专项督导检查和小型水库安全度汛检查等。组织开展汛期山区防灾安全隐患排查整治，建立健全山洪灾害危险区、地质灾害隐患点、山区农村危房、削坡建房、水利工程、城乡内涝易发区等重点对象防汛防台风风险隐患信息台账，加强防灾风险管理，从源头上消除隐患，减少灾害发生。

做好抗旱和防汛防风工作。在防旱抗旱工作中，市三防指挥部及时组织会商、部署，指导水源调蓄和用水调控；适时开展人工增雨作业，共成功实施人工增雨作业 8 次，发射增雨火箭弹 44 枚，对缓解两潮地区旱情起到了一定作用。在“18・8”强降水抢险救灾期间，各级三防指挥部及时组织会商研判、启动应急响应；部队官兵、民兵和消防官兵全力以赴支援地方抢险救灾；紧急拨付抢险救灾补助资金共 4849. 8 万元；出动抢险救灾人员 15. 159 万人次，车辆 1. 44 万台次，舟船 5235 艘次，转移人员 12. 08 万人，开放庇护场所 861 个，安置受灾群众 18715 人。在防御台风“山竹”过程中，全市各级各部门严阵以待，市委、市政府主要领导坐镇指挥，市四套班子成员分别带队督查督办防台风工作；市三防指挥部及时会商部署防御并适时启动防台风应急响应。渔船全部回港避风，渔排作业人员均上岸避险；出动各类人员 3. 63 万人次，转移危险区域人员 7. 92 万人，启用庇护场所 972 个，集中安置人员 4830 人；及时关停各类在建工地，轮渡码头停航停运，封堵堤围码头、道口，3 座跨海大桥及时封闭，最大限度降低灾害损失。

落实抢险队伍和储备物资。市防汛抢险民兵轻舟机动队完成年度训练考核，各抢险救灾队伍做到造册登记，落实到人，全市共落实各类抢险救灾队伍人员 16909 人。全市共储备编织袋 116 万条、编织布 3. 8 万平方米、桩木 611 立方米、块石 2. 9 万立方米、砂石 3. 8 万立方米、橡皮舟 356 只、冲锋舟 72 艘、机动船 7 艘、摩托艇 5 艘，以及救生衣、救生圈、照明灯具等其他防汛物资一批，为抗灾抢险提供有效保证。

【佛山市】

2018 年，佛山市三防部门与各级各部门通力协作，牢固树立以人民为中心的思想，坚持以防为主、科学研判，精心组织抢险救灾，实现无一人员伤亡。在抗击 12 次强降水、强对流和台风“艾云尼”“山竹”等灾害中取得较好成效。

压实三防工作责任制。市委书记鲁毅、市长朱伟先后 11 次到市三防指挥部调研三防工作及部署防台风；市领导先后 20 次检查指导防汛备汛和防台风暴雨。各级三防责任人认真履职。汛前，全市 38 个三防指挥机构和北江大堤前线抗洪指挥分部得到及时调整，市、区、镇三级三防指挥机构指挥长 AB 角全部落实到位。落实 130 宗中小型水库、556 宗水闸、77 宗 5 千亩以上堤围的防汛行政和技术责任人。全市签订防汛责任书 1277 宗，落实三防责任人 14065 人。市政府出台《佛山市三防应急督导工作方案》。汛前，市三防指挥部派出由水务、国土、民政、交通、农业、住建部门组成 5 个督查组对全市防汛准备工作进行督导抽查，全市共派出 1025 个工作组、4412 人对 929 宗水利工程进行防汛安全检查。各级三防指挥部门严格落实“十一个至少一次”汛期三防督导要求，并制定工作方案，确保安全度汛。

创新风险管理，推进标准化建设。一是创新三防风险防控管理工作方法。全市落实安排专项资金 343. 54 万元，组织专题培训 1380 人次。市三防完成《佛山市三防风险防控管理工作的实施意见》《佛山市三防风险识别与登记技术指引》《佛山市三防风险评估技术指引》。组织开发佛山市三防风险防控管理地理信息平台，整合市气象局开发的《佛山市铁皮屋和工棚防灾服务一张图录入系统》，实现三防风险识别与登记、风险评估、风险一张图、三防能力、手机 APP 等功能。完成水务、交通运输、农业、住建、教育、安监、国土规划、海事、旅游、通信、铁塔公司等11个部门行业和32个镇（街）共43类、9980个风险源数据更新。全市铁皮屋和工棚信息录入42568条，形成全市三防风险基础大数据、三防风险一张图和三防风险预评估等初步成果。二是组织山区风险排查。全市三防安全隐患点273处均采取应急防控措施，排查发现中小河流洪水和山洪灾害30处隐患点、157处地质灾害隐患点、56处削坡建房隐患和26处山区危房均建立台账。三是推进三防系统标准化建设。全市落实三防系统标准化建设经费1600多万元，落实三防办实际在岗人数138人，落实基层预警人员8188人，成立村（居）三防工作组754个；实施各级三防会商室和三防值班室升级改造，增设三防联合值守区12个，全市38套三防会商视频系统。

强化演练培训，提高技能水平。4月10日，市三防指挥部组织全市三防行政责任人培训班。各级三防部门及时对新履职防汛责任人进行培训，累计50场次，共4107人参训。各级提前预置抢险力量，组建轻舟队、工程抢险队等各类三防应急队伍420支，共53349人，组织防汛演练27次。市交通运输、军分区、消防、公安、住建等17个部门组织本系统三防演练和培训共97场次，全市3.2万家企业开展应急演练共4.3万次。

强化部门联动，全力以赴抗击暴雨台风。一是精确预测预报，及时启动应急响应。汛期，市三防指挥部先后启动防汛防台风应急响应10次，防御超强台风“山竹”及时启动防风Ⅰ级应急响应，发布全民动员令，分步骤采取“五停”措施。市气象局发布预警信号共618次；市水文局发布全市内涝预警预报48次，推送预警信息约1600多条；国土规划部门发布地质灾害监测预警预警27次。二是全力以赴组织抢险救灾。全市出动抢险救灾42901人次、抢险设备2799台次，圆满完成抢险救灾任务。8月30日，佛山市省民兵轻舟机动一大队高明区民兵轻舟分队奉命奔赴汕头市执行防汛抢险救援任务，转移受灾群众920多人。市供电局先后出动12支应急队伍、3台发电车共688人；军分区组织民兵预备役部队及其它各类抢险人员共500人，组织了狮山镇大埔涌漫堤险情处置；高明区人武部、佛山武警支队派遣160名，组织高明河明城新市段河水漫顶倒灌险情处置；禅城、顺德区共出动8台大型泵水车和抽水泵参加了三洲隧道强排水抢险。三是部门联动抗击“山竹”台风。公安部门出动警力3.8万人次，投入应急预备救援队伍130支、2443人，消防出动消防官兵750人、消防应急车辆150辆。海事部门快速处置9宗船舶失控险情，协助地方政府紧急转移75位涉险人员。住建部门出动应急抢险人员8088人，落实应急抢险车辆1163台、应急抢险设备1236套。交运部门落实应急队伍26支、480多人。供电部门累计出动抢修人员7591人次，车辆2965辆次。中国电信、移动、联通、铁塔等单位共出动通信保障人员782人、应急车辆262台次、发电油机85台套，全力保障通讯网络正常运行。

【韶关市】

2018年，韶关市认真贯彻“安全第一，常备不懈，以防为主，全力抢险”的防汛工作方针。全市上下共同努力，形成防灾抗灾合力，成功抵御1月下旬寒潮、干旱及台风“山竹”等灾害的袭击，最大程度地降低灾害损失，保障了灾区群众的基本生活和社会秩序。

做好低温冰冻防御。1月25日上午，副市长许志新主持召开全市防御低温冰冻天气视频会商会，分析研判并提出具体的防御措施；29日，许志新带领工作组赶赴乐广高速北上方向沿线，现场指导交通疏导、融雪除冰等，检查落实各项低温冰冻防御措施。市三防指挥部于25日、29日先后发出《关于做好低温冰冻防御工作的紧急通知》《转发广东省防汛防旱防风总指挥部关于进一步做好低温冰冻防御工作的通知》。1月26日启动全市防御低温冰冻应急值班，27日12时启动防冰冻Ⅳ级应急响应、启动寒冷Ⅲ级应急响应，29日12时启动道路结冰Ⅲ级应急响应。交通部门发布“路面结冰、谨慎驾驶”等信息共90条，通过信息微平台对外发布信息共65条。1月26—29日，各级民政部门共派出40个工作组，为困难群众发放棉被420床，大衣、棉衣、毛毯等御寒衣物281件，大米、花生油等食品一批；市救助管理站共救助困难群众33人，向救助对象发放棉被27床，防寒物资51件（张）及食品一批。

做好台风防御。入汛以后，针对9月中旬的“山竹”影响，各地按照市委、市政府要求，全力做好灾害防御工作。新丰县及时启动防风Ⅲ级应急响应。三防成员单位各司其职落实责任、积极应对。全市消防部队14日提前进入二级战备和应急响应状态，探亲休假人员全部归队。全市渔船731艘100%返港。严格落实停工令，加强各项安全检查，全方位巡查督促落实。开放应急避护场所，做好庇护人员临时救助准备。发布台风预警信息5万多条，启动气象灾害（台风）Ⅳ级应急响应，加密气象滚动预报。15—17日，教育局坚决落实停课令，并做好留校学生安全保障工作。市国土资源局共组织开展巡查1149人次，巡查隐患点454个（重点巡排查威胁100人以上隐患点），配合辖区疏散转移群众2938人。浈江区排查消除隐患点共16个，转移安置危险区域人员113人，开启庇护场所10个；武江区关停3家景区，转移安置危险区域人员163人，在建工地关停撤离140人，渔船回港19艘，渔船人员上岸19人；曲江区共安全转移群众1148人。实现“零伤亡”的防御工作目标。

做好隐患排查治理。完成27宗水库、670宗山塘隐患排查。完成670宗、208处山洪灾害隐患点；47处地质灾害隐患点；204处沿河及河低洼区；22处灾害易发区建筑工地；163处灾害易发区铁皮屋；1388处灾害易发区有人居住泥砖房的整治。同时加强对尚未完成整治的5处削坡建房认定可能引发灾害点、1处内涝黑点和7处危房等项目进行跟踪督查。

【河源市】

2018年，河源市三防部门深入贯彻落实“两个坚持、三个转变”的防减减灾新理念，牢固树立“防范胜于救灾”的思想，把防汛工作抓细抓实抓早，全力以赴防汛备汛，牢牢把住落实责任、隐患排查、完善预案、预测预报预警、关键防御环节、工作方法等六个关键点，切实把各项工作想在前头、抓在手中、落到实处，各项三防工作措施有力、有序、有效。在抗击台风“艾云尼”“山竹”和“8·29”特大暴雨等灾害中取得较好成效。全市临灾转移危险区域人员19789人，取得“零伤亡、少损失”的预期目标。

强化防汛临战备战。组织各地及时调整3个县级、52个镇级三防指挥机构，与五县二区签订防洪安全责任书；落实市、县、镇、村四级和重点部位、薄弱区域等各类防汛责任人30375名；全市15宗中型水库、604宗小型水库和主要堤围均签订水利工程防汛安全责任书。组织1.2万人次开展汛前防汛安全大检查，检查抽查各类工程2536处。市三防、市水务局先后3次派出18个督查组对全市隐患排查工作进行督查和专项督导，下发《关于进一步落实防汛安全准备工作督查整改的通知》，并部署全市隐患排查整改；发出整改通知书共95份，确保各类隐患问题整改到位。全市完成各级预案修编1915份，重新核发防灾避险明白卡75610份。完成419座水库汛期调度运用计划及防洪应急预案修编、审查和审批。

全力以赴防御台风暴雨。在汛期先后启动防汛防风Ⅲ级应急响应2次、防汛Ⅳ级4次。一是加强预报预警和会商研判。针对入汛以后强降雨过程，市三防办启动每日会商机制，先后18次与气象、水文等相关部门分析研判汛期防汛形势，及时发布汛情报告25份，开展点对点预警指挥12次，通过三防责任人系统向重点防御区域的防汛责任人发送预警信息22.7万人次。气象、水文部门启动3小时滚动预报预警机制，共发布暴雨预警信号39次、雷雨大风29次，与河源市国土资源局联合发布地质灾害气象风险预警6次。二是加强隐患排查和风险防控。全市共派出工作组156个，出动巡查排险20996人次，巡查隐患点1386处，及时排除山塘水库隐患、内涝和地质灾害等险情隐患256处；全市共转移受威胁群众19789人。

【梅州市】

2018年，梅州市认真组织，周密部署，积极应对，确保全市安全度汛，实现人员零伤亡目标，最大限度减少灾害损失。在抗击1月寒潮、1—5月干旱、台风“艾云尼”“山竹”等灾害中取得较好成效。

着力做好防汛备汛。5月14日，市政府召开全市三防工作会议，全面部署三防工作。市政府派出8个督查组对各县（市、区）和市有关单位开展防汛备汛督查，并及时部署整改安全隐患。及时调整充实省轻舟机动五大队等防汛抢险专业队伍，并组织开展全员训练和骨干队员强化训练。完善防汛物资仓库，市三防办投入资金60多万元，更新补充一批防汛抢险物资。市三防指挥部组织修订《梅州市梅州城区防洪应急预案》体系和镇、村三防预案，全市2878宗防洪工程均编制防洪应急预案，制定完善镇、村应急预案2727个，其中村级“一页纸预案”2612个。组织全市115个镇（街、场）开展124场以群众转移避险为重点的应急预案演练，进一步检验预案的可操作性，提升应急抢险救援实战能力。

严格落实三防责任。汛前，各级各部门及时调整充实三防指挥部领导成员，全面落实2932宗防洪工程行政责任人、技术责任人和巡查责任人，落实镇（街）、村（居）防灾避险责任人43173人，并签订责任书。市三防指挥部以视频会议形式对市、县、镇、村四级共2119名防汛责任人员进行业务培训，进一步提高责任人员的责任意识和履职能力。至9月下旬，全市共有16545处风险隐患已认定消除安全隐患，占比57%；其余风险隐患也逐一落实防控措施。

做好险情灾情应对。各级三防、气象、水文等部门加密会商研判，及时发布预警信息，引导群众提高警惕、提前防范、主动避险。市三防指挥部先后5次启动应急响应，针对性部署防御措施。在防御台风“山竹”期间，市委书记陈敏等市领导多次主持召开会议部署防御，在市三防指挥部坐镇指挥，通过视频连线方式检查各地各单位领导值班值守情况，对基层进行“点对点”指导，果断采取停课、停工、停运、停航等应急措施，共停运“两客一运”车辆（客运班车、旅游包车、危险货运车辆）1595辆，关停旅游景区43个，旅行社停团延团6个、241人，撤离各类建筑工地施工作业人员20424人、外来游客662人，确保群众生命安全。市、县三防部门加强大中型水库和梅江、韩江干流拦河电站的防洪抗旱调度，努力化解洪水风险、保障抗旱用水需求，最大程度发挥水库综合效益。

【惠州市】

2018年，在市委、市政府正确领导下，惠州市三防及各相关部门强化责任落实、加强三防基础保障建设等工作，积极做好灾害预防和处置，在抗击多场强降雨及“8·30”洪灾、台风“山竹”等灾害中取得显著成效。市三防办被省防总评为2018年度全省三防工作先进单位。

落实提高责任人履职能力。始终把落实以行政首长负责制为核心的防汛责任制作为防汛工作的重心，建立从上到下分级负责、分级管理的三防工作组织。全市共落实各类三防责任人20642名；全市水库、堤防、水闸等各类水利工程均明确防汛行政责任人和技术责任人；全市491座水库（大型水库3座、中型水库21座、小型水库467座）均制定落实安全管理制度、汛期调度运用计划和抢险应急预案。同时，强化三防责任人业务能力培训，各县（区）、乡（镇）大力开展三防知识培训和应急演练，提高基层责任人履职能力和民众临危避险能力。

积极开展防汛安全排查整治。全市检查各类水利工程共2668宗，检查位于灾害易发区的旅游景区、滨海浴场、渔排养殖场等重点防护对象共4325处，排查山洪地质灾害点、削坡建房、沿海低洼区、内涝黑点、危房、铁皮屋、建筑工地等主要风险隐患点共1053处。对存在的安全隐患进行整治，落实防御措施。至3月底，完成修复水毁水利工程44宗。

加强三防基础保障建设。市、县（区）建立三防专业抢险队伍13支，惠州军分区、各县（区）武装部均成立民兵应急抢险队伍，并积极开展防汛抢险实战演练；设置应急避护场所1068处；市、县、镇均建立防灾救灾物资仓库，配备冲锋舟126艘、橡皮艇165艘及其他防汛抢险救灾物资一批。改建、新建95个高清视频监控点，全市中型以上水库、重点避风港、市管排涝站及市管重点堤围等重要水利设施实现监控全覆盖。至4月中旬，完成三防视频会商系统延伸至乡镇的智慧化升级改造。完成市级三防办公场所各功能区建设，其中大亚湾率先完成三防标准化建设试点工作；博罗、惠东县对县级水务三防的办公场所进行整体搬迁，并高标准完成三防功能区建设。

【汕尾市】

2018年，在市委、市政府的领导下，坚持以人民为中心，立足最不利情况，采取有效措施，有力有效应对灾情，全力保障人民群众生命财产安全。在抗击1月寒潮、1至5月干旱、“5·7”“6·8”“6·22”“8·30”强降水、台风“贝碧嘉”“山竹”等灾害中取得明显成效。

层层压实工作责任。各级政府严格执行三防责任行政首长负责制，党政主要领导部署落实防御工作。汛前全面复核更新19115名（汛前数据，现为32208名）三防责任人信息并实现数字化管理，在主流媒体公告行政责任人名单，接受社会监督。强化“县领导联系镇、镇领导联系村、村干部联系户”责任对接机制，并实行人员安全转移网格化管理，确保责任对接无死角。在防御“8·30”强降水、台风“山竹”等灾害过程中，各级先后派出54组次督导组赴防守一线检查指导，并通过视频抽查等多种形式检查各级责任人特别是县镇领导干部到岗履职情况，严肃通报追责失职人员，确保责任、措施落实到位。

强化汛前备汛检查。3月，市政府制定汛前检查方案，组织各级各部门按要求全面排查各类隐患。2—3月，各县区共组织16个工作组开展自查。3月21—27日，市政府组织水务、农业等部门成立4个督察组分赴6个县（市、区）开展检查督察，共查出存安全隐患水库17座、水闸26座，万亩堤防7座、地质灾害易发点117处、削坡建房88座、山区危房73座。针对检查中发现的问题，市三防指挥部按照“一地（部门）一单”印发整改意见书并通报地方党政领导，确保整改责任落实到位。

有力有效抗旱防冻。1月8日至2月5日，启动防冻Ⅳ级应急响应2次；4月9—15日，启动防旱Ⅳ级应急响应，采取积极措施，做好抗旱防冻。副市长林军多次带领水务、农业等部门人员深入到各县、镇了解灾情，要求各地各部门做好抗旱防冻，最低限度减少灾害损失。针对旱情工作，加强水利工程科学调度，保障生活用水，科学安排农业灌溉和工业生产用水，并主动向省防总申请抽水泵等抗旱物资一批，及时调拨到海丰、陆丰、陆河等旱情较为严重地区，及时缓解农业用水压力。针对防冻工作，多次组织农业专家及养殖技术人员进村入户，加强排查，深入田间地头畜禽养殖生产一线，指导农民根据不同作物的生长阶段及特点，落实防寒防冻措施；交通、供电、供水、通讯等部门加强相关基础设施管理和维护；各地民政部门对五保户、特困户、孤寡老人等特殊困难群众御寒尽力解决需求，确保各项防御措施获得群众满意。同时，加大困难群众的救助，全市共落实开放应急避护场所572个，发放粮食1.8万公斤、棉衣被16025件、毯子35张。

做好重大灾害应对。在抗击"8·30"特大暴雨和超强台风"山竹"等灾害中，市主要领导赴现场靠前指挥，协调有关部门联动应对，保障灾害防御顺利开展。一是加强会商研判，科学部署防御。积极组织气象、海洋、水文等部门联合值守、联合会商，及时研判台风发展态势和部署防御措施。二是及时启动应急响应。立足最不利情况，抓早启动应急响应，并适度提升响应级别。三是加密预报预警信息发布。灾情影响期间，要求各地三防部门每天至少组织有关部门会商一次，要求气象、水文、海洋等监测部门每天至少印发2期气象（水情、海浪海潮）信息快报。全市共发出各类预报预警信息近6000万条。四是提前预置救援力量。驻汕部队和武警、消防等官兵提前集结，全市共出动部队官兵8808人次投入抢险救灾，解救洪水围困群众1203人，避免人员伤亡23起、60人；安全转移2.19万人，妥善安置5.95万人。

扎实推进各级三防能力建设。积极推进各级三防指挥部值班人员配备、工作场地、物资储备、预案制度和信息化等方面建设。全市共计投入3063万元，建成功能要素齐全、区域布局科学、风格色调统一、指挥手段先进、信息流转顺畅、业务处理便捷的三防标准化指挥系统，大大提升三防指挥和应急处置能力。

【东莞市】

2018年，东莞市积极协调各成员单位及时开展防灾减灾工作，不断提升基层三防能力，科学抵御台风"艾云尼""山竹"等灾害的侵袭。

压实三防工作责任。完善并印发《三防信息报送管理规定》《东莞市三防物资仓库管理制度》等；修编市三防应急预案和三防工作手册，指导市三防指挥部各成员单位编制完成应急子预案和工作指引。通过三防责任人管理系统录入约45万条责任人信息，比上年初增加近43万人；按照《广东省防汛防旱防风工作责任追究办法（试行）》，认真抓实抓好三防责任人的履职，进一步严肃三防工作纪律。

认真做好防汛督导检查。市督查组严格按照"四不两直"的督导检查制度，督导三防相关工作，最大限度减少风险隐患，降低度汛风险。3月12—16日，市政府派出9个防汛检查组共55人全面开展汛前防汛安全检查抽查。5月16—19日，市三防指挥部派出9个督导组共45人开展汛期督导检查；6月7—9日，台风"艾云尼"影响期间，派出20个督导组共49人开展高考期间城市排水防涝督导。6月21日和26日，市水务局、市三防办对全市水库安全度汛督导抽查。8月16—22日，市三防指挥部派出9个督导组共45人开展后汛期检查；9月14—17日，派出6个督导组共18人开展"山竹"防御工作落实情况督查。

狠抓三防队伍建设。一是抓好三防干部队伍培训。组织部分镇党政主要领导参加2018年度全省三防减灾专题研究班，同时加大培训工作力度，先后组织开展党政领导三防专题培训班、全市三防业务专题培训班、基层干部三防业务培训班、移动式抽水泵站实战培训班、三防预案编制培训班、三大流域防御洪水方案编制培训班等；组织开展防台风应急桌面演练理论授课交流4期共730人参与。二是抓好三防专业抢险队伍实操训练。至年底，全市轻舟应急抢险队有70人，市工程抢险队有62人，园区、镇（街）三防专业抢险队有1046人。先后组织开展市三防指挥部防台风桌面应急演练、茅輋水库防汛抢险应急演练、石马河河口防洪应急演练，组织各园区、镇（街）开展人员转移应急演练，切实提高市、镇两级三防指挥协调及实战能力。

扎实推进三防能力建设。在信息化建设方面，已完成全市水库"三要素"项目建设；全市共布设水库水位站122个、河道水位站36个、堰闸站19个、城区内涝站31个、实时流量站2个、旱情监测站10个、雨量站2个和实时共享市气象局雨量站95个；建成覆盖全市重点水库、堤围、渔港等工程和重点地段视频信号共120路；建成水务数据分中心，实现数据处理、存储、传输、综合分析一体化数据信息管理。在物资装备储备方面，通过构建市级三防物资保障与快速调配体系，形成三防抢险前置、"铁三角"快速调配的三防物资保障格局；镇村两级三防部门按照"分级储备、分级管理"原则，补充抢险救援物料和设备；至年底，全市三防物资仓库共549个，其中新增193个。在三防系统标准化建设方面，按照省、市统一部署，市、镇两级共投入4971.85万元开展市镇三防系统标准化建设，共有21个镇考核评分达95分以上，10个镇考核评分达90—94分，2个镇考核评分达85—89分。

【中山市】

2018年，在市委、市政府的正确领导下，中山市积极抓好三防各项工作，及早部署，科学防控，最大限度保障人民生命财产安全。在6月上旬、8月下旬强降水和台风"山竹"等灾害防御中取得显著成效，实现安全度汛。

抓好责任落实。市主要领导带头深入一线调研三防工作，市三防指挥长每周定期到三防办协调解决三防工作重点、难点问题。明确各级防汛行政首长及水利防洪工程防汛和技术责任人，共录入责任人信息3.7万多条。重新签订辖区防洪安全责任书，落实各镇区及市属水利工程防汛安全责任人，并签订水利工程防汛安全责任书；对万亩以上堤围、市属大中型水闸、小（一）型以上水库的防汛行政和技术责任人名单及时向社会公布，接受社会监督。

抓好台风暴雨防御。市委书记陈旭东等领导多次坐镇三防指挥防御部署台风暴雨各项工作，及时组织水利、三防、气象等部门进行防汛防风会商，并赴一线察看汛情灾情，指导防御工作。全年共启动防汛防风Ⅳ级以上应急响应23次，其中升级启动防风Ⅰ级应急响应1次、防暴雨Ⅰ级应急响应3次；向全市发出有关防御暴雨、热带气旋通知及相关文件90份，组织防汛应急会商15次，发送防汛防风抗洪各类信息40多条，督促落实回港避风渔船622艘，上岸避风和转移沿海种养殖、围垦、建筑工地作业、低洼地带及危房居住人员等共3万多人。

抓好预案落实。修编完善《中山市防御热带气旋应急预案》，并实行预案动态管理；制定市三防指挥部成员单位联合值守机制和制度，提高三防指挥效能。市水务局出台《中山市水务局（三防办）非常防汛时期工作任务方案》。对全市55座水库、377公里外江防洪（潮）堤防、191座防洪（潮）水闸展开排查，建立工程档案，严格执行"一工一表"检查制度。此外，各镇区、各有关部门积极开展风险隐患排查，对存安全隐患点及时开展整治，最大限度减少风险隐患，降低度汛风险。

抓好三防能力建设。一是加强水利基础设施建设。推进补齐软硬基础设施短板三年滚动计划重大水利工程项目建设，推进翠亨新区滨河整治水利工程项目示范试验段、板芙镇孖涌水闸及泵站重建工程、阜沙镇牛角节制闸施工工程等项目建设，加快中珠联围海堤（大涌口水闸至珠海交界段）加固工程推进进度。二是加快三防系统标准化建设。投入500多万元对市三防指挥中心进行升级改造，整合各类资源，优化资源配置，健全市三防指挥部各职能办公区域。至年底，市镇两级三防标准化建设已基本完成。三是加强非工程措施落实。编制《三防专题图集》，完成出版《中山市防汛手册》，为防汛指挥决策提供科学依据。

【江门市】

2018年，江门市三防部门按照国家防总及省防总决策部署，坚持以人为本，上下联动，密切配合，科学防御，最大程度减少人员伤亡和财产损失。在抗击20次强降水和台风“艾云尼”“山竹”等灾害中取得较好成效。

认真落实防汛工作责任制。一是落实各级三防指挥机构。及早做好三防指挥机构的调整，落实三防指挥长AB角工作补位制度，避免出现责任空挡。二是签订防洪工程责任书。全市共落实1782宗重点水利工程（其中水库601宗、水闸545宗、保护五千亩以上堤防69宗、水电站143宗、山塘424宗）防汛责任人，并签订防汛责任书。在《江门日报》公布全市大、中、小型水库和重点防汛工程防汛责任人名单，接受社会监督。三是修订和细化完善三防应急预案体系。全市7个市（区）、73个镇（街）、1098个行政村共1782宗均已制定三防应急预案。10月起，市三防办对三防应急预案进行全面修订和细化完善。

做好防汛准备。1月组织开展全市汛前安全大检查；在各地自查自纠的基础上，3月5—9日，市三防指挥部派出9个督查组分赴各市（区）及市直管水利工程现场察看和随机抽查，抽查全市共89宗水利工程、15个镇（街）和16个村（居）委会。形成“问题清单”专题，要求各地按照“一宗一策”落实整改措施；同时派出督查组开展督查督办，“一对一”督导各地加快问题清单整改。汛前市级督查发现的61项“问题清单”、各市（区）自查发现的272个问题均已完成整改。汛前，组织力量对视频会商系统、三防应急信息接收应急保障系统、三防综合应用平台等三防信息化系统进行检测和调试，确保各个系统均能正常运作。做好物资储备，市三防指挥部于2月上旬就要求各地各单位认真核查梳理防汛抢险队伍和三防物资储备情况，查漏补缺、及时补充，足额配备。

做好强降水和台风防御。入汛以后，针对“8·28”强降水、6—9月的台风“艾云尼”“贝碧嘉”“山竹”影响，市委书记林应武、市长刘毅等主要领导带队深入一线，靠前指挥，抓好灾害防御。至10月31日，防汛、防台风期间分别派出各36个督导组深入防汛一线检查指导。加强会商分析，及时启动应急响应和发布预警信息。先后召开三防会商会议15次；启动防风Ⅳ级应急响应5次、Ⅲ级4次、Ⅱ级2次、Ⅰ级1次，防汛Ⅳ级应急响应3次、Ⅲ级2次、Ⅱ级1次；发出各类三防工作文件500份；共发送三防预报预警信息近30万条。强化水利工程巡查和科学调度。在防御“贝碧嘉”期间，对潭江沿线水库、水闸进行防洪联合调度，在确保水库安全的前提下，采取错峰拦洪排洪等措施，有效减轻下游洪涝影响；在防御“山竹”期间，对水库、水电站、江海堤围等工程进行24小时巡查，统筹考虑水库、水电站蓄洪、防洪功能和河道行洪能力状况，强化水利工程精细化科学调度，充分发挥水利工程拦洪错峰。全市所有大中型水库腾出可接纳400—500毫米降雨的库容。

全力推进三防标准化和信息化建设。市三防指挥部制定《江门市三防系统标准化建设工作督查方案》和建设工作指引，先后3次组织各市区发改、财政、水务和三防部门召开专题工作研究推进会议，并组织指导组分赴各市（区）指导解决建设中存在的问题。各地各部门落实三防标准化建设资金2亿元，其中市本级统筹安排资金近4000万元。至年底，全市三防系统标准化建设已基本完成。

【阳江市】

2018年，阳江市坚持以人为本，周密部署，群防群控，科学调度，及时启动防洪防风应急响应，各成员单位密切配合，有效落实灾害防御措施，使防风抗洪工作取得显著成效。

扎实开展防汛备汛。2月27日—3月12日，派出5个督查组对各县（市、区）和市直工程开展明查和暗查；4月3—4日，省政府汛前防汛备汛工作第十督察组对阳江市汛前防汛安全准备工作进行督查；5月21—22日，第六督导组开展汛期防御工作专项督导。各地、各单位和各工程管理单位全面落实防汛行政和技术责任人，已完成调整市三防指挥机构以及全市水利工程防汛责任人。全市各县（市、区）、镇（街道）和工程单位安装视频终端78套。汛前，三防责任人管理系统已录入19926名责任人信息。

有序开展台风和强降水防御。市主要领导靠前指挥，按照省防总决策部署，提前防范，措施得力，全面检查和落实各项防御措施。全市各级三防部门严格执行汛期24小时值班制度，密切关注台风暴雨发展动态。年内先后启动防洪Ⅳ级应急响应4次、Ⅲ级3次、Ⅱ级1次；防台风Ⅳ级应急响应7次、Ⅲ级6次、Ⅱ级2次、Ⅰ级1次。同时，检查落实水库安全度汛应急抢险措施，督查水库巡堤防护责任的落实情况（逐库落实“三个责任人”，建立台账，设立告知牌，明确联系方式；开展责任人培训）、监测预报预警通信措施、水库调度运用措施、抢险应急及人员转移避险措施等情况，确保水库（水电站）安全度汛。

积极推进三防标准化达标建设。完成阳东区东平镇、阳春市合水镇、阳西县沙扒镇、江城区城西街道办事处等4个试点镇（街道）三防标准化达标建设；完成部分乡镇三防标准化达标建设任务。成立市、县、镇三防标准化工作领导小组，统筹安排三防力量，积极推进市、县、镇三防组织机构标准化、三防办公设施设备标准化、三防工作制度标准化建设、三防应急预案标准化、三防应急队伍标准化、三防应急物资贮备标准化、三防检测预警标准化等建设。

【湛江市】

2018年，湛江市重视抓好防灾减灾组织领导，全面落实三防工作责任制，积极推进三防系统标准化建设，加强应急抢险队伍演练，着力提升防灾减灾管理水平，台风暴雨防御取得阶段性成果。

及早防范，超前部署。加强值班值守，及时组织气象、水文、海洋监测等部门会商达31次；向全市各级三防责任人发出预警短信94万多条，层层压实三防工作责任。市三防指挥部共启动防风应急响应14次，其中Ⅰ级1次，Ⅱ级3次，Ⅲ级、Ⅳ级各5次，科学决策、准确指挥，当好参谋助手。共召开防风工作会议13次，下发防御通知64份，共派出40多个工作组深入一线开展督导，确保防御工作科学高效。

落实责任，安全度汛。认真落实三防行政首长负责制，加强组织领导。汛前，及时完成三防指挥部指挥和成员单位负责人的调整和防汛责任告知，落实全市各级三防责任人分级动态管理，层层传导和夯实三防责任。逐一落实全市大、中、小（一）型水库、万亩以上海堤、大型水闸的行政和技术责任人并向社会公告，接受监督。全市大、中、小型水库均已落实水库安全度汛“三个责任人”制度，逐宗设立水库安全管理责任人公示牌，完善水库定期检查巡查等各项管理、工作制度。加强防汛安全隐患排查和防灾风险管理，督促各地自查辖区内度汛工程，加强监测巡查，完善安全度汛方案和应急抢险预案，备足抢险物料。6 次组织督查组到基层一线，对各地水利设施安全隐患整改情况开展专项检查，确保全市水利工程安全度汛。对市、县、镇、村四级近 3000 名三防责任人进行三防业务知识培训，切实提升责任人组织防御和应急处置协调能力。

未雨绸缪，完善三防应急预案体系建设。修编完善《湛江市防汛防旱防风防冻应急预案》，并配套修编完善应急预案操作手册，修改《防风防汛应急联动工作方案》，形成指挥有力、落实有效、运作有序的三防体系。组织编制《湛江市三防工作手册》，为全市防汛调度、各类水利工程规范管理提供依据。全市 84 个乡镇举行危险区域人员安全转移演练 88 场共 4800 多人参演，进一步提高预案的针对性和可操作性。另外，已完成市级指挥中心升级改造，部署主会商区、联合值班区、系统操作区、指挥决策室、三防办专用值班区等各个功能区，并配备实用的设备设施、通信网络和业务信息系统。

【茂名市】

2018 年，茂名市认真贯彻落实“两个坚持、三个转变”防灾减灾新理念，坚持以人民为中心的思想，提前谋划，周密部署，落实责任，强化措施，有效应对台风暴雨洪水影响，防灾减灾取得显著成效。

在防御“8・11”强降水和台风“艾云尼”“贝碧嘉”“百里嘉”“山竹”期间，市委书记李红军多次主持研判和部署台风防御工作，并深入基层一线实地督导检查；市长许志晖多次检查指导全市防御台风各项措施落实情况；各地严格落实以行政首长负责制为核心的三防责任制。尤其在“艾云尼”影响期间，集中分析高考期间风雨影响，点对点落实防御措施，细化实施交通管制、应急排涝等应对措施，有力保障了全市各地考生顺利高考；成功应对“8・11”超历史极值的特大暴雨洪涝灾害，高效处置滨海新区电城镇“8・13”渔船遇险险情，得到省委、省政府的充分肯定，取得全年无因灾出现群死群伤事故，水库堤防无一溃坝决口，未发生重大灾害性险情的重要成果，有力保障了人民群众生命安全、重要工程设施安全和城乡供水安全。汛期期间，坚持“重点环节每日查、重大问题专项查、临灾风险拉网查”，同时按照省防总临灾前“八个再查一遍”的要求，组织开展隐患排查和工作检查，最大限度降低隐患风险。

年内，全市加大投入强化中小河流治理，有力提高了“山边、水边、海边”地区防洪减灾能力。稳步推进茂南区青年湖水库和化州市长湾河水库 2 宗病险水库除险加固；12 宗千里海堤加固达标工程，有效提高沿海地区防洪抗灾能力。在入汛前完成 103 处水毁水利工程修复，夯实防灾减灾基础。全面完成市县镇三防系统标准化建设任务，有力提升基层三防工作能力。全年累计向 4 个县域副中心下沉抢险救援器材共计 160 多万元，指导帮扶建立专用三防物资仓库。举办防汛抗洪抢险救灾演练（高州片区），联合茂名军分区开展防汛抢险应急训练，提高抢险队伍应急抢险救灾能力。全市 110 个镇（街）因地制宜开展防汛救灾演练，进一步提高镇（街）应急队伍能力。

【肇庆市】

2018 年，根据省防总和市委、市政府工作部署，肇庆市提前防汛备汛，科学应对，及时处置，严格落实责任，有序开展防汛抗洪各项工作。

做好汛前准备。按照市委、市政府的部署要求，认真开展汛前各项准备工作。组织有关专家召开防汛形势会商会，研究全年防汛形势，早部署，早行动，早落实，全面做好防汛各项准备；组织开展防汛安全大检查，对排查发现的8项安全隐患问题，逐项制订整改措施，落实安全度汛方案；认真落实各项三防工作责任制，层层签订防汛责任书；组织防汛专家研究制定中型水库度汛计划；督促各县（市、区）加强三防物资储备，加强预案编制管理，加强防汛抢险队伍建设。

做好汛期防汛安全。一是加强值班管理。全市各级三防部门严格执行汛期24小时值班和领导带班制，在防御台风"艾云尼""山竹"过程中，省防总多次抽查值班带班情况。二是做好防总的决策参谋作用。在汛期报送各类文件报告400多份；组织筹备各种会商会议、工作会议25次；向各级三防人员发送防御短信7万多条；市三防总指挥部共启动应急响应10次，其中防御台风"山竹"首次启动防风Ⅰ级应急响应；及时派出30多个工作组检查防汛安全和指导抢险抗灾。三是加强重点工程和水库安全的监控。着力加强高要区莲塘围、肇庆新区城市地下综合管廊及同步建设工程四工区长利涌下游段管廊穿堤工程、德庆县冲源水库等重点工程和部分存在问题的小型工程、水库的安全监控，及时掌握这些工程的水雨情，多次派出工作组检查工程进展和安全管理情况。四是加强协调。防御台风"山竹"期间，启动31个成员单位联合值守和市防总9个工作小组参与，为三防指挥决策和协调调度提供强有力支撑。五是加强宣传。通过移动、联通、电信三大运营商发出防御指引短信3500万条，及时发布预警信息和防御指引，提高人民群众自主避险能力。同时，投入15万元资金启动防灾减灾公益片拍摄制作。

积极推进三防系统标准化建设。至11月底，已完成全市三防标准化建设，完善三防预案、工作制度和系统信息化升级改造等，新建三防指挥长会商室、专家备勤室，补充冲锋舟、土工布、钢筋笼等防汛物资一批。此外，下拨中央特大防汛项目补助资金共1380万元，其中完成总投资840万元用于三防系统标准化建设和山洪灾害非工程措施建设；投资540万元用于水毁水利工程修复（58宗水毁工程项目于2019年3月底前完成）。

【清远市】

2018年，清远市积极落实防汛责任制，未雨绸缪，抓好防汛备汛，加强风险隐患排查，加强抢险队伍建设，有力有序组织暴雨台风防御，三防工作成效显著。

做好灾害汛前防御准备。市委书记郭锋、市长黄喜忠等主要领导多次就防汛备汛工作作出批示（指示）。5月8日，市长黄喜忠主持召开全市三防工作会议，要求各级各部门高度重视，时刻绷紧三防减灾这根弦。28日，副市长雷玉春主持召开全市防汛工作视频会议，分析研判当前三防形势，对全市三防工作再动员、再部署、再落实。6月23日，市三防指挥部召开各县（市、区）和镇（乡、街、场）三防办相关领导和人员视频会议，研究下一阶段三防工作。

压紧夯实防汛责任。市三防指挥部及时调整充实组成单位和相关人员，并向社会公布全市水利工程行政责任人名单。举办为期2天的三防防灾减灾培训班，各县（市、区）防办、各乡镇有关领导和各大中型水库负责人近200多人参训。各县先后组织防灾救灾知识培训班30多场次，镇村领导干部和相关工作人员参训。另外，及时对全市3万多三防责任人数据进行更新。

加强风险隐患排查与防控。建立健全辖区防汛防台风风险隐患排查和整治台账，全面加强防灾风险管理。全市共排查风险隐患5187处，其中山洪地质灾害隐患点346处，削坡建房认定可能引发灾害点134处，沿河、临海低洼区351处，内涝黑点51处，危房2003处，灾害易发区铁皮屋274处、有人居住泥砖房1991处、建筑工地57处。针对存在问题实行一县一单，逐县（市、区）下发《防汛备汛督查意见书》，要求各地对安全隐患及时整改治理和落实防控措施，确保安全度汛。组织开展防御“龙舟水”安全隐患排查和风险防控专项行动，要求各地5月底完成自查，6月上旬开展督查和交叉检查，确保各项措施落实到位。

做好重大灾害应对。在抗击台风“艾云尼”灾害中，按照省防总和市委、市政府统一部署，提前下发通知，及时向全市3万多责任人发出预警及应急响应信息，并对防御工作提出具体要求。通过视频、电话等手段检查各地值班值守情况，确保防御措施落实到位。及时启动应急响应，部署各地做好应对。紧急协调各有关单位，调运防汛包、大功率抽水设备和组织抢险队伍，成功处置清远市第三中学内涝事件，确保高考顺利进行。

此外，修编完善市、县、镇、村预案和制度，不断推动各级修订和完善各类预案，指导各地编制水库调度运行方案和抢险预案；试点县、试点镇三防标准化建设已基本完成。

【潮州市】

2018年，潮州市进一步落实三防工作责任制，组织做好灾害防御工作，在抗击低温冰冻、防旱抗旱等灾害中取得较好成效。

做好低温冰冻防御。1月下旬起，各级三防部门加强24小时值班和领导带班制，密切观注气温变化情况，及时做好信息上传下达工作，市三防指挥部先后转发省防总《关于进一步做好低温冰冻防御工作的通知》《关于贯彻落实省委主要领导同志重要批示的通知》，并及时启动防冻Ⅳ应急响应。副市长赖建华率检查组实地检查指导市凤溪水库工程防御低温冰冻工作落实情况。全市共派出工作组167个、开放应急避护场703个，发放棉大衣90件、棉被637张、大米12190公斤、食用油3482升，发放慰问金42.38万元。农业部门组织专家及技术人员深入到易出现灾情的地区和农业生产基地，检查指导做好农业生产防冰冻，并对防寒知识进行宣传，提高群众防范意识；交通部门加强对公路水路基础设施巡查监管，特别是落实山区公路24小时巡查监管，确保在冰冻天气和春运期间旅客平安和道路畅通；市气象部门加强监测预报，及时发布低温寒冷预警信号，及时启动气象灾害（寒冷）Ⅲ级应急响应。

做好防旱抗旱。4月下旬，市三防指挥部及时发出《关于做好当前防旱抗旱工作的通知》，并全面分析部署防旱抗旱工作。副市长胡鹏率市财政、水务、农业等部门领导到饶平县实地检查指导抗旱。韩江潮州供水枢纽管理处针对入库流量较少情况，于5月31日11时按抗旱调度原则运行，确保枢纽下游韩江沿岸群众生活用水。对农村群众饮水困难问题，主要是发动群众自救，采取打井、挖井等措施挖掘水源。饶平县日出动机械设备756台套，临时解决旱区群众生活用水和部分作物用水需要，有效缓解当地群众生活、生产用水困难。全市共投入抗旱资金688.3万元，参与抗旱人数达5.53万人，累计出动机动抗旱设备1万台套，装机容量9.95万千瓦，开动泵站150处，启用机电井510眼，抗旱用电273.3万度，用油95.3吨，抗旱浇灌1.32万公顷。

【揭阳市】

2018年，在市委、市政府的正确领导下，揭阳市坚持以人为本，早动员，早部署，有效落实灾害防御措施，在防御、抗击“8·27”特大暴雨和超强台风“山竹”等灾害中取得明显成效，实现人员零伤亡、交通零事故、水利零报险、治安零案件、卫生零疫情“五个零”的阶段性成果。

抓好责任制的落实。全面落实水利工程防汛行政首长责任制，抓好水库、堤围、水闸、水电站等水利工程防汛责任制的整改落实，及时查漏补缺，掌握工程存在问题和薄弱环节，落实整改措施。全市21座大中型水库、446座小型水库、243座水闸、36宗捍卫面积5千亩以上堤防和74宗水电站全部落实防汛责任人并签订责任书，在新闻媒体或公开栏公布防汛责任人名单，接受社会监督。同时，市三防指挥部指挥长和各成员单位全部实行AB角制度，进一步完善三防工作责任制。

抓好汛前防汛准备。一是组织汛前防汛准备安全大检查，确保水利工程安全度汛。1月23日，市三防指挥部发出《关于开展2018年汛前防汛备汛工作大检查的通知》；3月12—16日，组成5个检查督导组赴全市各地进行检查落实。做到宗宗有检查、检查有记录，确保不漏一宗一项；二是抓好存在问题的落实整改。对51宗水利工程存在的问题，市三防指挥部于3月6日发出《关于进一步做好2018年防汛备汛和落实整改工作的通知》，建立台账，逐宗落实整改措施，确保工程安全度汛。

做好强降水和台风防御。一是领导高度重视，靠前指挥。在防御台风“山竹”期间，市长叶牛平3次到市三防指挥部全面部署防风工作，并于9月15日赴惠来县基层一线开展防风指导。14日，派出8个督查组分赴各县（市、区）检查指导防台抗台工作。二是及时启动应急响应。在防御台风暴雨洪水期间，先后启动防风Ⅱ级、Ⅲ级应急响应各1次，启动防御暴雨洪水Ⅲ级应急响应1次、Ⅳ级2次。三是做好安全转移和抢险救援。严格按照“五个百分之百”的要求，组织受影响区域渔船、海上作业人员一律上岸避险。市公安、消防、武警支队分别派出100名消防官兵赶赴揭西、普宁等受灾区域增援抢险救灾，确保人民群众生命财产安全。

抓好汛期山区防灾安全隐患排查和风险防控。完善山区防灾安全隐患排查台账，对检查发现的729处隐患问题，坚持边查边改，落实整改措施，及时消除安全隐患。其中，已采取根治整治措施的有418处；采取应急防控措施的有311处，确保安全。此外，完善三防专家智库体系建设，全市共有各类专家253人，其中市级专家43人，县级及乡镇“土”专家210人。

【云浮市】

2018年，云浮市积极落实防汛责任制，严格落实防御措施，全力以赴组织抗灾抢险，最大程度降低灾害损失。

严格落实责任，强化能力培训。全市共有各级责任人75162人。全市240宗中小型水库、189座水闸、5宗五千亩以上堤防、351宗水电站、1172宗库容1万立方米以上山塘均已落实防汛责任人，并编制防洪预案，签订防汛责任书2508份。4月15日，在《云浮日报》公示全市中型水库、重点堤防相关责任人。年内，累计组织市、县、镇、村四级三防责任人和相关工作人员共2257人参与培训，其中市三防办于6月29日组织市、县、镇三级三防责任人共180多人参训。

加强风险隐患排查和治理。一是做好汛前防汛备汛安全检查后续整治和防控。至4月27日，全市共排查出重大防灾风险源和隐患点122项、削坡建房认定可能引发灾害点1360处、沿河低洼区378处、内涝黑点19处、灾害易发区建筑工地2处、山洪灾害隐患点254处、危房6707间、灾害易发区有人居住泥砖房644间，均已落实应急防控和整治措施。二是加强汛期水利工程风险管控和隐患检查。5 月 10—14 日，组织对全市水利工程安全度汛工作进行再次督导检查，及时对有度汛任务的 30 宗在建工程和 293 宗在管工程开展检查，发现 4 宗工程存在安全度汛问题，均已采取放空库容等应急防控措施。全市现有在建水利工程应急度汛项目 20 宗，建设投资 3.57 亿元；西江干流沿岸防洪工程存在重点隐患 5 处，均已编制应急预案和度汛方案。在汛期排查出存隐患的 14 宗水利工程，其中已落实工程措施整改 6 宗，落实应急防控非工程措施 8 宗。同时，指导加强保障城区排水设施运行管理，清淤疏堵排水井、检查井 3260 座，更新改造雨水井、检查井 843 座。

加强应急抢险救援体系建设。组织各地、各防汛抢险队伍和相关单位共 613 人参与应急培训和演练；组织全市 63 个镇（街）至少进行一次危险区域人员转移预案演练。进一步加强抢险物资建设和管理，市、县、镇三防物资仓库共有 5261 平方米，储备主要有编织袋 135.9 万条，编织布 5.3 万平方米，土工布 0.9 万平方米，钢筋笼 500 只，桩木 193 立方米，冲锋舟、橡皮舟 177 艘、救生衣 0.9 万件、救生圈 1049 只、大功率水泵 98 台、应急照明设备 315 套、应急发电机组 18 台及其他相关机械、物资一批。

加强三防能力标准化建设。至年底，全市落实资金 1116.87 万元，市本级三防标准化功能区和防汛抗洪抢险视频指挥平台设备高清升级改造已基本完成；市本级、云城区、新兴县、郁南县三防标准化建设已基本完成；云安区、罗定市正加紧推进。

加强会商预警预报和信息报送。全市各地、各相关单位累计推送预警信息和相关短信超 4000 万条，其中市本级通过各种信息化系统发出预警信息 230 条。累计草拟发送各类公文、明电、通知、报告、总结等文件共计 632 份。全市气象部门共发布材料共 749 份，各类预警信号 48 次，启动台风、暴雨等气象灾害应急响应共 45 次。

全力以赴抗灾抢险。主要领导亲自部署、靠前指挥，全市上下全面动员抗灾抢险。一是适时启动和调整应急响应。市三防指挥部共启动应急响应 8 次，其中 9 月 16 日 12 时启动防风Ⅰ级应急响应，为防风历史首次。应急防御期间市防总多次派出督导组督查各地防御工作情况，累计有 21 个单位参与联合值守。二是做好群众转移避险。应急防御期间，全市累计派出 2025 个工作组进村入户指导防风和人员转移，转移安置 7.06 万人，开放避险安置点 2900 处。三是加强临灾前隐患排查。累计出动巡查排险人员 40338 人次，巡查各类隐患点 19794 处。四是全力抢险抗灾。军分区、武警、公安消防等部门提前集结，快速反应，在抢险救灾中发挥主力军作用。累计出动抢险救灾人员 24587 人次，冲锋舟、橡皮艇 191 艘次，工程和运输车辆 3048 辆次，工作设备 1835 台次。

附　　录

文件法规

广东省人民政府令

（第 254 号）

《广东省气象灾害防御重点单位气象安全管理办法》已由广东省人民政府第十三届 1 次常务会议于 2018 年 2 月 1 日通过，现予公布，自 2018 年 6 月 1 日起施行。

省 长 马兴瑞

2018 年 4 月 12 日

广东省气象灾害防御重点单位气象安全管理办法

（2018年2月1日广东省人民政府第十三届1次常务会议通过）

第一章 总 则

第一条 为了加强对气象灾害防御重点单位的管理，避免、减轻气象灾害造成的损失，保障人民生命财产安全，根据《广东省气象灾害防御条例》等法规，结合本省实际，制定本办法。

第二条 本办法适用于本省行政区域内气象灾害防御重点单位的管理及监督检查。

本办法所称气象灾害防御重点单位（以下简称重点单位），是指在发生台风、暴雨、雷电、大风、高温、寒冷等灾害性天气时，容易直接或者间接造成人员伤亡、较大财产损失或者发生生产安全事故的单位。

第三条 市、县、区人民政府负责确定并公布本行政区域内的重点单位。县级以上人民政府应当加强对重点单位管理工作的组织领导和经费保障。

第四条 县级以上气象主管机构应当加强对重点单位的指导和监督管理，健全气象灾害防御标准和规则。县级以上人民政府有关部门在各自职责范围内做好对重点单位气象灾害防御的指导和监督管理工作。

第二章 重点单位的确定

第五条 市、县、区人民政府确定重点单位应当综合考虑以下因素：

（一）单位所处区域的气象灾害风险等级；

（二）单位的位置及其所处区域的地形、地质、地貌、气象、环境等条件；

（三）单位的重要性、生产特性；

（四）遭受灾害性天气时可能造成的损失程度。

第六条 下列单位可以确定为重点单位：

（一）学校（含幼儿园）、医院以及火车站、民用机场、轨道交通、高速公路、客运车站和客运码头等人员密集场所的经营管理单位；

（二）易燃易爆、有毒有害等危险物品的生产、充装、储存、供应、运输或者销售单位；

（三）重大基础设施、大型工程、公共工程等在建工程的业主单位；

（四）电力、燃气、供水、通信、广电等对国计民生有重大影响的企事业单位；

（五）旅游景区、主题公园、风景区的经营管理单位，重点文物保护单位；

（六）渔业捕捞、船舶运输、渔港、海上平台、跨海桥梁等的经营管理单位；

（七）大型生产、大型制造业单位或者大型劳动密集型企业；

（八）其他因气象灾害容易造成人员伤亡、较大财产损失或者发生生产安全事故的单位。

第七条　本办法第六条所列单位符合下列条件之一的，应当确定为重点单位：

（一）曾经发生气象灾害或者次生、衍生灾害，造成人员伤亡或者较大财产损失的单位；

（二）在气象灾害极高风险区划内的大型企业；

（三）同时对三种以上灾害性天气高敏感的单位。

第八条　市、县、区气象主管机构应当会同同级人民政府相关部门，根据本办法第五条、第六条、第七条的规定拟定重点单位名录。

市、县、区气象主管机构应当组织专家或者委托第三方专业机构对拟定的重点单位进行评审，评审结果报同级人民政府，由同级人民政府确定后向社会公布。

重点单位名录应当每两年更新一次。

第九条　重点单位的性质、规模、所处位置等发生重大改变，不再符合本办法第五条、第六条、第七条规定的，经当地市、县、区气象主管机构组织核实后，应当及时将该重点单位移出重点单位名录。

第十条　县级以上气象主管机构应当建立重点单位信息库，内容包括单位名称、地址、需要防御的灾害种类、气象灾害防御责任人、应急管理人等。信息库内容应当根据重点单位反馈信息及时更新。

县级以上气象主管机构应当建立信息共享机制，与重点单位之间实现预报预警信息、灾情信息等内容的互联互通。

第三章　重点单位气象灾害防御

第十一条　重点单位应当根据易造成影响的气象灾害种类，建立灾害风险防控机制，加强防风、防涝、防雷等工程设施建设，提高经营场所、设施设备、生产工具、机械装置等的防灾抗灾能力。

第十二条　重点单位的主要负责人是本单位气象灾害防御责任人，对本单位的气象灾害防御负全面责任。

重点单位应当确定气象灾害应急管理人，并报当地气象主管机构。气象灾害应急管理人应当具备一定的气象灾害风险管理能力。

重点单位应当建立灾害性天气发生期间的值班制度，并落实值班人员的岗位责任。

第十三条　气象灾害防御责任人应当履行下列气象灾害防御职责：

（一）组织制定气象灾害防御制度并督促实施；

（二）保障本单位气象灾害防御相关工作所必需的经费；

（三）在灾害性天气影响或者气象灾害发生期间，指挥开展气象灾害防御及自救互救等工作；

（四）法律、法规规定的其他气象灾害防御职责。

第十四条　气象灾害应急管理人应当履行下列气象灾害防御职责：

（一）组织制定本单位气象灾害应急预案，开展应急预案演练及知识培训。

（二）根据所在地易发气象灾害类型及其对本单位的危害，组织开展气象灾害隐患排查，确定防御重点部位，设置安全标志，保障气象信息接收与传播等设施正常运行；定期开展巡查，对检查发现的隐患，提出整改意见，并督促落实整改。

（三）在灾害性天气影响或者气象灾害发生期间，开展气象灾害防御及救援等工作，气象灾害发生以后，及时收集灾情。

（四）建立健全本单位气象灾害防御档案。

第十五条 重点单位应当制定完善气象灾害应急预案，或者在单位综合应急预案中包含气象灾害防御内容。

重点单位应当每年至少组织一次气象灾害应急演练，并做好记录和存档。

重点单位应当开展气象灾害防御知识培训，对相关岗位的员工每年至少培训一次，新员工上岗前应当接受气象灾害防御知识培训。

县级以上气象主管机构应当对重点单位预案编制、应急演练和培训给予指导。

第十六条 重点单位应当结合本单位实际情况，设置电视、甚高频广播、电话机、手机、传真机、计算机或者电子显示屏等接收终端，接收气象灾害预报预警信息。

县级以上气象主管机构应当提高气象灾害预报预警能力和水平，利用信息共享机制，及时向重点单位发送灾害性天气警报和气象灾害预警信号。

第十七条 重点单位接收到灾害性天气警报和气象灾害预警信号时，应当及时通过有效途径在单位内部传播预警信息，开展隐患排查，安排相关人员进入岗位，根据预案及时启动应急响应。

发生气象灾害或者由其造成的生产安全事故，可能危及相邻区域安全时，重点单位应当立即向所在地人民政府有关部门报告情况，并服从政府有关部门的指挥、调度。鼓励重点单位积极参与抢险救援和灾后秩序恢复工作。

第十八条 灾害性天气警报和气象灾害预警信号生效期间，重点单位应当根据本单位实际，按照相应的防御指引或者标准规范，采取防御措施。

不同类别的重点单位还应当采取下列重点防御措施：

（一）人员密集场所及劳动密集型企业等重点单位接收到台风、暴雨、雷电等预报预警信息时，应当对因天气原因滞留的人员提供临时安全避险场所或者采取相应的安全措施。

（二）在建工程重点单位接收到台风、雷雨大风、雷电预报预警信息时，应当采取加固措施，加强工棚、脚手架、井架等设施和塔吊、龙门吊、升降机等机械、电器设备的安全防护，受影响较大的区域应当停止高空作业和户外施工；接收到暴雨预报预警信息时，应当暂停户外作业，切断低洼地带有危险的室外电源，及时疏通地下排水管道或者加设临时排水措施，地下工程施工要严密监视地质变化和施工支撑体系变化。

（三）易燃易爆类重点单位接收到台风、雷雨大风、雷电预报预警信息时，应当采取停止户外作业、切断危险电源等防御措施，并及时调整生产作业；接收到高温预报预警信息时，应当对生产、充装、储存设施和运输工具采取隔热降温措施，必要时停止户外露天作业。

（四）旅游景区、主题公园、风景区、重点文物保护单位等重点单位接收到台风、暴雨、大风、雷电等预报预警信息时，应当及时向游客发出警示信息，适时采取关闭相关区域、停止营业、组织人员避险等措施。

（五）在海域、水域从事捕捞、运输、开采等生产经营活动的重点单位接收到台风、暴雨等预报预警信息时，应当及时组织船舶和相关人员采取停止作业、回港避风等措施，确保人员安全。

第十九条 重点单位应当结合本单位的特点组织定期巡查。定期巡查应当包括以下内容：

（一）气象灾害防御重点部位管理情况；

（二）气象灾害隐患整改及防范措施的落实情况；

（三）雷电防护装置检测及维护保养情况；

（四）其他需要巡查的内容。

定期巡查应当做好记录。记录内容应当包括巡查时间、巡查人员、巡查内容和部位、巡查结果及处置情况等，巡查记录由巡查人员签字确认。

第二十条 重点单位应当按照有关法律法规和标准的要求，委托有资质的雷电防护装置检测机构对本单位的建筑物、构筑物雷电防护装置进行检测，检测报告存档备查。

重点单位的爆炸和火灾危险环境场所雷电防护装置应当每半年检测一次，其他场所的雷电防护装置应当每年检测一次。

第二十一条 气象灾害发生后，重点单位应当及时向当地县级以上人民政府民政主管部门、气象主管机构等报告受灾情况。

第二十二条 重点单位应当建立健全气象灾害防御档案，并统一保管。气象灾害防御档案应当包括以下内容：

（一）单位基本情况和易受影响的主要气象灾害种类，灾害风险点与危险源的具体部位；

（二）明确气象灾害防御工作管理部门及气象灾害防御责任人、气象灾害应急管理人的相关文件资料；

（三）气象灾害防御工作制度，包括气象灾害应急预案、巡查办法、应急演练计划、值班制度等；

（四）雷电防护装置设计、施工、检测等相关文件、资料；

（五）气象灾害应急演练和气象灾害防御知识培训记录、定期巡查记录及隐患排查、整改情况记录，防御设施、装置、器材等的检修记录；

（六）气象灾害发生及应急处置情况；

（七）其他需要归档的资料。

第四章 服务与监督

第二十三条 重点单位因保险理赔需要出具气象灾害证明的，灾害发生地县级以上气象主管机构所属的服务部门应当免费为其出具。

第二十四条 农业生产类重点单位可以根据自身生产需求，设置温度、湿度、降雨、日照等气象要素的监测设备，并将监测数据传输到当地气象主管机构。县级以上气象主管机构或者其所属服务部门应当予以指导，并对可能影响农产品气候品质的气象灾害防御措施提出建议。

第二十五条 旅游经营类重点单位可以根据自身生产经营需求，设置温度、湿度、降雨、紫外线、能见度、负氧离子、人体舒适度等气象监测设备，并将监测数据传输到当地气象主管机构。县级以上气象主管机构或者其所属服务部门应当予以指导。

第二十六条 鼓励相关行业协会、气象信息服务单位开展重点单位生产活动与气象因子关系研究，并有针对性地为重点单位提供气象服务，提高气象灾害防御能力。

重点单位可以根据经营、生产活动需要，定制个性化的气象服务。

第二十七条 鼓励相关行业协会建立重点单位评价机制，依照标准规范对重点单位防御气象灾害的能力和水平进行评定和公布。

鼓励重点单位参加气象灾害防御能力和水平评价。鼓励保险机构将重点单位的气象灾害防御能力和水平评价结果纳入相关保险费率风险评估因素之一。

第二十八条 县级以上气象主管机构应当对重点单位履行气象灾害防御职责情况组织专项检查或者抽查，并对检查结果予以通报。必要时可以会同经济与信息化、教育、国土资源、住房城乡建设、安全生产监管、旅游等部门开展联合检查。

第二十九条 对重点单位监督检查应当包括以下内容：

（一）气象灾害防御工作制度建设情况；

（二）气象灾害预报预警信息接收终端建设和运行情况；

（三）制定完善气象灾害应急预案及开展应急演练、培训情况；

（四）开展气象灾害防御定期巡查、隐患排查及整改情况；

（五）雷电防护装置检测情况；

（六）灾害性天气应急处置及灾情上报情况；

（七）气象灾害防御档案建立情况；

（八）法律法规和规章规定的应当实施监督检查的其他情况。

第五章　法律责任

第三十条 重点单位违反本办法第十一条至第二十二条规定，未履行气象灾害防御职责的，由市、县、区气象主管机构责令改正；存在气象灾害隐患的，责令限期整改；构成违反治安管理行为的，由公安机关依法给予处罚；涉嫌犯罪的，移送司法机关处理。

第三十一条 各级人民政府、气象主管机构和其他有关主管部门及其工作人员违反本办法规定，未依法履行职责的，由上级机关或者监察机关责令改正；情节严重的，对直接负责的主管人员和其他直接责任人员依法给予处分；涉嫌犯罪的，移送司法机关处理。

第六章　附　则

第三十二条 本办法自2018年6月1日起施行。

文件法规

广东省人民政府令

（第 255 号）

《广东省气象灾害预警信号发布规定》已由广东省人民政府十三届第 25 次常务会议修订于 2018 年 10 月 11 日通过，现予公布，自 2019 年 1 月 1 日起施行。

省长 马兴瑞

2018 年 10 月 25 日

广东省气象灾害预警信号发布规定

（2018 年 10 月 11 日广东省人民政府十三届第 25 次常务会议修订通过）

第一条 为了加强气象灾害防御，避免、减轻气象灾害造成的损失，保护人民生命财产安全，根据《中华人民共和国气象法》《气象灾害防御条例》和《广东省气象灾害防御条例》等法律、法规，结合本省实际，制定本规定。

第二条 在本省行政区域和管辖海域内发布气象灾害预警信号的，应当遵守本规定。

本规定的气象灾害预警信号（见附件）是本省防御气象灾害的统一信号。

气象灾害预警信号由名称、图标、含义和防御指引组成，分为台风、暴雨、高温、寒冷、大雾、灰霾、雷雨大风、道路结冰、冰雹、森林火险等。

第三条 气象灾害预警信号由县级以上气象主管机构所属的气象台站统一发布。任何组织和个人不得向公众传播非气象主管机构所属气象台站提供的气象灾害预警信号。

县级以上气象主管机构所属的气象台站应当根据天气变化情况，及时更新或者解除气象灾害预警信号，并通报本级人民政府有关应急处置部门和抢险单位。

第四条 广播、电视、新媒体和有关通信运营单位应当及时播发气象主管机构所属气象台站提供的气象灾害预警信号或者相关信息。有关通信运营单位应当确保通过其公用通信网络传递的气象灾害预警信号传递畅通。播发气象灾害预警信号的具体办法，由省气象主管机构会同省广播电视、通信行业管理部门制定。

第五条 各级人民政府应当加强对灾害性天气监测预报系统、气象灾害预警信号播发系统和防御系统基础设施的建设，不断提高本地的预警水平、播发质量和防御能力。

第六条 各级人民政府及有关部门应当参照本规定气象灾害预警信号中的防御指引，结合当地和本部门情况，制定防御气象灾害的具体措施。

第七条 各级人民政府及有关部门、新闻媒体应当采取多种方式宣传气象灾害预警信号，提高公众防灾减灾意识和能力。

第八条 单位和个人应当按照本规定以及当地人民政府或者有关主管部门的规定，采取措施，积极防御，避免或者减少灾害损失。

第九条 违反本规定第三条、第四条的规定，有下列行为之一的，由县级以上气象主管机构依照《气象灾害防御条例》的有关规定处罚；构成违反治安管理行为的，由公安机关依法给予处罚：

（一）向公众传播非气象主管机构所属气象台站提供的气象灾害预警信号的；

（二）未按要求播发气象主管机构所属气象台站提供的气象灾害预警信号或者相关信息的。

第十条 本规定自 2019 年 1 月 1 日起施行。2006 年 3 月 27 日广东省人民政府第十届 89 次常务会议通过的《广东省突发气象灾害预警信号发布规定》同时废止。

附件：广东省气象灾害预警信号

广东省气象灾害预警信号

一、台风预警信号

台风预警信号分五级，分别以白色、蓝色、黄色、橙色和红色表示。

（一）台风白色预警信号

图标：

含义：48 小时内将受台风影响。

防御指引：

1. 进入台风注意状态，警惕台风对当地的影响。
2. 注意通过气象信息传播渠道了解台风的最新情况。

（二）台风蓝色预警信号

图标：

含义：24 小时内将受台风影响，平均风力可达 6 级以上，或者阵风 8 级以上；或者已经受台风影响，平均风力为 6～7 级，或者阵风 8～9 级并将持续。

防御指引：

1. 进入台风戒备状态，做好防御台风准备。
2. 注意了解台风最新消息和政府及有关部门防御台风通知。
3. 加固门窗和板房、铁皮屋、棚架等临时搭建物，妥善安置室外搁置物和悬挂物。
4. 海水养殖、海上作业人员应当适时撤离，船舶应当及时回港避风或者采取其他避风措施。

（三）台风黄色预警信号

图标：

含义：24 小时内将受台风影响，平均风力可达 8 级以上，或者阵风 10 级以上；或者已经受台风影响，平均风力为 8～9 级，或者阵风 10～11 级并将持续。

防御指引：

1. 进入台风防御状态，密切关注台风最新消息和政府及有关部门发布的防御台风通知。

2. 中小学校、幼儿园、托儿所应当停课，未启程上学的学生不必到校上课；上学、放学途中的学生应当就近到安全场所暂避或者在安全情况下回家；学校应当妥善安置在校（含校车上、寄宿）学生，在确保安全的情况下安排学生离校回家。

3. 居民应当关紧门窗，妥善安置室外搁置物和悬挂物，尽量避免外出；处于危险地带和危房中的人员应当及时撤离，确保留在安全场所。

4. 停止户外集体活动，停止高空等户外作业。

5. 滨海浴场、景区、公园、游乐场应当适时停止营业，关闭相关区域，组织人员避险。

6. 海水养殖、海上作业人员应当撤离，回港避风船舶不得擅自离港，并做好防御措施。

7. 相关应急处置部门和抢险单位加强值班，实时关注灾情，落实应对措施。

（四）台风橙色预警信号

图标：

含义：12 小时内将受台风影响，平均风力可达 10 级以上，或者阵风 12 级以上；或者已经受台风影响，平均风力为 10～11 级，或者阵风 12 级以上并将持续。

防御指引：

1. 进入台风紧急防御状态，密切关注台风最新消息和政府及有关部门发布的防御台风通知。

2. 中小学校、幼儿园、托儿所应当停课，学校应当妥善安置寄宿学生。

3. 居民避免外出，确保留在安全场所。

4. 停止室内大型集会，立即疏散人员。

5. 滨海浴场、景区、公园、游乐场应当停止营业，迅速组织人员避险。

6. 加固港口设施；落实船舶防御措施，防止走锚、搁浅和碰撞。

7. 相关应急处置部门和抢险单位密切监视灾情，做好应急抢险救灾工作。

（五）台风红色预警信号

图标：

含义：12 小时内将受或者已经受台风影响，平均风力可达 12 级以上，或者已达 12 级以上并将持续。

防御指引：

1. 进入台风特别紧急防御状态，密切关注台风最新消息和政府及有关部门发布的防御台风通知。

2. 中小学校、幼儿园、托儿所应当停课，学校应当妥善安置寄宿学生；建议用人单位停工（特殊行业除外），并为滞留人员提供安全的避风场所。

3. 居民切勿外出，确保留在安全场所。

4. 当台风中心经过时风力会减小或者静止一段时间，应当保持戒备和防御，以防台风中心经过后强风再袭。

5. 相关应急处置部门和抢险单位严密监视灾情，做好应急抢险救灾工作。

二、暴雨预警信号

暴雨预警信号分三级，分别以黄色、橙色、红色表示。

（一）暴雨黄色预警信号

图标：

含义：6 小时内本地将有暴雨发生，或者已经出现明显降雨，且降雨将持续。

防御指引：

1. 进入暴雨戒备状态，关注暴雨最新消息。

2. 中小学校、幼儿园、托儿所应当采取适当措施，保证学生和幼儿安全。

3. 驾驶人员应当注意道路积水和交通阻塞，确保安全。

4. 做好低洼、易涝地区的排水防涝工作。

（二）暴雨橙色预警信号

图标：

含义：在过去的 3 小时，本地降雨量已达 50 毫米以上，且降雨将持续。

防御指引：

1. 进入暴雨防御状态，密切关注暴雨最新消息。

2. 学生可以延迟上学；上学、放学途中的学生应当就近到安全场所暂避。

3. 暂停户外作业和活动，尽可能留在安全场所暂避。

4. 行驶车辆应当尽量绕开积水路段及下沉式立交桥，避免穿越水浸道路，避免将车辆停放在低洼易涝等危险区域。

5. 相关应急处置部门和抢险单位应当加强值班，密切监视灾情，对积水地区实行交通疏导和排水防涝；转移危险地带和危房中的人员到安全场所暂避。

6. 对低洼地段室外供用电设施采取安全防范措施。

7. 注意防范暴雨可能引发的内涝、山洪、滑坡、泥石流等灾害。

（三）暴雨红色预警信号

图标：

含义：在过去的 3 小时，本地降雨量已达 100 毫米以上，且降雨将持续。

防御指引：

1. 进入暴雨紧急防御状态，密切关注暴雨最新消息和政府及有关部门发布的防御暴雨通知。

2. 中小学校、幼儿园、托儿所应当停课，未启程上学的学生不必到校上课；上学、放学途中的学生应当在安全情况下回家或者就近到安全场所暂避；学校应当保障在校（含校车上、寄宿）学生的安全。

3. 停止户外作业和活动，人员应当留在安全场所暂避；危险地带和危房中的人员应当撤离。

4. 地铁、地下商城、地下车库、地下通道等地下设施和场所的经营管理单位应当采取有效措施避免和减少损失，保障人员安全。

5. 对低洼地段室外供用电设施采取安全防范措施。

6. 行驶车辆应当就近到安全区域暂避，避免将车辆停放在低洼易涝等危险区域，如遇严重水浸等危险情况应当立即弃车逃生。

7. 相关应急处置部门和抢险单位应当严密监视灾情，做好暴雨及其引发的内涝、山洪、滑坡、泥石流等灾害应急抢险救灾工作。

三、高温预警信号

高温预警信号分三级，分别以黄色、橙色、红色表示。

（一）高温黄色预警信号

图标：

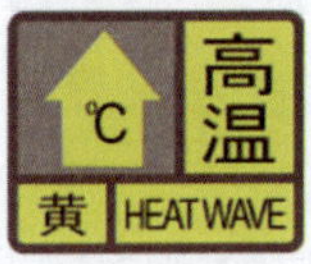

含义：天气闷热，24 小时内最高气温将升至 35℃或者已经达到 35℃以上。

防御指引：

1. 注意防暑降温。

2. 避免长时间户外露天作业或者在高温条件下作业。

3. 加强防暑降温保健知识的宣传。

（二）高温橙色预警信号

图标：

含义：天气炎热，24 小时内最高气温将升至 37℃以上或者已经达到 37℃以上。

防御指引：

1. 做好防暑降温，高温时段尽量避免户外活动，暂停户外露天作业。

2. 注意防范因电线、变压器等电力设备负载过大而引发火灾。

3. 注意作息时间，保证睡眠，必要时准备一些常用的防暑降温药品。

4. 有关单位落实防暑降温保障措施，提供防暑降温指导，有条件的地区开放避暑场所。

5．有关部门应当加强食品卫生安全监督检查。

（三）高温红色预警信号

图标：

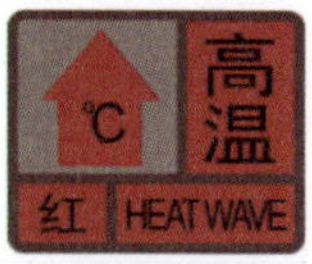

含义：天气酷热，24小时内最高气温将升至39℃以上。

防御指引：

1．采取有效措施防暑降温，白天尽量减少户外活动。

2．对老、弱、病、幼、孕人群采取保护措施。

3．除特殊行业外，停止户外露天作业。

4．单位和个人要特别注意防火。

5．有关单位按照职责采取防暑降温应急措施，有条件的地区开放避暑场所。

四、寒冷预警信号

寒冷预警信号分三级，分别以黄色、橙色、红色表示。

（一）寒冷黄色预警信号

图标：

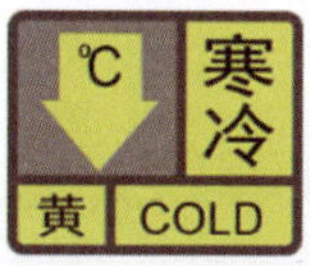

含义：预计因冷空气侵袭，当地气温在24小时内急剧下降10℃以上，或者日平均气温维持在12℃以下。

防御指引：

1．关注寒冷天气最新消息和政府及有关部门发布的防御寒冷通知。

2．注意做好防寒和防风工作，居民适时添衣保暖。

（二）寒冷橙色预警信号

图标：

含义：预计因冷空气侵袭，当地最低气温将降到5℃以下，或者日平均气温维持在10℃以下。

防御指引：

1．密切关注寒冷天气最新消息和政府及有关部门发布的防御寒冷通知。

2．居民尤其是老、弱、病、幼、孕人群做好防寒保暖工作。

3．采取防寒救助措施，适时开放避寒场所。

4．做好牲畜、家禽的防寒防风，对热带、亚热带水果及有关水产、农作物等采取防寒措施。

5. 高寒地区应当采取防霜冻、冰冻措施。

（三）寒冷红色预警信号

图标：

含义：预计因冷空气侵袭，当地最低气温将降到0℃以下，或者日平均气温维持在5℃以下。

防御指引：

1. 严密关注寒冷天气最新消息和政府及有关部门发布的防御寒冷通知。
2. 居民尤其是老、弱、病、幼、孕人群加强防寒保暖工作。
3. 采取防寒救助措施，开放避寒场所。
4. 农业、林业、水产业、畜牧业、交通运输、供电等单位应当采取防寒防冻措施。
5. 相关应急处置部门和抢险单位应当做好灾害应急抢险救灾工作。

五、大雾预警信号

大雾预警信号分三级，分别以黄色、橙色、红色表示。

（一）大雾黄色预警信号

图标：

含义：12 小时内将出现能见度小于 500 米的雾，或者已经出现能见度小于 500 米、大于等于 200 米的雾且将持续。

防御指引：

1. 驾驶人员注意安全，小心驾驶。
2. 机场、轨道交通、高速公路、港口码头等经营管理单位加强管理，保障安全。
3. 户外活动注意安全。

（二）大雾橙色预警信号

图标：

含义：6 小时内将出现能见度小于 200 米的雾，或者已经出现能见度小于 200 米、大于等于 50 米的雾且将持续。

防御指引：

1. 驾驶人员应当控制车、船行驶速度，确保安全。
2. 机场、轨道交通、高速公路、港口码头等经营管理单位采取有效措施，加强调度指挥，保障安全。
3. 减少户外活动。

(三) 大雾红色预警信号

图标：

含义：2 小时内将出现能见度低于 50 米的雾，或者已经出现能见度低于 50 米的雾且将持续。

防御指引：

1. 有关单位按照行业规定适时采取交通安全管制措施，如机场暂停飞机起降、高速公路暂时封闭、轮渡暂时停航等。

2. 各类机动交通工具采取有效措施保障安全。

3. 驾驶人员采取合理行驶方式，并尽快寻找安全停放区域停靠。

4. 避免户外活动。

六、灰霾天气预警信号

灰霾预警信号，以黄色表示。

图标：

含义：12 小时内将出现灰霾天气，或者已经出现灰霾天气且将持续。

防御指引：

1. 驾驶人员注意安全，小心驾驶。

2. 机场、高速公路、港口码头等经营管理单位采取措施，保障安全。

3. 居民需适当防护，减少户外活动，建议中小学校、幼儿园、托儿所适时停止户外活动。

七、雷雨大风预警信号

雷雨大风预警信号分三级，分别以黄色、橙色、红色表示。

(一) 雷雨大风黄色预警信号

图标：

含义：6 小时内本地将受雷雨天气影响，平均风力可达 6 级以上，或者阵风 8 级以上，并伴有强雷电；或者已经受雷雨天气影响，平均风力达 6 ~ 7 级，或者阵风 8 ~ 9 级，并伴有强雷电，且将持续。

防御指引：

1. 关注雷雨大风最新消息和有关防御通知，做好防御大风、雷电工作。

2. 及时停止户外集体活动，停止高空等户外作业。

3. 居民应当关紧门窗，妥善安置室外搁置物和悬挂物，尽量避免外出，留在有雷电防护装置的安全场所暂避。

4．公园、景区、游乐场等户外场所应当做好防护措施，确保人员安全。

5．采取必要措施，保障易受雷击的设备设施和场所的安全。

6．机场、轨道交通、高速公路、港口码头等经营管理单位应当采取措施，保障安全。

（二）雷雨大风橙色预警信号

图标：

含义：2 小时内本地将受雷雨天气影响，平均风力可达 8 级以上，或者阵风 10 级以上，并伴有强雷电；或者已经受雷雨天气影响，平均风力为 8～9 级，或者阵风 10～11 级，并伴有强雷电，且将持续。

防御指引：

1．密切关注雷雨大风最新消息和有关防御通知，迅速做好防御大风、雷电工作。

2．立即停止户外活动和作业。

3．居民应当关紧门窗，妥善安置室外搁置物和悬挂物。

4．居民应当避免外出，远离户外广告牌、棚架、铁皮屋、板房等易被大风吹动的搭建物，切勿在树下、电杆下、塔吊下躲避，应当留在有雷电防护装置的安全场所暂避。

5．公园、景区、游乐场等户外场所应当及时发出警示信息，适时关闭相关区域，停止营业，组织居民避险。

6．在建工地应当采取防护措施，加强工棚、脚手架、井架等设施和塔吊、龙门吊、升降机等机械、电器设备的安全防护，保障居民安全。

7．机场、轨道交通、高速公路、港口码头等经营管理单位应当迅速采取措施，确保安全。

8．相关应急处置部门和抢险单位密切监视灾情，做好应急抢险救灾工作。

（三）雷雨大风红色预警信号

图标：

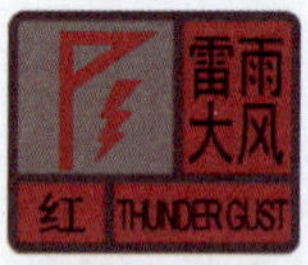

含义：2 小时内本地将受雷雨天气影响，平均风力可达 10 级以上，或者阵风 12 级以上，并伴有强雷电；或者已经受雷雨天气影响，平均风力为 10 级以上，或者阵风 12 级以上，并伴有强雷电，且将持续。

防御指引：

1．严密关注雷雨大风最新消息和有关防御通知，迅速做好防御大风、雷电工作。

2．立即停止户外活动和作业。

3．居民应当关紧门窗，妥善安置室外搁置物和悬挂物。

4．居民切勿外出，远离户外广告牌、棚架、铁皮屋、板房等易被大风吹动的搭建物，切勿在树下、电杆下、塔吊下躲避，应当留在有雷电防护装置的安全场所暂避。

5. 公园、景区、游乐场等户外场所应当立即发出警示信息，立即关闭相关区域，停止营业，组织人员避险。

6. 在建工地应当采取防护措施，加强工棚、脚手架、井架等设施和塔吊、龙门吊、升降机等机械、电器设备的安全防护，保障人员安全。

7. 机场、轨道交通、高速公路、港口码头等经营管理单位应当迅速采取措施，确保安全。

8. 相关应急处置部门和抢险单位密切监视灾情，做好应急抢险救灾工作。

八、道路结冰预警信号

道路结冰预警信号分三级，分别以黄色、橙色、红色表示。

（一）道路结冰黄色预警信号

图标：

含义：12 小时内将出现对交通有影响的道路结冰。

防御指引：

1. 交通运输、公安机关交通管理等部门做好应对准备工作。
2. 驾驶人员注意路况，安全行驶。

（二）道路结冰橙色预警信号

图标：

含义：6 小时内将出现对交通有较大影响的道路结冰。

防御指引：

1. 行人出行注意防滑。
2. 交通运输、公安机关交通管理等部门注意指挥和疏导行驶车辆。
3. 驾驶人员应当采取防滑措施，听从指挥，慢速行驶。

（三）道路结冰红色预警信号

图标：

含义：2 小时内将出现或者已经出现对交通有很大影响的道路结冰。

防御指引：

1. 居民尽量减少外出。
2. 有关部门适时采取交通安全管制措施，必要时封闭结冰道路。
3. 相关应急处置部门和抢险单位密切监视灾情，做好应急抢险救灾工作。

九、冰雹预警信号

冰雹预警信号分二级，分别以橙色、红色表示。

（一）冰雹橙色预警信号

图标：

含义：6 小时内将出现或者已经出现冰雹，并可能造成雹灾。

防御指引：

1. 户外人员及时到安全的场所暂避。
2. 妥善安置易受冰雹影响的室外物品、车辆等。
3. 将家禽、牲畜等赶到带有顶蓬的安全场所。
4. 相关应急处置部门和抢险单位随时准备启动抢险应急方案。

（二）冰雹红色预警信号

图标：

含义：2 小时内出现冰雹的可能性极大或者已经出现冰雹，并可能造成重雹灾。

防御指引：

1. 户外人员立即到安全的场所暂避。
2. 妥善安置易受冰雹影响的室外物品、车辆等。
3. 将家禽、牲畜等赶到带有顶蓬的安全场所。
4. 相关应急处置部门和抢险单位密切监视灾情，做好应急抢险救灾工作。

十、森林火险预警信号

森林火险预警信号分三级，分别以黄色、橙色、红色表示。

（一）森林火险黄色预警信号

图标：

含义：较高火险，森林火险气象等级为三级，林内可燃物较易燃烧，森林火灾较易发生。

防御指引：

1. 进入森林防火防御状态，有关单位应当加强森林防火宣传教育，普及用火安全指引。
2. 加强巡山护林和野外用火的监管工作。
3. 进入森林防火区，注意防火；森林防火区用火要做好防范措施，勿留火种。
4. 充分做好扑火救灾准备工作。

（二）森林火险橙色预警信号

图标：

含义：高火险，森林火险气象等级为四级，林内可燃物容易燃烧，森林火灾容易发生，火势蔓延速度快。

防御指引：

1. 进入森林防火临战状态，有关单位应当进一步加强森林防火宣传教育。
2. 加大巡山护林和野外用火的监管力度。
3. 加强检查，禁止携带火种进山，严格管制野外火源。
4. 充分做好扑火救灾准备工作。

（三）森林火险红色预警信号

图标：

含义：极高火险，森林火险气象等级为五级，林内可燃物极易燃烧，森林火灾极易发生，火势蔓延速度极快。

防御指引：

1. 进入紧急防火状态，有关单位加强值班调度，密切注意林火信息动态。
2. 进一步加强巡山护林，落实各项防范措施，及时消除森林火灾隐患。
3. 严格检查，禁止携带火种进山，严格管制野外火源。
4. 政府可以发布命令，禁止一切野外用火，严格管理可能引发森林火灾的居民生活用火。
5. 做好扑火救灾充分准备工作，森林消防队伍要严阵以待。
6. 发生森林火灾时要及时、科学、安全扑救，确保人民群众生命财产安全。

防灾减灾文摘

省委、省政府印发《关于推进防灾减灾救灾体制机制改革的实施意见》

近日，省委、省政府印发《关于推进防灾减灾救灾体制机制改革的实施意见》（以下简称《实施意见》），并发出通知，要求各地区各部门各单位结合实际认真贯彻落实。

《实施意见》强调，健全属地管理体制，明确各级党委和政府应对自然灾害的事权划分，对达到省级启动响应等级的自然灾害，省委、省政府发挥统筹指导和支持作用，市、县党委和政府在灾害应对中发挥主体作用，承担主体责任；重特大自然灾害灾后恢复重建坚持中央、省统筹指导，市、县党委和政府具体负责，灾区群众广泛参与的机制，协同推进灾后恢复重建。

《实施意见》要求，健全防灾减灾救灾统筹协调体制。省减灾委员会加强对防灾减灾救灾工作的统筹指导和综合协调，强化省减灾委员会办公室在灾情信息管理、综合风险防范、受灾群众生活救助、救灾物资储备、科普宣传教育等方面的工作职能和能力建设。主要灾种防灾减灾救灾指挥机构加强相应灾种风险防范，充分发挥应急指挥作用，省有关部门、中直驻粤有关单位和驻粤部队按照各自职责做好相关工作。牢固树立灾害管理理念，转变重救灾轻减灾思想，将防灾减灾救灾作为公共安全体系建设的重要内容。加强防灾减灾骨干工程建设，完善工程建设标准体系，推进实施农村危房改造工程和自然灾害隐患点治理与居民搬迁避让工程。实施公众自救互救能力提升工程，定期开展针对不同群体的防灾减灾宣传教育活动，强化防灾救灾演练，深入创建综合减灾示范社区。探索建立珠江三角洲和粤东西北多灾易灾地区等区域在灾情信息、救灾物资、救援力量等方面的区域协同联动机制。

《实施意见》提出，完善社会力量和市场参与机制。鼓励支持社会力量全方位参与常态减灾、应急救援，过渡安置。恢复重建等工作，构建多方参与的社会化防灾减灾救灾格局。充分发挥市场机制作用，将保险工作纳入救灾工作体系，全面实施巨灾指数保险，积极推行农业保险和农村住房保险等惠民保险政策，提高灾害救助保障水平。

《实施意见》强调，全面提升综合减灾能力。强化灾害风险防范，健全完善防汛备汛联合督察机制，加强灾害风险评估、隐患排查治理，市、县要完善灾前群众避险转移安置机制，制订相关预案。建立灾害预警信息快速发布与传播机制，加强灾害预警信息发布工作人才队伍、基层灾害信息员队伍建设。提高科技支撑水平，推动省和有条件的地级以上市依托现有机构成立减灾中心，为防灾减灾救灾工作提供信息服务、技术支持和决策咨询。

《实施意见》提出，健全防灾减灾救灾资金多元投入机制。拓宽资金投入渠道，加大防灾减灾基础设施建设、重大工程建设、科学研究、人才培养、技术研发、科普宣传、教育培训等方面的经费投入。落实防灾减灾救灾政策措施，制定与经济社会发展水平相适应的救灾补助标准，并建立与物价调整挂钩的协调联动机制。各级财政要继续支持开展灾害风险防范、风险调查与评估、基层减灾能力建设、科普宣传教育等防灾减灾相关工作，采取政府购买服务等方式，充实基层防灾减灾救灾人员和技术力量。

（原载2018年6月26日广州日报第一、六版）

应急联动有实招　防灾减灾见实效

——广东各地全力应对台风“山竹”

深圳：坚持值守“四停”与他们无关

“‘四停’与我们无关，请大家注意安全!”9 月 15 日 23 时 42 分，深圳市气象局一位预报员在微信朋友圈发布这条信息。

为应对台风“山竹”，9 月 13 日以来，深圳市气象局一线干部职工已经连续奋战 4 天。而 12 日就已发布的停工、停业、停市、停课的“四停”通知，好像与他们并无关联。

“深圳处在 7 级风圈之中，14 时左右可能会进入 12 级风圈范围!”13 日 14 时 30 分，深圳市气象局启动四级应急响应，并同时发布台风红色预警信号和暴雨红色预警信号。根据预警信号及“四停”通知，各项防御应对工作争分夺秒地进行着，人员转移、启动救援、高速封路……

从启动四级响应开始，深圳市气象局就已全员在岗，及时将实况和预测情况报告给决策部门，局长王延青和副局长兰红平一直在三防指挥部驻守，随时研判大风、暴雨的持续时间及影响。

不同的风力会带来多大影响，高层楼宇防风要注意什么？深圳市气象局根据监测实况制作了高层楼宇防风微视频，让市民直观感受不同楼层的风力变化。

“山竹”到来之前，深圳市气象局制作出一份简单明了的表格，包括各区防风防雨指标，可能出现积涝、河水暴涨的区域，容易发生地面塌陷、山体滑坡等次生灾害的区域等，为相关部门提供科学参考。

江门：气象大喇叭在农村作用大

“根据气象、水文、海洋部门预测，未来 24 小时内，台风‘山竹’将带来强风、强降雨和风暴潮，对我区造成严重影响……”9 月 15 日，江门市新会区双水镇龙脊村村委会传出气象预警大喇叭播报的防风防汛全民动员令。村支书林锡展说：“这些高音喇叭能随时让村民知道自然灾害，可提前做好防范工作。”

随着台风“山竹”步步逼近，新会区气象预警大喇叭也增加了播报频次。15 日当天，除常规天气信息外，大喇叭加播台风预警信号两次、防御指引两次、台风消息两次、动员令和地质灾害提醒各一次。滚动播报中，新会区各行政村老老少少都知道台风要来了，并提前做好了防御准备。

新会区政府于 2016 年在全区 207 个行政村安装广播设备和多功能预警信息发布终端。在

2017 年台风“天鸽”袭击江门期间，新会区成为风雨强度最大的地区，气象预警大喇叭在传播预警、通知群众提前防范和转移中起到重要作用。

佛山：联合直播 12 万余公众关注

16 日，台风“山竹”给佛山市带来 13 级阵风和大暴雨。佛山市气象局与网易直播平台、佛山电视台进行持续 1 个小时的联合直播，得到超过 12 万人关注、点赞和转发。

直播平台编辑与市电视台记者通过采访首席预报员和值班人员，向公众及时发布台风“山竹”的移动路径和影响本地的风雨实况，并实时报道台风登陆消息、佛山本地预警信号发布情况、台风未来移动趋势预报以及台风防御科普知识等。此次直播还请来佛山市龙卷风研究中心的专家，提醒公众在 16 日夜间到 17 日上午防范可能出现的龙卷风，切勿掉以轻心。

此外，联合直播还给公众全程展示了气象值班室在台风来临前的工作状态，不仅让公众进一步了解了气象工作，更把“你的冷暖，在我心中；你若安好，便是晴天”的现代气象服务理念通过镜头传递给公众。

肇庆：逆风而动　保城市平稳运行

“山竹”登陆后，肇庆长时间处于台风 10 级风圈内，肇庆城区录得历史最大风力 13 级。在气象预报预警信息提示下，应急抢险部门逆风而行，力保城市平稳运行。

受大风影响，肇庆城区多条主要道路出现树木倒伏。树木有的砸中车辆，有的横阻道中。根据提前发布的气象预警，城管、派出所民警、社区工作人员早有准备、迅速清理，交通秩序很快恢复。

此外，“山竹”还带来了较强降雨。肇庆的暴雨预警信号在 6 小时内连跳三级，升至最高级别的红色预警。16 日夜间，肇庆城区部分路段出现积水，住建等部门全力组织排涝，防止形成内涝。

风雨给城市供电带来巨大压力。截至目前，肇庆电力部门累计出动抢修人员 2521 人次，已恢复供电的用户占受影响用户的 38%。此外，全市卫生计生系统组建 91 支应急队伍，第一时间根据需要开展医疗救治、卫生防疫工作。

茂名：紧急转移村民　确保不漏一人

9 月 16 日，受台风“山竹”影响，茂名出现 11 级大风，局部有暴雨。登陆后的“山竹”横穿信宜市，带来严重风雨影响。

来自气象部门的信宜市水口村驻村第一书记梁韬连日坚守一线，密切关注台风。他深知，水口村位于山区，大风和强降雨都会带来严重影响，必须时刻绷紧这根弦。在 15 日收到防风一级应急响应以及市政府《防台风紧急动员令》后，梁韬迅速行动起来，召集村干部在台风来临前把住在危房、地势较低等处的群众转移到安全地带。

“不能落下一个人，要细心劝导，确保人人安全。”梁韬带领村干部一个一个劝导村民转移，确保不漏一人。几个小时内，他和村干部共转移群众 107 人。

安全转移群众后，梁韬并没有闲着，他和村干部马不停蹄地重新检修广播设备、拆除隐患墙体、检查山塘水位，确保不留隐患。

（作者：唐历/胥金林 赵佩红/雷瑛 张少婷 刘超/侯开/陈蔚烨 赖建明，原载 2018 年 9 月 18 日中国气象报）

编　后　记

《广东省防灾减灾年鉴》（以下简称《年鉴》）是根据1994年12月省政府的批示组织编写的，从1995年起，每年出版一卷，本卷是第二十五卷。这是近二十个省直和中央驻穗单位、广东省军区、广东省消防救援总队及各地级以上市等通力合作，编写人员努力工作，为广东防灾减灾事业所作出的一份贡献。

广东由于自然地理环境特殊，经济社会相对比较发达，防灾减灾工作特别重要，且任务繁重。因此，对《年鉴》的编纂要求也越来越高。希望全社会都来关心，共同培育，让它枝繁叶茂，果实累累。我们将继续以高昂的热情，尽最大的努力，不忘初心，牢记使命，不断努力提高《年鉴》编纂质量，推动全省防灾减灾工作扎实开展，以新的更大作为奋力实现“四个走在全国前列”的新时代广东发展的总任务，实现全省人民的富裕安康作出积极贡献，为广东率先基本实现现代化服务。

本卷编辑工作从2019年3月开始。主要组织工作由省政府地方志办公室、省气象局负责。各有关编纂单位的主管领导给予了极大的关心和支持，编写人员为此付出了艰辛的劳动。在此，谨对各有关单位领导和编写人员的支持和参与，对所有关心和协助本《年鉴》编写、出版、发行、推介工作的单位和人员致以衷心的感谢！

对本《年鉴》不足之处，敬请读者提出宝贵意见。

广东省防灾减灾年鉴编辑部

2019年10月